Albert Hahn

Posto de escuta
Crônicas químicas e econômicas

1ª EDIÇÃO
São Paulo – 2012

POSTO DE ESCUTA
CRÔNICAS QUÍMICAS E ECONÔMICAS

Autor: *Albert Hahn*
Produção: *Editora QD*
Projeto gráfico e diagramação: *Sueli Rojas e*
Luna Rojas B. de Souza
Foto da capa: *Cuca Jorge*
Revisão: *Reynaldo Silveira Jr.*

Dados Internacionais de Catalogação na Publicação (CIP)
(Câmara Brasileira do Livro, SP, Brasil)

Hahn, Albert
    Posto de escuta: crônicas químicas e econômicas /
Albert Hahn. -- 1. ed. -- São Paulo : CLA Editora,
2011.

    ISBN 978–85–85454 –
    1. Artigos jornalísticos – Coletâneas
    2. Crônicas 3. Indústria química I. Título.

11 – 13510   CDD – 338.47661

Índices para catálogo sistemático:

1. Artigos jornalísticos : Coletâneas :
        Indústria química : Economia   338.47661

Editora: *Editora CLA Cultural Ltda.*
R. Cel. Jaime Americano, 30 – Sala 12
05351-060 - São Paulo, SP - Brasil
Tel: (55 11) 3766-9015
Fax: (55 11) 3714-8989
editoracla@editora.com.br
www.editoracla.com.br

Grafia atualizada segundo o Acordo Ortográfico da Língua Portuguesa de 1990, que entrou em
vigor no Brasil em 1º de janeiro de 2009.

Patrocínio:

AO LUCAS, *in memoriam*

Sumário

PREFÁCIO

Albert Hahn é uma figura de destaque no cenário químico-petroquímico brasileiro, por sua inteligência e seu conhecimento do setor.

Seu livro "The Petrochemical Industry – Market and Economics", Mc Graw-Hill (1970) serviu de referência para várias gerações de profissionais em todas as partes do mundo.

M.Sc. em Engenharia Química e Economia, ambos pelo MIT (1956), trabalhou em várias empresas, no Brasil e no exterior, como The Lummus Co., Rhodia (então Rhone Poulenc) e BEICIP (do grupo FPI), onde acumulou experiência para se transformar em disputado consultor em assuntos relativos à indústria química.

Seus trabalhos como consultor, sempre primorosos, granjearam-lhe excelente conceito pessoal entre os empresários brasileiros. São conhecidos vários estudos desenvolvidos por ele envolvendo, entre outros, conhecimentos detalhados de tecnologia de produção, mercados, usos intermediários e finais, com resultados surpreendentes pela quantidade enorme de informações sistematizadas de forma consistente. Na década de 80, como consultor de empresa líder do setor petroquímico nacional, elaborou estudo sobre Intermediários Orgânicos que serviu de base para o desenvolvimento de um programa de investimentos em química fina no Brasil.

O livro ora editado confirma uma das facetas de sua personalidade – o escritor arguto, erudito e bem-humorado, que trata os assuntos da indústria química com elegância e leveza, tornando-os saborosos e atraentes.

Os temas escolhidos para essa coletânea de quase uma centena de artigos e crônicas são variados: química da biomassa, polímeros, biotecnologia, sínteses orgânicas, cerâmica, enologia, panificação, metalurgia, borracha sintética e um sem-número de artigos originais, elaborados com maestria.

"Especialidades Enológicas" é uma incursão pelo mundo dos vinhos – regiões produtoras, empresas vinícolas, produtores de especialidades e seus insumos, comercialização. Analisa leveduras, enzimas, bactérias, e insumos funcionais como taninos, acidulantes, conservantes, estabilizantes e clarificantes. Faz, ainda, um exame do processo de envelhecimento, o crescente emprego de "carvalho enológico" e a fabricação de tonéis.

Em "Trigo, Farinha e Pão", temos uma lição de panificação. Desde a matéria-prima, passando pela farinha até os ingredientes tais como fermentos, emulsificantes, enzimas e oxidantes.

No artigo "Camaçari e o Sertão da Paraíba", Hahn rastreia as origens do Polo Petroquímico da Bahia, desde as iniciativas do paraibano João Úrsulo Ribeiro Coutinho. Em 1965, o empresário paraibano criou a Ciquine – Companhia Química do Nordeste, para implantar uma fábrica de anidrido ftálico, em Camaçari (BA), usando um processo moderno, a oxidação de o-xileno. Finalmente, quando a Petroquisa criou a Copene, em 1972, para implantar o Complexo de Camaçari, a Ciquine já estava lá.

Em "Química da Biomassa", o autor comenta o relatório do PNNL (Pacific Northwest National Laboratory) sobre moléculas derivadas de carbohidratos com forte potencial para se tornarem importantes intermediários da química orgânica. Partindo de um universo de 300 moléculas, ao final foram selecionadas três delas como as mais prospectivas: ácido succínico, ácido 2,5 furanodicarboxílico e ácido 3-hidroxipropiônico.

Outro artigo interessante é o "Renascer da Mamona", onde o autor descreve a indústria da mamona e seus derivados no mundo, e sobre as possibilidades de o Brasil vir a recuperar pelo menos uma parte da posição que já ocupou no passado.

Não menos interessantes são os seus artigos sobre indústrias em que ocorrem reações químicas, mas nem sempre consideradas como integrando esse setor industrial: metalurgia, cerâmica, agroderivados, e até uma incursão pela gastronomia molecular.

Enfim, professores, estudantes, profissionais da química, estudiosos de todas as áreas encontrarão nessas páginas uma leitura prazerosa e instrutiva.

Otto Perrone
Rio, 23 de agosto de 2011

APRESENTAÇÃO

A indústria química é um buraco de fechadura pelo qual se pode observar os demais segmentos da economia e, através deles, a sociedade como um todo. Ou, como diria um economista, na matriz insumo-produto que descreve uma dada sociedade, a coluna "indústria química" aparece com coeficientes não-desprezíveis em suas intersecções com quase todas as linhas correspondentes aos demais setores de atividade econômica.

O presente volume é uma coletânea de artigos publicados, quase todos entre 2000 e 2011, na coluna Posto de Escuta da revista *Química e Derivados*. A QD foi criada em meados dos anos 60 pela Editora Abril. Em 1982, a diretoria do grupo decidiu que as revistas técnicas já não faziam parte de suas prioridades, e a QD foi então vendida para seus dois principais executivos, que criaram a Editora QD Ltda., e continuam até hoje tocando a revista, galhardamente.

Em 1995, a QD me convidou a escrever alguns artigos que saíssem um pouco de sua rotina editorial. No início, achar assunto não era problema: comentários sobre acontecimentos pelo mundo da química, reminiscências profissionais, esse tipo de coisa. Mas o centro de gravidade da indústria mundial estava em processo de migração para a China, e a indústria brasileira – não só a química – estava patinando no sulco da guinada para a política de abertura econômica desencadeada em 1990. O fluxo de inovações tecnológicas da química mundial parecia estar secando, e o de novos investimentos no país, mais ainda.

Diante desse quadro, imaginei para o Posto de Escuta uma missão composta de três elementos:

- expandir o alcance da definição de "indústria química" de maneira que incluísse outros setores onde também ocorrem reações químicas, ou onde se usam os seus produtos, mas que por convenção são considerados outra coisa: metalurgia, cerâmica, agroderivados... A ideia era ampliar o leque de leitores (e, porque não, de anunciantes) da revista.

- trazer o mundo externo para dentro do Brasil, com artigos que apresentassem um "algo a mais" em comparação com os comunicados de imprensa de origem. Tal objetivo em geral envolvia uma certa atividade investigativa, implicando um bom número de entrevistas pessoais e telefonemas, inclusive internacionais, que ao longo dos anos resultaram para a coluna em vários "furos" mundiais – graças a reações do tipo: "Você vai publicar isso onde mesmo? No Brasil? E em português? Então vamos lá..."

- contribuir para disseminar uma "cultura química geral", voltada para os aspectos tecnoeconômicos da indústria. A ideia era manter acesa uma chama numa época difícil para a imagem do setor químico, sem falar dos estragos causados pela desindustrialização.

Quase todos os artigos têm algum viés econômico – possíveis consequências de inovações tecnológicas, monografias sobre determinados setores da economia brasileira, avaliações do impacto aqui no Brasil de fusões de empresas globais, ou de deslocamentos geográficos. Alguns são um pouco mais "químicos" que outros, mas quase todos estão perfeitamente ao alcance de quem ainda se lembre um pouco da química do colegial.

Além da Editora QD, nas pessoas da dupla pai e filho, Emanoel e Marcelo Fairbanks, meus agradecimentos muito especiais vão para as três patrocinadoras deste projeto, cada um na figura de um amigo de longa data: Braskem (José Freitas Mascarenhas), Oxiteno (Pedro Wongtschowski) e Unigel (Henri Szlezinger, esse desde a mais remota infância)

O Posto de Escuta nunca foi dado a tratamentos panfletários, mas o primeiro artigo tem a intenção de saudar a recente volta dessa temática à discussão da coisa pública no país.

E agora, boa leitura a todos.

Albert Hahn,
dezembro, 2011

Por Uma Nova Política

Neste começo de década, depois de 30 anos de ausência das discussões envolvendo a coisa pública, começa a tomar corpo no país um sadio debate em torno de uma nova política industrial para o Brasil.

A boa notícia é que o tema, por muito tempo tratado como um quase tabu, volta a ser admitido aos salões. A pior é que ainda se está longe de um consenso, mesmo embrionário, quanto aos contornos de que tal política deveria se revestir.

Ainda assim parece já haver algumas premissas comuns às várias propostas que vêm sendo ventiladas:

1- Um reconhecimento de que há algo de profundamente indesejável para o futuro do país nesse modelo extrativista (*latu sensu*) que vem sendo retomado para assegurar a pronta gratificação dos anseios mais imediatistas dos seus cidadãos; e que há algo de fundamentalmente errado numa sociedade que opta por viver essencialmente de exportação de seus acervos não renováveis de solo, subsolo e ecossistemas. Uma sociedade que já não "faz" mais nada, apenas extrai e vende.

2- O cepalismo ingênuo que orientou a política industrial adotada, *grosso modo*, de 1955 a 1985 responde por sérios equívocos, por conta de uma política de "substituição de importações" aplicada indiscriminadamente, tamanho único.

3- Assim sendo, a nova política industrial que nascer do presente debate deverá representar um "novo começo", tanto em sua justificação conceitual quanto nos instrumentos a serem colocados à disposição de seus executantes.

4- A indústria química, por mais que faça parte da matriz insumo-produto que descreve a atividade econômica do país como um todo, apresenta características de tal forma particulares que deverá, dessa vez, ser objeto de uma política diferenciada.

Alguns dos requisitos para uma nova política em relação à indústria química seriam comuns à maioria dos demais segmentos. Outros são consequência de estrutura peculiar da atividade química, com suas interdependências laterais e em cascata, economias de escala e indivisibilidades:

• Internacionalização: um dos componentes de uma nova política industrial poderia consistir de um conjunto de várias formas de apoio – tanto financeiro quanto institucional – a empresas brasileiras que queiram estender suas atividades ao resto do mundo por meio de aquisições ou de projetos próprios. Para quem tiver certas dúvidas, existem diversos exemplos de empresas brasileiras que já justificariam esse tipo de apoio e que vão desde os (poucos) remanescentes grupos petroquímicos, até pequenos produtores de especialidades.

• Focos de excelência: a política da substituição de importações procurou promover um desenvolvimento integrado da indústria química, que tinha como meta atingir um elevado índice de autossuficiência da oferta nacional. Buscando não repetir os erros do passado, a nova política industrial deveria incentivar em prioridade aqueles segmentos nos quais o Brasil apresenta claras vantagens comparativas. Um bom exemplo é o da biotecnologia pesada, onde já existem importantes precondições de êxito. A principal dessas precondições é o bom número de unidades sucroalcooleiras com capacidades acima de 3 MM de TCS, algumas das quais poderiam servir de base para a "nova biotecnologia". Por exemplo, produção em escala "petroquímica" de ácidos di-carboxílicos como succínico, adípico, 1,4-FDCA etc – em condições de liderança mundial. Com a previsível redundância de uma parte da capacidade alcooleira quando a produção de petróleo do pré-sal tiver atingido sua velocidade de cruzeiro, esse seria um caminho para confiar a esse excesso de capacidade uma missão mais nobre, e mais rentável.

• Seria uma boa ideia criar formas de aliviar os custos de empresas químicas abaixo de um certo porte mínimo pela criação de novas formas de custear despesas com:
    ▲participação em simpósios, seminários e feiras;
    ▲serviços de consultoria técnica e econômica, aquisição de informações em forma de relatórios multiclientes etc;
    ▲participação de entidades internacionais;
    ▲cumprimento de normas, regulamentação e outras formas de exigência;
    ▲proteção de propriedade intelectual;
    ▲etc.

• A indústria petroquímica, em particular, para se desenvolver (ou, até mesmo, apenas ir sobrevivendo) no Brasil precisa ter acesso a insumos básicos a preços políticos – no sentido de *policy*, não de *politics*. Aceita a premissa de que uma indústria petroquímica sadia seria algo de desejável, é preciso colocar à sua disposição cargas, líquidas ou gasosas, que permitam competir com o eteno ex-etano do Oriente Médio, a ureia do Mar Negro, ou o metanol da Terra do Fogo.

• condomínios, parques e incubadoras – A organização da indústria química em forma de complexos integrados parece ser coisa do passado – em que pese o exemplo espetacularmente bem-sucedido da BASF, cuja política de integração – a do *Verbund* – é justamente uma das coisas que a mantém na posição de maior empresa química do mundo. O que se observa de maneira mais geral é uma tendência inversa.

Exemplos não faltam de complexos químicos que tiveram que se reinventar na forma de condomínios, em geral, como consequência de aquisições cujo efeito inicial tenha sido a transformação de certas unidades do complexo em "estranhos no ninho". Trata-se de um processo reativo mais do que proativo.

Os parques industriais, por outro lado, são complexos químicos que vão se formando aos poucos, ao longo de 10 ou 15 anos em torno de uma infraestrutura completa (utilidades, laboratórios, prédios administrativos, oficinas, ETE) preexistente. Aqui no Brasil tivemos o exemplo, na época ousadamente pioneiro, da COPENE, que corresponde de perto a essa definição e que, apesar de seus quase 35 anos de existência ao longo dos quais o modelo cepalino cedeu seu lugar a uma política de economia aberta, permanece saudável.

No exterior os exemplos vão desde o modesto SOBEGI, nos Pirineus franceses, constituído hoje de umas 12 ou 15 plantas de química fina cujo principal traço comum é praticarem alguma forma de química do enxofre, até os gigantescos parques petroquímicos da China, onde alguma entidade criada para este fim investe $ 3-5 bilhões em infraestrutura e depois se desenvolve mediante investimentos que não custam mais de 40%-50% do que teriam sido num cenário *grass roots*. Só na Índia tem três desses projetos em pleno andamento, em áreas que vão de 25 a 60 M Ha e que exigiram investimentos em infraestrutura entre $ 2 e 4 bilhões cada. O maior dos três, Visakhapatnam, receberá investimentos totais (excluindo a infra) de $ 8 bi e criará 120.000 empregos fixos.

Esses parques não são meramente passivos na escolha de seus clientes: acabam funcionando como instrumentos de execução de uma política industrial central, mesmo conservando alguns graus de liberdade "de mercado".

O projeto Bio XCell, na Malásia, estende a novas fronteiras o conceito de parque industrial. Aproveitando a diversidade dos substratos para fermentação disponíveis no país, e também a proximidade de Cingapura, criou-se um parque biotecnológico de 800 mil m^2 projetado para receber umas 25 empresas à razão média, talvez um tanto otimista, de quatro por ano. A infraestrutura teria custado $ 300 MM e inclui não apenas as várias utilidades e unidades comunitárias prestadoras de serviços (laboratórios, pilotos etc) como até certas plataformas tecnológicas adquiridas pela estatal (Biotech Corp) proprietária do parque, para futuro repasse aos condôminos. Um exemplo: foi adquirido em nome da Biotech Corp um pacote tecnológico para extrações com CO_2 supercrítico. Outro aspecto inovador é a variedade de estruturas empresariais contempladas: no extremo, é possível financiar a longo prazo 100% do custo da própria unidade de processo, por meio de (a título de exemplo) vários fundos de investimento de origem árabe que apoiam o complexo.

A Biotech Corp foi criada em 2005 e já nasceu com três projetos concretos de empresas-cliente, o maior dos quais sendo uma planta de insulina biossimilar da Biocon (investimento: $ 160 MM). Note-se que a decisão dessa empresa indiana pela localização no complexo não se deve à diversidade da biomassa na região, e sim sobretudo à qualidade da infraestrutura.

O mundo acolheu esse projeto malásio com grande interesse (e uma certa dose de curiosidade), pela originalidade da concepção e seu cronograma ambicioso. Tem sido feitas comparações com os parques de Berlin-Buch (32 ha) e Virginia BioTechnology (14 ha), mas ambos estão voltados sobretudo para a biomedicina e devem ser vistos mais como macroincubadoras. O modelo Bio XCell merece ser estudado de perto, no contexto de sua aplicabilidade às condições do Brasil.

No outro extremo do espectro, pode-se pensar em ampliar a intensidade dos incentivos a incubadas químicas (não há dados, mas pode-se estimar em umas 250 as empresas químicas em atividade nas 400 incubadoras no país, e que destas umas 50 poderão acabar saindo da casca para voar com asas próprias).

Pode-se imaginar diversas formas de estreitamento precoce dos vínculos de incubadas promissoras com a indústria química brasileira. Quem sabe uma espécie de "Lei Rouanet" para empresas nascentes? ∎

Refino: Pesquisa na PETROBRAS

Historicamente, a missão da Petrobras tem sido buscar atingir a autossuficiência do país em matéria de produção e de refino de petróleo. A primeira dessas metas já foi alcançada.

Quanto aos derivados, a capacidade de refino da Petrobras sempre acompanhou não só a demanda interna global, como também a constante evolução da participação nesse total representada pelas diversas correntes. E isto por sua vez obriga a empresa a gerar boa parte de sua tecnologia de refino, pois a combinação de crus que representam características pouco usuais, e de um mercado distorcido pelas mais diversas causas históricas, faz com que as versões convencionais dos vários processos de refino não consigam satisfazer a todas as necessidades da empresa e do país.

Em algum momento desses últimos 50 anos, não há fração do petróleo que não tenha tido seu preço manipulado em nome de algum objetivo de política econômica. O preço do GLP foi mantido baixo para evitar o consumo de lenha e o consequente desmatamento; o do querosene de aviação, em nome da unidade do território nacional; o do diesel, para não onerar os fretes rodoviários. O mercado da gasolina caiu de 35% entre 1980 e 1988 em consequência do programa do álcool, mas de lá para cá vem crescendo a quase 11% por ano contra menos de 4% para o conjunto dos derivados. Só o óleo combustível sempre foi penalizado com preços elevados, ora para justificar a construção de hidroelétricas, ora (em anos recentes) para viabilizar investimentos em gasodutos; o mercado de frações pesadas caiu de 30% do barril em 1980 para 15%, enquanto o de óleo diesel excede 35%, índice muito superior aos dos mercados norte-americano ou europeu.

Nesse meio tempo o fator de autossuficiência chegou perto de 100% do cru processado pelas refinarias brasileiras. Os crus nacionais têm características particulares: baixo teor de nafta, teores elevados de certos contaminantes (N, metais pesados), acidez elevada, porém baixos teores de enxofre. O desafio da área de abastecimento da Petrobras e do Cenpes, o centro de pesquisas localizado na ilha do Fundão, pode ser assim definido: desenvolver tecnologias economicamente competitivas a fim de otimizar o refino de crus nacionais, levando em contas as características peculiares dos mesmos.

Todo cru tem como uma de suas características a relação C:H, tanto maior quanto mais pesado o cru. A média ponderada das relações C:H dos derivados demandada pelo mercado, no entanto, costuma ser inferior à existente no cru. Refinação de petróleo consiste essencialmente em reduzir a relação (média ponderada) da relação C:H dos produtos com respeito à da carga.

Para isso existem duas vias: remover carbono, ou acrescentar hidrogênio. A primeira dessas estratégias utiliza como principais opções de processamento o craqueamento catalítico e o coqueamento. São processos (relativamente) econômicos, mas que resultam em produtos bastante olefínicos, cujas propriedades precisam por conseguinte ser melhoradas por meio de um posterior hidrotratamento. A segunda via é a do hidrocraqueamento, processo que opera sob condições severas de pressão e temperatura, mas que pode se justificar economicamente graças à sua grande flexibilidade, podendo-se fazer variar o nivel de conversão desejado, bem como a distribuição dos rendimentos de derivados médios (diesel e querosene) e de nafta. O HCC parece se adaptar melhor a países de clima frio, onde o refinador precisa da flexibilidade que esse processo lhe confere para aproveitar as oscilações cíclicas de demanda – frações pesadas no inverno, gasolina no verão – e, consequentemente, também a dos preços relativos das diversas correntes.

O invólucro do Cenpes é de cerca de 1% do faturamento da empresa; desse total, 40% vai para desenvolver processos de refino. Para efeito de comparação, as duas maiores multinacionais do setor investem 0.6%-0.7% do seu faturamento em pesquisa, mas as respectivas bases são três ou quatro vezes maiores. Trabalham no Cenpes cerca de 2.500 pessoas; o arsenal experimental consiste de 28 plantas-piloto no Fundão (custo unitário: $ 1-2 milhões), complementadas por pilotos localizados na unidade de beneficiamento de xisto, no Paraná.

A linha mestra do programa de tecnologia do refino (Proter) da Petrobras/Cenpes sempre foi estender progressivamente o alcance do craqueamento catalítico, de maneira que ampliasse a faixa de destilação e o teor de carbono das cargas processáveis. Exemplos da estratégia de pesquisa posta em prática são: desenvolver catalisadores com maior tolerância para os contaminantes metálicos (cujo teor aumenta rapidamente à medida que se "desce" no cru), e obter melhores rendimentos por meio de avanços tecnológicos tais como um novo tipo patenteado de dispersor de carga, modificações nos *risers* da maioria dos FCC existentes, e o desenvolvimento de um sistema proprietário de separação rápida no conversor, e de novos modelos de ciclones que apresentam uma melhor recuperação de catalisador no regenerador.

A aposta na extensão do craqueamento catalítico é assunto antigo dentro da Petrobras. A fábrica carioca de catalisadores – FCC S/A, o *joint venture* com a Albemarle para a produção de catalisadores de FCC, também tem sido um fator na extensão do domínio tecnológico da estatal na área de craqueamento de cargas pesadas. Após uma rodada de *revamps* das 11 unidades FCC da empresa, a Petrobras está partindo para a construção de três unidades RFCC (R de resíduo) em Capuava, Canoas e Mataripe respectivamente, essa última de 63.000 bpd. O novo pacote tecnológico permite craquear cargas de até 15° API, e com um teor residual de carbono de 8%, – quatro vezes superior ao da tecnologia convencional, mesmo em sua versão melhorada. A carga dessas unidades será resíduo de torre atmosférica, em vez do habitual VGO.

A voracidade do mercado nacional de óleo diesel aliado ao desenvolvimento acelerado do Pró-Álcool na década de 80 provocou um desbalanceamento no perfil da demanda diesel-gasolina, obrigando a Petrobras a buscar alternativas de maior produção de diesel, sem, contudo, criar excedentes de gasolina. Para tanto foi preciso incorporar ao *pool* de diesel, frações de FCC e de *coking*, resultando em um produto de qualidade inferior ao padrão internacional.

Preocupada em melhorar a qualidade do diesel, a Petrobras desde meados da década de 80 tem maximizado a utilização das unidades de hidrodessulfurização, investido em novas unidades de hidrotratamento, e ajustando a faixa de destilação, objetivando suprir o mercado nas grandes capitais do país com um diesel diferenciado chamado de "diesel metropolitano", com qualidade comprarável ao padrão internacional.

Ainda na busca de rotas que permitam contornar o hidrocraqueamento, o Cenpes trabalha com um conjunto de processos que objetivam obter ganhos marginais de rendimento e qualidade, cujos efeitos cumulativos deverão atuar no sentido desejado. Um deles é o CTB (craqueamento térmico brando), versão contemporânea do velho craqueamento térmico (muito utilizado até a invenção do craqueamento catalítico), e que – essencialmente por meio de modificações nas condições operacionais do processo – produzirá um diesel de melhor qualidade (i.e., menos olefínico, portanto, de melhor índice de cetana) e, igualmente importante, uma fração pesada que ainda poderá ser alimentada a um FCC (e não jogado no óleo combustível, como na viscorredução convencional). Trata-se de uma etapa adicional de refino, porém de baixo custo por se tratar de um processo térmico.

Outro *approach* é a introdução de certas modificações do processo de coqueamento retardado que permitam reduzir a produção de coque e aumentar significativamente a de gasóleo leve e pesado, ampliando a capacidade da unidade de processar resíduo. Essa adaptação se baseia na constatação, feita pelo Cenpes em planta piloto, de que a utilização de reciclo com produtos relativamente leves faz baixar o rendimento de coque, permitindo obter mais diesel.

O problema do alto teor de N dos crus submarinos do país está sendo atacado pelo desenvolvimento de catalisadores de hidrotratamento mais ativos na remoção de nitrogênio. E também por uma via biotecnológica, por enquanto ainda em fase experimental, que consiste em desenvolver bactérias que se alimentam do nitrogênio e enxofre contidos no petróleo.

O resultado de tudo isso é que em matéria de craqueamento de fundo de barril a Petrobras é hoje considerada detentora de um dos melhores pacotes tecnológicos que existem por aí. Embora tradicionalmente voltada, sobretudo para os problemas internos do país, a evolução da postura da empresa poderá fazer do Cenpes um exportador de tecnologia de refino capaz, nesse terreno particular, de enfrentar os líderes desse segmento de mercado. O que representaria uma considerável realização, pois o programa do Cenpes é resultado do esforço de uma única empresa petroleira de porte intermediário situada num país historicamente pouco voltado para a exportação de tecnologia.■

Explosivos em Expansão

No custo direto de uma dada operação de desmonte os explosivos participam com apenas 3.0%-3.5%. Mas sua importância vai bem além, pois seu desempenho influencia de forma significativa cada um dos elos da cadeia a jusante: britagem, transporte e beneficiamento, todas representando operações cujos investimentos e custos são afetados pela etapa do desmonte e, por conseguinte, pela otimização do uso dos explosivos.

A indústria brasileira de explosivos, como a de todo país em que exista produção local, é controlada de perto pelo Ministério do Exército, que impõe normas de segurança no sentido mais amplo: projeto das instalações, práticas de fabricação, *layout* do parque industrial, rastreamento da produção, cadeia logística etc.

Nos tempos de Alfred Nobel, a fabricação de explosivos incluía muita nitração e manipulação de substâncias de alta periculosidade. Hoje, com produtos contendo essencialmente nitrato de amônio, esse grau de perigo diminuiu e os componentes mais importantes dos investimentos fixos e custos de operação são coisas que "os olhos não veem" – muito espaço, grande número de pequenas construções (para limitar o acúmulo físico de materiais perigosos), interligadas por estradas internas cujo traçado sinuoso impede o desenvolvimento de velocidade por parte dos veículos de transporte. A título de exemplo, o conjunto industrial de Quatro Barras (PR), do principal fabricante nacional (Indústrias Químicas Britanite), compreende mais de quatrocentas edificações dispostas em área de 250 hectares. Com exceção da produção de emulsões de nitrato de amônio, que envolve equipamentos de porte e movimenta tonelagens significativas, o grosso das edificações tem a ver com a produção de toda a linha de acessórios e suas matérias-primas (os explosivos propriamente ditos): pavios, espoletas, cordéis, iniciadores, tudo fabricado obrigatoriamente em bateladas pequenas, segundo métodos de trabalho intensivos e com relativamente pouco investimento em equipamento.

Cerca de 30% do consumo brasileiro de explosivos é representado pela produção cativa de grandes mineradoras, como a Vale (Carajás, Itabira), MBR, Yamana... Entre mineração e produção de brita, o Brasil realiza um volume de desmonte total de uns 400 milhões de m³/ano, não incluindo o segmento de grandes obras civis.

O consumo brasileiro total de explosivos não-militares – cativos e comerciais – é da ordem de 200 mil t/ano, hoje em dia quase totalmente baseadas em nitrato. Usam-se duas formas do produto:

- NO_3NH_4 poroso, cujos grãos permitem a incorporação, por simples mistura, de cerca de 6% de óleo combustível ou outra corrente de petróleo dessa faixa. Essa mistura, conhecida como ANFO, responde por uns 40% do consumo total em peso.

- NO_3NH_4 denso, usado em forma de emulsão a granel, ou embalado em cartuchos, mais potente do que o ANFO, porém de maior peso específico e, em termos de volume, umas duas vezes mais caro.

- os dois tipos também são usados em forma de misturas (conhecidas como *heavy anfo*), como forma de otimizar as características preço/desempenho do produto.

Uso de Explosivos – Brasil x Mundo - % (peso)		
	Mundo	*Brasil*
Carvão	50	Pequeno
Minério Fe	30	40
Outros minérios metálicos		15
Minérios não-metálicos, brita	12	20
Obras civis	8	25
Total	100	100

O produtor nacional de NO_3NH_4 de ambos os *grades* é a Vale fértil (Cubatão - SP). Pilar Química (Araçariguama - SP), principal importador de nitrato, até há pouco produzia pré-emulsão de nitrato denso para venda a fabricantes de explosivos não, ou apenas parcialmente, integrados; futuramente pretende produzir explosivos em forma final.

Demais matérias-primas:

- PETN (ou "nitropenta"), produzido para uso próprio pelos principais fabricantes de acessórios. O Brasil é exportador desses produtos.

- TNT, usado em conjunto com nitropenta na fabricação de iniciadores, é importado. Existe produção na Argentina (o complexo de Rio Tercero, da Fabricaciones Militares), mas atualmente o grosso provém da reciclagem de material bélico recuperado com data de validade vencida.

- azida de chumbo, produzido para uso próprio pelos produtores de espoletas com NaN_3 (azida de sódio) importada, e nitrato de chumbo produzido no país.

• emulsificantes: os produtos mais utilizados são parentes próximos das alquilsuccinimidas empregadas como dispersantes em lubrificantes automotivos. O nível de utilização para uma boa vida de prateleira é em torno de 4%. São fabricados por Lubrizol (líder global do segmento), e a nacional Lubriline, ambas no RJ.

Em termos de valor, o mercado brasileiro de acessórios representa, por ano, uns $ 35-40 MM, ou 10% do consumo total de explosivos. Essa relação é muito maior (~30%) no caso de mineração em subsolo, a qual no Brasil não representa mais de 10% do desmonte total (carvão, algum ouro). Observa-se uma tendência crescente à comercialização de explosivos em forma de "pacotes" que incluem não só acessórios, como também uma variedade de serviços associados com toda a cadeia de operação – até o próprio fornecimento de material já desmontado.

A indústria se compõe de:

• Os produtores de maior importânica:

◢ Britanite (já mencionada) e Orica (Lorena, SP), grupo australiano que adquiriu as operações mundiais na área de explosivos da ICI (que no Brasil consistiam da antiga Explo) bem como as filiais sul-americanas da Dyno Nobel.

◢ Com a compra há uns cinco anos da Nitrovale (Cruzeiro, SP), seguida de um programa de expansão, o grupo espanhol Maxam (a antiga UEE) vem juntar-se aos dois grandes.

• Meia dúzia de produtores de atuação regional:

◢ Pirobrás (Itauna, MG)
◢ Emex (T. Otoni, MG)
◢ Dinacon (Estrela, RS)
◢ Bel Química (Recife, PE)
◢ e outros

Pirobrás fabrica também uma linha completa de acessórios; Emex, alguns itens.

Diversos fatores contribuem para manter o otimismo do setor:

• Britanite, e futuramente também Orica, deverão aumentar suas exportações de acessórios.

- apesar das questões de logística, a liderança global da Vale em minério de Fe parece assegurada por conta de algumas obras e programas que prometem empurrar o consumo: hidroelétrica de Belo Monte, várias pequenas centrais elétricas, desvio das águas do São Francisco, rodovias novas ou duplicações etc.

A mais longo prazo, existem no horizonte ameaças sob a forma de novas tecnologias de desmonte:

- maior emprego de máquinas de mineração contínuas e de TBM (Tunnel Burrowing Machines: os "tatuzões"). Objeção: frequentes paradas para manutenção

- detonação usando plasma;

- emprego de desmonte químico (silencioso).

- uso de gases industriais liquefeitos (N_2, CO_2...). ■

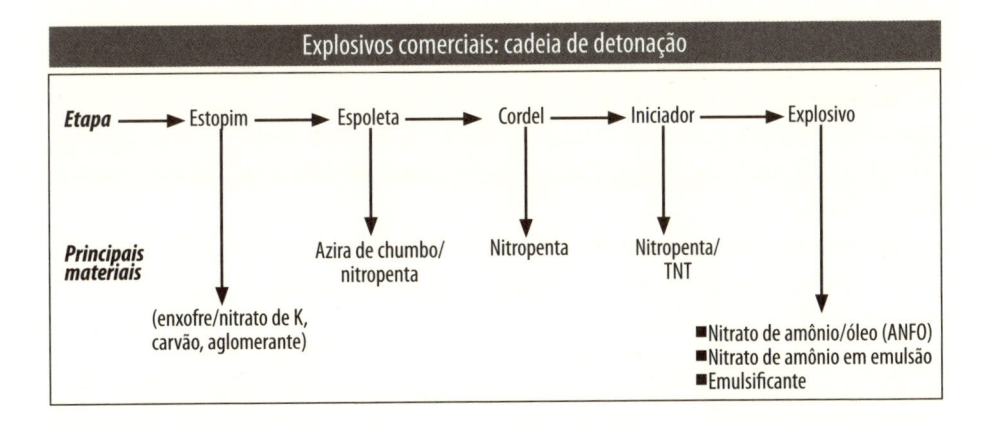

NOBEL PARA O PROF. SUZUKI

Ao longo dos anos 70 ficou claro que os pontos de partida até então conhecidos para a síntese de novas entidades químicas já não tinham mais tanta coisa de original para dar. Era preciso inventar outras maneiras de criar intermediários de base com estruturas não encontradas na natureza, e difíceis de sintetizar pela química disponível até então.

Começaram então a surgir – descoberto sobretudo no Japão – reações inovadoras, objetivando a obtenção de "esqueletos" inovadores. Os diversos métodos descobertos para a formação de pontes C-C se diferenciam uns dos outros por fatores tais como:

- a conta de chegar entre reatividade dos reagentes, seletividade e segurança no emprego;
- versatilidade quanto aos substratos;
- ecotoxicidade dos respectivos resíduos metálicos;
- exigências tecnológicas (condições criogênicas etc);
- rendimentos.

Ao longo das décadas seguintes os vários métodos foram se aperfeiçoando, mas um deles – descoberto em 1979 pelo prof. Akira Suzuki, recentemente contemplado com o Prêmio Nobel de Química – acabou despontando como aquele que apresenta o melhor conjunto de vantagens.

Principais reações de acoplamento para obtenção de ligações C-C	
Reações	*Característica*
Suzuki	Reação catalítica de um ácido ou éster borônico com um haleto
Negishi*	Reação catalítica entre um haleto e um organozinco
Hiyama	Acoplamento usando organosilanos
Kumada	Obtenção de estirenos substituídos
Stile	Acoplamento usando organoestanhos
Sonogashira	Obtenção de compostos contendo triplas ligações
Petasis	Obtenção de aminas substituídas, usando ácidos borônicos

* O Prof. Negishi dividiu o prêmio Nobel com o Prof. Suzuki

O método geral pode ser assim descrito:

RMgX
ou + B (OCH$_3$)$_3$ $\longrightarrow$ R B(OH)2 (ácido borônico)
RLi

R B(OH)$_2$ + R'Cl $\xrightarrow{\text{Pd Cat.}}$ R-R'

O ponto de partida para a obtenção do ácido borônico desejado pode ser um reagente de Grignard (RMgX), ou um composto litiado por via de um organolítio (como o conhecido BuLi), ou por litiação direta com o metal. A rota Grignard é usada para obter ácidos borônicos menos complexos, por exemplo, vários dos fenilborônicos 4-substituídos.

O uso de um composto litiado resulta em rendimentos bem melhores e possibilita maior versatilidade quanto ao substrato. Mas, em razão da reatividade dos compostos, exige operação a temperaturas de -45º C (e daí para baixo), e maiores capacidades de reator, uma vez que a reação tem lugar em meio altamente diluído. Ainda assim é a rota lítio que vem crescendo no mundo.

As vastas possibilidades de aplicação da reação Suzuki permitiram o surgimento de várias empresas especializadas na produção de ácidos borônicos. Alguns exemplos:

- Archimica (AL)
- BoroChem (FR)
- BoroPharm (USA)
- Minakem (FR)
- Boron Molecular (Austrália)
- SAFC (USA)

Essas empresas oferecem tanto produtos de catálogo quanto sínteses sob contrato. É difícil estimar o faturamento do setor, mas deve andar por volta de $ 150-200 MM/ano no mundo dos quais os produtos de catálogo representam cerca de 50%. Acabam surgindo nichos dentro do nicho. Borochem, por exemplo, oferece uma lista extensa de ácidos e ésteres borônicos derivados de piridinas e outros heterociclos nitrogenados; Minakem tem como carro-chefe o ácido ciclopropilborônico e análogos e acaba de por em marcha um novo reator criogênico de 4.000 l; Archimica produz uma série de borônicos tanto de aromáticos substituídos (via reagentes de Grignard) quanto heterocíclicos (via intermediários RLi); BoroPharm apresenta uma família de borônicos contendo grupos silano. Os borônicos mais simples, obtidos passando por precursores magnesianos, custam $ 50-100/kg, e os que partem de intermediários litiados, até $ 500/kg.

O maior princípio ativo produzido no mundo e baseado em uma reação Suzuki é o fungicida Boscalid, da BASF, sintetizado na planta de Guaratinguetá. Em 2007 o produto já apresentava um faturamento mundial de quase $ 300 MM (umas 300 T/ano), mas continua crescendo: a capacidade da planta já foi aumentada.

Algumas outras ilustrações do significado comercial da descoberta do prof. Suzuki:

Boscalid

O círculo destaca a ponte Suzuki

• O principal intermediário produzido por uma síntese Suzuki é a OTBN (o-toluilbenzonitrila, obtida de o-clorobenzonitrila e p--clorotolueno), ponto de partida comum para se chegar aos diversos anti-hipertensivos de família dos "sartan" e do qual se fazem no mundo umas 1200 T/ano.

Os grandes produtos da família são o losartan (~$ 6.0 bi/ano de produto acabado no

Losartan

O círculo destaca a ponte Suzuki

mundo), o valsartan (~$ 3.6 bi); e mais uns 8-10 outros.

Com a queda desses produtos no domínio público, o uso de OTBN deverá continuar crescendo.

OTBN

Valsartan

O círculo destaca a ponte Suzuki

- segundo o Dr. A. Becker, da Becker Associates (Paris), já foram sintetizadas via Suzuki um total de 800 compostos; de um *pipeline* total de umas 15.000 novas entidades, cerca de 1% incluem uma ponte C-C obtida via uma Suzuki.

- além do seu uso nas reações de Suzuki, certos ácidos borônicos já ganharam expressão como tal. Por exemplo, o fármaco bortezumib ("Velcade", da Millenium Takeda, usado no tratamento de mieloma múltiplo) apresenta vendas de $1.2 bilhão/ano, e produção mundial de uns 70 kg/ano.

Bortezomib

- outro caso, que não envolve nenhum princípio ativo farma/agro, é o do 4-FPBA – ácido 4-formilfenilborônico;

4-FPBA

Na formulação de detergentes líquidos contendo enzimas é preciso estabilizar as proteases contidas, sem o que elas tendem a hidrolisar não apenas as manchas proteicas, como também as demais enzimas (amilases, lípases) presentes. O método clássico para essa função de inibição é o ácido bórico, acrescentado em níveis de 1%-3%. O produtor de enzimas dinamarquês Novozymes descobriu que o uso de 4-FPBA em concentrações cerca de 100 vezes menor resultava em desempenho mais seletivo das proteases.

Atualmente a Archimica produz umas 100 T/ano desse composto em uma unidade de química criogênica de 6.0000 l de reator, projetada para funcionar por resfriamento direto com nitrogênio líquido (melhor controle, e permite alcançar temperaturas extremas próximas de -100ºC).

À medida que a indústria for caminhando ao longo de suas curvas de aprendizado, irão surgindo novas famílias de ácidos borônicos e de pontes C-C, dando fôlego novo à química das ditas "pequenas moléculas" em sua disputa com os avanços de biotecnologia. ∎

Trigo, farinha, pão

O Brasil é – expresso em porcentagem do consumo interno – o maior país importador de trigo do mundo; exemplos de situações semelhantes são África do Sul, Malásia e Indonésia, Japão, e os países da África do Norte.

Diferentemente dos Estados Unidos, outro pais de imigração europeia, mas onde foram encontradas condições altamente favoráveis ao cultivo do trigo, o Brasil adotou hábitos alimentares diferentes daqueles da população nativa, mas até agora não conseguiu adequar a sua triticultura – nem em quantidade, nem qualitativamente – às características de sua demanda. Resulta uma situação preocupante em épocas, como a atual, de alta mundial de preços e quebras de safra, e de interesse para o setor químico, para quem apenas a panificação – sem falar dos demais segmentos consumidores de farinha – representa uma indústria-cliente de uns $ 300 MM/ano.

O consumo brasileiro de trigo cresceu a 2,5%/ano entre 1995 e 2005, e desde então ficou estagnado em torno de 10,5 milhões T/ano. A indústria moageira do país consiste de 220 moinhos, dos quais os 70 operados pelos 45 associados da Abitrigo representam 80% da capacidade total.

De uns 25 anos para cá, a estratégia dos moinhos tem evoluído no sentido de:

• aumentar o número de misturas *tailor made* para as diversas aplicações. Alguns moinhos chegam a oferecer mais de 20 farinhas de base, e 80 produtos tipificados;

• ir se integrando para baixo, aumentando sua presença no segmento de pré-misturas aditivadas.

Em paralelo evoluiu também a tecnologia de moagem, possibilitando a produção, a partir de trigo de uma dada procedência, de uma maior variedade de farinhas.

Se em termos de demanda total não tem havido muita evolução, o mesmo não se dá com a segmentação do consumo. Os últimos 20 anos foram caracterizados por:

• declínio, de 65% para os atuais 55%, da participação nesse total da panificação – em proveito de indústrias como biscoitos e massas alimentícias;

• crescimento percentual da panificação industrial;

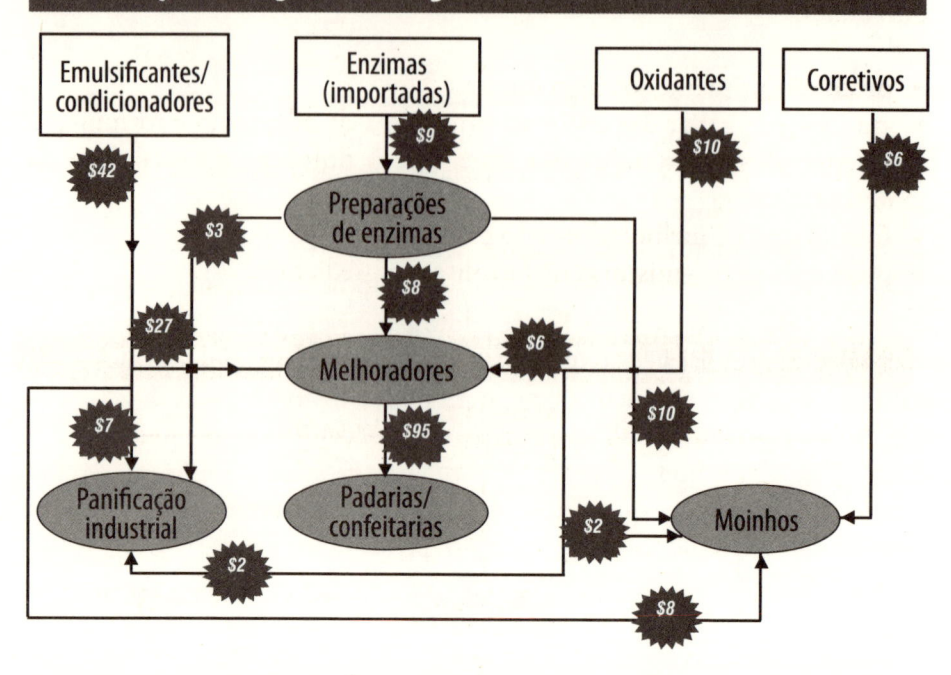

Panificação: Fluxograma dos ingredientes - $ MM/ano

- rápido aumento do consumo pelas padarias de farinha na forma de pré--misturas;

- finalmente, dentro do importante subsegmento da panificação tradicional, um aumento enorme – de 10% para 30% do total – de tudo aquilo que não é "pão francês".

É justamente esse último fator que faz explodir toda uma indústria de ingredientes, pré-misturas e especialidades formuladas, movida por tendências tais como:

- diversificação dos produtos de panificação;
- aumento da participação da distribuição através do autosserviço;
- aumento da participação da panificação industrial;
- crescente aceitação de pré-misturas;
- modificação das práticas de trabalho nas padarias;
- alteração dos hábitos, alimentares e outros, dos consumidores.

Tudo isso visando a satisfazer à diversificação das exigências do mercado em termos de sabor, textura e durabilidade de uma sempre crescente diversidade de produtos finais.

A indústria de produtos auxiliares para panificação compreende vários patamares:

- produção primária dos ingredientes;
- no caso particular das enzimas, uma etapa de adaptação e formulação de preparações, sobretudo para fazer face à flutuação de qualidade da matéria-prima;
- formulação de melhoradores de panificação;
- produção de pré-misturas de farinhas e ingredientes.

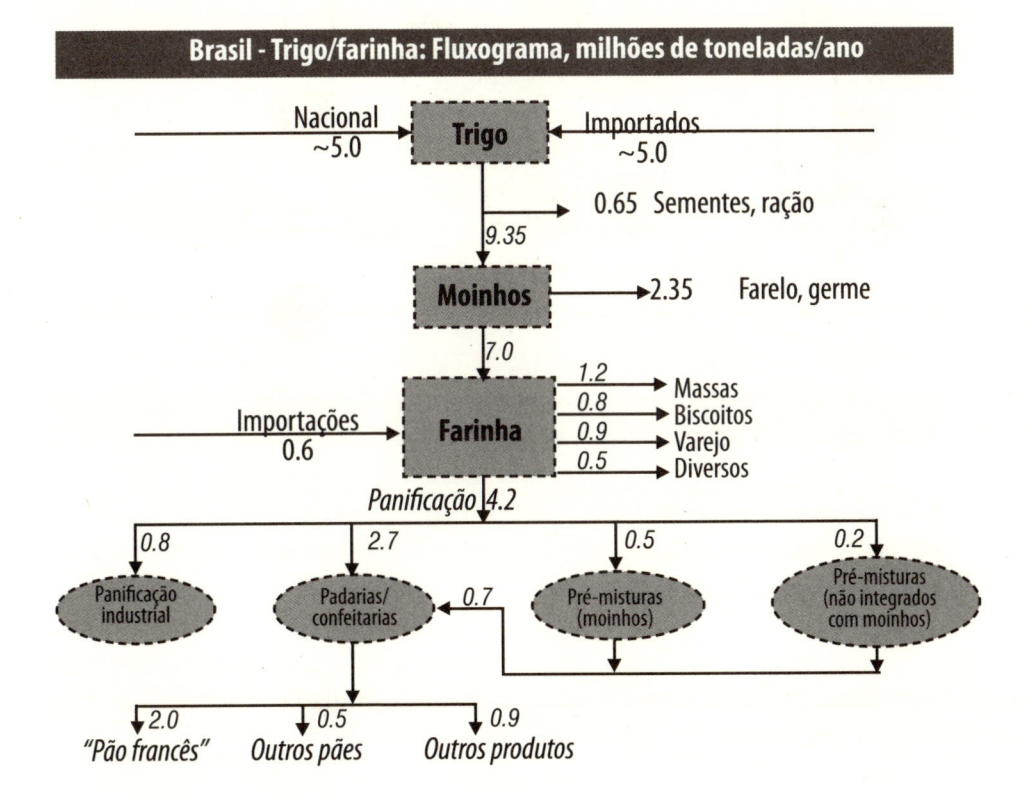

Ingredientes

Dividem-se essencialmente em três grandes categorias:

Emulsificantes

Vários tipos de emulsificantes são usados em panificação para dar corpo e sustentação à massa:

- Condicionadores (reforçadores): o mais importante é o polissorbato 80 (um mono-oleato de sorbitol, etoxilado com 20 mols de óxido de eteno) Frequentemente empregado em combinação com um DATEM (monoglicerídeo esterificado com ácido diacetiltartárico);
- amaciantes: mono ou diglicerídeos;
- estearil-lactilatos, que cumprem as duas funções.

O consumo anual desses produtos, incluindo alguns outros usos (mas a panificação representa o grosso), é de 11.000-12.000 T/ano, no valor de $ 42 MM/ano.

Enzimas

As enzimas alimentares constituem um mercado relativamente pequeno (comparado, por exemplo, com o das enzimas para detergentes ou usos industriais), não havendo, por conseguinte, escala para sua produção no país.

Os três principais formuladores de preparações enzimáticas são Prozim e GlobalFoods (SP), que adquirem suas enzimas de diversas fontes primárias; e Granotec (PR), que trabalha em parceria com a líder mundial Novozymes.

Brasil: Emulsificantes para Panificação		
Produto	Produtores nacionais	Demanda interna T/ano
Polissorbato 80	Oxiteno	4,0
Mono/diglicerídeos	SGS	1,5
	Danisco	
DATEMs	SGS	7,0
Estearil lactilatos	SGS	5,0
	Purac	
	Danisco	

Pode-se estimar a importação brasileira de enzimas para esse fim específico em $ 9-10 MM/ano.

Os formuladores, por sua vez, comercializam essas preparações sob diferentes formas:

- enzimas individuais (após diluição em um veículo), para as grandes panificações industriais e para os moinhos – esses para compensar as flutuações na qualidade do trigo;
- preparações de enzimáticas, cujos clientes são os moinhos, para suas pré-misturas, e os formuladores de melhoradores, tanto os independentes

Enzimas em panificação		
Enzima	*Ação*	*Função*
a- amilases	Converter amilase em dextrinos	Aumentar a vida de prateleira
b- amilases, glucoamilase	Hidrolisar dextrinas em açúcares	Conferir sucrosidade
glucooxidase	Oxidar a glucose, dando peróxido de hidrogênio e ácido glucônico	Formar pontes -S-S-, tornando a massa mais elástica. Usada sobretudo em massas alimentícias
hemicelulases	Hidrolisar os polissacarídeos não amilacios, que absorvem água	Aumentar o volume
lipases (incl. fosfolipases)	Hidrolisar os lipídeos, formando monoglicerídeos de ação emulsificante/ estabilizante	Tornar os produtos mais macios, reduzir o nível de emprego de melhoradores
proteases	Hidrolisar as proteínas	Conferir aroma/sabor; enfraquece a massa, por isso mais usadas em biscoitos

quanto aqueles moinhos que também disputam esse mercado;
• melhoradores completos concentrados, vendidos para pequenos formuladores que executam apenas uma etapa derradeira de diluição.

O mercado de enzimas vem se desenvolvendo a taxas acima do consumo de farinha. Dois fatores podem ser apontados:

• uma tendência a procurar limitar o consumo de emulsificantes, sobretudo dos etoxilados;

• desde que foi proibido o uso, como retardador de fermentação, do velho bromato de potássio, procura-se maneiras de obter o mesmo efeito usando outras estratégias: reduzindo o nível de inoculação com fermento

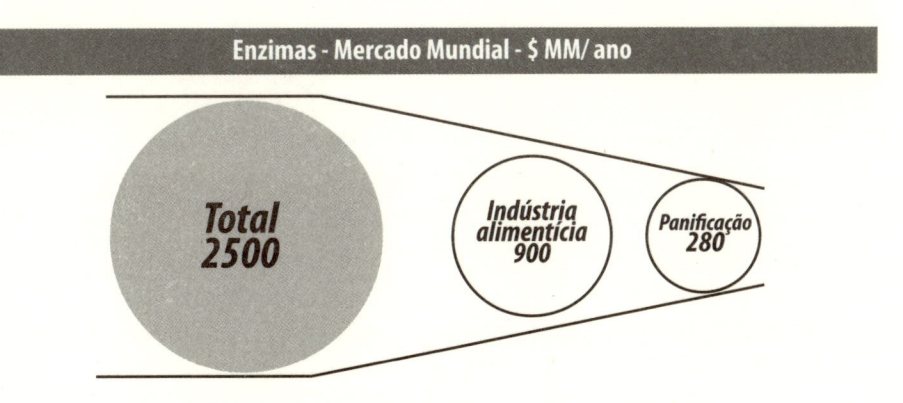

Enzimas - Mercado Mundial - $ MM/ ano

Total 2500

Indústria alimentícia 900

Panificação 280

Principais produtores mundiais de enzimas para alimentação	
Novozymes (DK)	líder do setor
DSM (GB)	por aquisição da Gist Brocaster (1998)
Danisco (DK)	antiga Grinsted; também formula
AB Enzymes (GB)	filial da ABF Ingredients; aquisição em 1999 da alemã Röhm Enzymes
Puratos (BE)	aquisição da linha Belden
Grunau (Cognis) (AL)	futuramente BASF
Kerry (IR)	aquisição da Quest (ex-Unilever)

biológico, empregando câmaras de fermentação refrigeradas – e através da ação de enzimas.

Oxidantes

A função dos oxidantes é fortalecer o glúten através da criação de pontes –S–S– a partir dos grupos –SH presentes nas proteínas. Também produzem um efeito clareador.

Os produtos mais usados são ácido ascórbico e azodicarbonamida (o uso dessa última foi proibido em certos países). Existe produção de ADC no Brasil (Chemicon, SP). Quanto à vitamina C, 80% da capacidade mundial se encontra na China; o consumo para panificação, no Brasil, é por volta de 1.000 T/ano.

• *Fungistáticos*

Para aumentar a vida de prateleira, sobretudo dos produtos da panificação industrial, empregam-se produtos capazes de inibir a proliferação microbiana, tanto na massa quanto em superfície. O produto clássico para uso na massa é o propionato de cálcio, de agressividade apenas moderada com respeito à levedura do fermento biológico. Fala-se, para o futuro, no uso de produtos encapsulados que permitiriam empregar produtos mais ativos (como os sorbatos) em formulações de ação retardada. Os produtos pulverizados em superfície são mais complexos: soluções alcoólicas de coquetéis de ácidos orgânicos, otimizadas em relação à ação fungistática, eventuais efeitos negativos sobre o sabor do produto, reologia. Um dos principais produtores dessas soluções é a PNAM (SP), com formulações desenvolvidas em parceria com a P&D Consultoria. Trata-se de um mercado em expansão, que acompanha a participação da panificção industrial. O consumo de propionato de cálcio (em panificação) é de uns $ 15 MM/

ano. O mercado de concentrados e soluções para aplicação em superfície é de uns $ 3 MM/ano.

- **Corretivos**

Por lei, toda a produção de farinha do país é corrigida através da adição de uma fonte de ferro, e de ácido fólico. O consumo total dos moinhos brasileiros desses ingredientes (comprados já formulados) é da ordem de 1750 T/ano.

Fermentos: Biológicos e Químicos

Os fermentos biológicos são leveduras da família dos *saccharomyces*, produzidas por fermentação seguida de centrifugação e secagem. Existem em diversas concentrações cujas atividades variam de maneira inversa e não-linear com o teor de levedura: a levedura fresca, que contém 67% de umidade, é apenas 2.6 vezes menos ativa do que o produto instantâneo com 4%. Algumas grandes panificações industriais recebem levedura a granel, em forma líquida.

Os dois produtores de leveduras biológicas do país são:

- AB Brasil, grupo britânico (outrora Fleischman) que optou por concentrar toda a produção numa única planta estado da arte de 45.000 T/ano em Pederneiras (SP), e fechar suas unidades menores de Escada (PE), Petrópolis (RJ) e Jundiaí (SP);
- Itaiquara, tradicional grupo açucareiro, com duas plantas: Tapiratiba (SP) e Passos (MG) com capacidade total perto de 20.000 T/ano.

O índice de utilização de fermento vai de 1% a 4% do peso da farinha, variando com a latitude (menos no calor do Oiapoque, mais no frio do Chuí), a época do ano e a receita. Cerca de 35% do consumo nacional é

Brasil - Ingredientes de fermentos químicos		
Ingrediente	Demanda mil t/ano	Principais produtores
Bicarbonato de Amônio	15,0	River, Rhodia
Bicarbonato de Sódio	10,0	QGN (Church-Dwight)
Fosfatos	12,5	ICL

Principais produtores não-integrados de melhoradores e pré-misturas		
Empresa	*Localização*	*Comentários*
I n t e r n a c i o n a i s :		
Emulzint	Jundiaí-SP	Grupo Purac (ácido lático)
Puratos	Guarulhos	Grupo belga que produz diversos ingredientes primários: emulsificantes, enzimas, chocolate (produz também uma linha de misturas) para chocolateria
ABMauri		Do grupo britânico AB Foods (fermento biológico)
N a c i o n a i s :		
Fertpan	São Bernardo do Campo-SP	
Adimix	Jundiaí-SP	
Adinor	Feira de Santana-BA	
Zimase	São Paulo	
Itaiquara	Tapiratiba-SP	Pré-misturas, fermento biológico e açúcar
Pronap	Guarulhos-SP	

importado (Argentina, México, Chile, Turquia, Chile etc).

Para bolos e certos tipos de biscoito, onde a farinha represente apenas 35%-40% dos sólidos, usa-se um fermento químico que pode atuar através de um dos seguintes mecanismos:

- por decomposição térmica, de bicarbonato de amônia, usado em produtos de geometria plana;

- por neutralização de bicarbonato de sódio, usando como acidulantes um ou mais fosfatos: pirofosfato de sódio ácido, monofosfato de cálcio, SALP (fosfato de sódio e alumínio).

Existem formulações de ação lenta ou rápida, ou de ação dupla (onde a reação é desencadeada a duas temperaturas), em que se procura otimizar o desempenho em cada uma das etapas: na batedeira, na bancada no forno.

Grande parte do consumo de fermentos químicos ainda tem lugar no lar; mas a produção de bolos em padarias e em escala industrial vem crescendo.

A Indústria da Formulação

Os destinos finais dos ingredientes para panificação se repartem por três universos:

A panificação industrial, que tem escala suficiente para comprar esses ingredientes separadamente.

Os fabricantes de melhoradores, que além dessa atividade estão presentes em duas outras:

Produção de pré-misturas – não para pão francês, domínio dos moinhos, mas não da panificação diversificada, o que explica o crescimento espetacular dessa indústria ao longo dos últimos 20 anos;

Em paralelo com a anterior, a produção de recheios e coberturas para confeitaria.

Os moinhos, quer para suas próprias pré-misturas – que já não se limitam ao pão francês – quer para a produção de melhoradores em concorrência com o grupo anterior, aproveitando seu poder de alavancagem nas padarias.

Panificação: Estrutura da Indústria

A indústria da panificação se compõe nos principais segmentos:

- industrial: a definição mais aceita é "pão sem balcão". Existem umas 700 unidades no país, transformando entre 500 e 3500 T/ano cada;

- padarias artesanais, que podem ser subdivididas em:

  ◢pequenas, vicinais: existem umas 60.000 no país, transformando 40-50 T/ano de farinha cada uma;

  ◢grandes, "de bairro", talvez umas 2.000 no país, com transformação de ~150 T/ano cada;

  ◢semi-industriais: modelo "balcão+entrega", talvez umas 100 no país, capacidade de umas 1.000 T/ano cada.

- Padarias *in-store:* das 78.000 lojas de autosserviço no país, umas 10.000

têm padarias próprias. Nem todas "desmancham": as grandes redes centralizam essa atividade em poucas unidades, que por sua vez distribuem produto congelado a outras lojas do grupo. Setor ainda pequeno (~10% da panificação artesanal), mas é o que mais cresce – às expensas das padarias vicinais.

E vão surgindo novos modelos – como o das "padarias *gourmet*", a exemplo da Casa Bonomi, de Belo Horizonte. ■

Fluidos Térmicos: Mercado Aquecendo

D o Hemisfério Norte vem a notícia de que o mercado normalmente pacato dos fluidos térmicos estaria se agitando. A causa é a implantação em regiões ensolaradas como os desertos do estado de Nevada, ou as planícies de Castilha, de diversos projetos helioelétricos, onde a energia solar é captada por espelhos parabólicos para aquecer um fluido térmico, que por sua vez gera vapor. Na maioria dos casos, a temperatura não passa de 400°C, e o fluido usado é o conhecido Dowtherm A ou equivalente.

Com isso, o mercado de fluidos térmicos, que tradicionalmente se segmenta em 65% para reposição e 35% para equipamento novo, na Europa, por exemplo, caminha para uma relação inversa.

Cada um dos quatro produtores históricos de fluidos térmicos entrou nesse negócio como uma extensão de "árvores" químicas preexistentes.

• Dow, que lidera o segmento, primeiro lançou o seu conhecido Dowtherm A – uma mistura eutética de óxido de difenila (76.5%) e difenila (23.5%) – para valorizar os subprodutos de uma planta de fenol por cloração de benzeno, desativada há décadas. A partir daí a Dow desenvolveu uma gama de outros fluidos térmicos, tanto para calor (como Dowtherm RP, cujos produtos de degradação não incluem moléculas de alto peso molecular, para temperaturas até 365°C, contra os 400°C do Dowtherm A) quanto para frio.

óxido de difenila

---

bifenil

- Solutia, *spin-off* da Monsanto, cujo fluido análogo ao Dowtherm A é o Therminol 66. A Monsanto também era produtora dos (hoje banidos) difenis clorados, os PCBs, outro galho da mesma árvore. No Brasil, a linha Therminol 66 é distribuída pela Polychem.

- Bayer, que historicamente também criou sua linha Diphyl em função da sua química dos clorobenzenos.

- Nippon Steel, provavelmente o maior destilador de alcatrão do mundo e daí grande produtor de naftaleno e derivados – inclusive produtos como o tetraidrofeniletilnaftaleno, vendido como fluido térmico.

Hoje em dia o óxido de difenila é obtido diretamente a partir de 2 mols de MCB, o que dá dois subprodutos valorizáveis: o o-fenilfenol, e a 4-hidroxidifenila. Quanto à difenila, é produzida por craqueamento de benzeno, dando terfenila como principal subproduto.

Os fluidos térmicos sintéticos concorrem com os óleos minerais, que funcionam até 300-320°C. Tendo sido por muito tempo bem mais baratos do que os sintéticos, o usuário pode optar por trabalhar com um óleo próximo do limite (apesar das maiores perdas por degradação), em preferência a um sintético bem distante de seu máximo. Vai daí que o mercado brasileiro de $ 10-11 MM/ano se segmenta ~75:25 (em peso) entre minerais e sintéticos. Esses óleos minerais podem ser, por exemplo, bases lubrificantes do Grupo II, eventualmente com adição de polialfaolefinas para melhorar o índice de viscosidade, ou outras correntes que apresentem resistência satisfatória a craqueamento, estresse térmico pelicular e oxidação. Mas o mercado dos sintéticos vem crescendo, por terem vida útil da ordem de 20 anos contra uns 5 anos para os óleos. O mercado mundial dos sintéticos anda acima de 30-35 M T/ano.

Só a Dow forneceu, até 2008, 4 cargas iniciais (somando 7.000 T) de Dowtherm A para projetos termossolares, e anunciou mais alguns em carteira. A Monsanto também vendeu algumas. Por enquanto, trata-se de uma forma de energia forçosamente subsidiada: as CST projetadas para a Espanha terão investimentos da ordem de $ 7.000 por MW e fornecerão energia à rede a um preço de $ 350/Mwh, comparado com os $ 80 por Mwh que se paga no Brasil para a energia de cogeração das centrais alcooleiras.

Mas tudo isso irá parecer modesto se for adiante o projeto Desertec, que pretende eventualmente gerar 100 Gw de energia numa vasta área de deserto norte-africano, para transmissão – em forma de corrente contínua de alta voltagem – para o mercado europeu. Em termos de Dowtherm A, o projeto Desertec – recentemente dotado de um veículo executivo, a D.I.I – corresponderia a uma carga inicial de 100.000 T. Mas dado que o horizonte para completamento do projeto é algo como 2050, os produtores de fluidos estão se mantendo calmos.

Além dos produtores primários, o mercado de fluidos térmicos consiste de outros elementos:

- Formuladores independentes

No Brasil, a Anfolabor (Taboão, SP) compra, no mercado, difenila e óxido de difenila para produzir o seu Brastherm, contratipo do Dowtherm A. A empresa detém por volta de 15% do mercado brasileiro de fluidos sintéticos.

- Recuperadores

Fulltev (Mauá, SP), especializada na recuperação de líquidos de alto ponto de ebulição em geral. Os fluidos térmicos sintéticos (PE @ 270°C) são primeiro neutralizados, decantados etc. e em seguida fracionados a 10 mmHg, numa coluna de enchimento estruturado cujo refervedor é aquecido com um fluido térmico.

- Fabricantes de equipamento

Dois fabricantes fornecem o grosso das unidades de porte feitas no Brasil; pela ordem Konus Icesa e Aalborg. Mas existem diversos fabricantes menores, especializadas em unidades menores até as de apenas 50-100 kcal/h usadas para derreter asfalto. O parque instalado, nos anos bons, tem crescido a 5%-7%/ano. ■

SALE NOSTRO

Há quase 25 anos, ao abrir a correspondência do dia topo com uma carta do Japão, do poderoso MITI, perguntado se estaríamos dispostos a realizar um estudo sobre os monopólios estatais da cadeia produção/distribuição de sal que – apesar do crescente assédio dos eurocratas – ainda sobreviviam em dois países europeus: Áustria e Itália. A carta estipulava honorários mais do que generosos e dava a entender que se estivéssemos de acordo era só confirmar e ir começando. Bons tempos...

A Áustria era fácil: produção (exclusivamente salgema). Comércio internacional, distribuição, tudo estava nas mãos de uma estatal modesta, porém cercada de férrea blindagem aduaneira e, por conseguinte, altamente rentável. Estava sediada em Bad Ischl, estação de águas simpática e retrô situada na região conhecida como *Salzkammergut* – "o distrito dos depósitos de salgema". Ischl era onde ia veranear a nobreza da Viena Imperial, de Francisco José para baixo; dizem até que ali é que foram concebidos seus três filhos varões, que ficaram conhecidos como *die Salzprinzen*.

No dia aprazado me apresentei ao funcionário destacado para me receber. Ainda durante as preliminares e apresentações de praxe descobri que meu interlocutor morava no vilarejo de Bad Goysern, a uns 5 quilômetros de lá. "Na terra do sapateiro Stefflitsch?" perguntei. O outro ficou admiradíssimo – um sujeito que chega aqui vindo sei lá de onde e já conhece até o nome do sapateiro da minha aldeia? Acontece que Stefflitsch – na época o pai, hoje em dia o filho – fazia, à mão e sob medida, as mais famosas botas de *treking* alpino de toda a Europa e das quais eu era feliz possuidor de um par.

Depois de tal preâmbulo para quebrar o gelo, a jornada só poderia ter sido um sucesso – inclusive com um lanche na lendária confeitaria Zauner, grata recordação da minha adolescência. Carregado de anotações e documentos já me preparava para a despedida, quando me ocorreu mencionar que em seguida eu teria que fazer a mesma coisa na Itália.

"Você conhece?" – perguntei.

"Claro – quando o inverno é rigoroso, nós aqui é que somos obrigados a fornecer o sal a ser espalhado pelas estradas alpinas da região dos Dolomitas. Sai mais em conta do que mandar material lá do sul da Itália. Nos conhecemos bem". E foi tirando uma pasta da prateleira. "Olha aqui, são umas vinte fontes produtoras de sal no país. Rosignano, essa é da Solvay, mas só produz salmoura, Cagliari é da ENI, essa próxima é da Máfia..." – assim mesmo, sem quebra de ritmo ou modulação da voz.

"Como é?", indaguei surpreso.

"Pelo visto você está inteiramente por fora. Posso até apresentá-lo a alguns amigos do ramo que ficam em Milão, mas de uma viagem a Palermo você não escapa." Infelizmente o diretor presidente da empresa siciliana estava naquele momento servindo uma pequena pena carcerária, junto com outros membros de uma certa loja maçônica, mas se eu procurasse em seu nome o engenheiro fulano, certamente seria bem recebido.

O escritório da empresa ficava num discreto prédio moderno, no centro de Palermo. Fui obrigado a confessar que nem sabia direito o que havia levado os japoneses a nos contratar, mas o engenheiro foi logo me deixando à vontade – no Japão, sal também era monopólio estatal e uma certa curiosidade quanto à situação italiana não passava de um justificável exercício de *market intelligence*. Ele próprio havia passado pela gerência técnica de tudo quanto era método de produção da empresa – solar, mineração, evaporação de salmoura – antes de se tornar seu diretor superintendente.

Fiquei sabendo que além deles havia toda uma penca de produtores de sal na Itália: a Montedison, as salinas do Governo, a cooperativa dos pequenos salineiros do porto de Trapani... Mas quando passamos aos assuntos mercado, *marketing*, logística, ficou claro que a empresa de Palermo, através de um emaranhado de *joint ventures*, estava envolvida na distribuição de todas elas – a única exceção era a ENI, na Córsega, que operava uma pequena salina para uso cativo local, e para mais um ou dois clientes industriais em terra firme. Fazendo as contas, 95% do sal consumido na Itália era distribuído pelo "grupo" onde trabalhava meu anfitrião. Fiquei ruminando uma maneira sóbria de revelar tudo isso no meu relatório ao MITI, e acabei criando um acrônimo – SPI – que passou a significar *Sicilian Private Interests*. Nominalmente, no entanto, sal continua sendo monopólio estatal.

Passadas tantas horas face a face, já havia diminuído um pouco o grau de formalidade entre nós. Então bem no fim ousei arriscar:

"Mas porque, enfim, como diria, logo aqui, numa ilha...?

"O que o senhor está querendo perguntar é "porque logo nós", não é? Pois vou responder. Existem na Itália 170.000 pontos de venda de sal. Muitos deles minúsculos e remotos, e todos precisam estar abastecidos sem falhas. Qualquer ruptura de estoque, pode até morrer gente. Pergunto: o senhor conhece alguma outra organização aqui na Itália capaz de dar conta desse recado?" Cheguei a adivinhar uma sugestão de sorriso no rosto sisudo do engenheirão – mas não, deve ter sido miragem...

E agora, o epílogo. Anos depois, eu estava viajando pela Emilia-Romagna para avaliar um punhado de fabricantes de equipamento médico de pequeno porte – marca-passos, respirômetros etc. Uma das candidatas era uma empresa de equipamentos para cuidados neonatais, instalada perto de Reggio.

Logo ao entrar no pequeno galpão, com seus três ou quatro operários em pé diante de suas bancadas toscas e vestidos de macacões sebentos, vi que não era nada daquilo que o nosso cliente procurava adquirir. Enquanto ainda tentava formular mentalmente alguma maneira polida de dizer tudo isso em italiano, abriu-se a porta do escritório onde fui recebido por um jovem alto, com cara de MBA recém-formado, trajando um elegante terno azul-da-meianoite, e que se apresentou como filho do dono. Feitas as apresentações comecei a ensaiar a minha fala, mas o jovem foi logo me colocando à vontade:

"Não se preocupe, já vi que não era bem isso que o seu cliente o incumbiu de encontrar. Aliás para o nosso grupo também não se trata de uma atividade lá muito importante".

"E que mais vocês fazem?", perguntei, só para prolongar a visita um pouco que fosse.

"Por exemplo: meu pai distribui todo o sal consumido aqui na região – presunto de Parma, queijo parmesão, tudo é com ele".

Pego de surpresa pela palavra *sale*, não consegui reprimir de todo uma explosiva gargalhada. Ao que meu simpático anfitrião saiu-se com:

"Constato com prazer que o senhor conhece os usos e costumes de nosso país...!"

E aí soltei o que ainda faltava da minha gargalhada. ∎

COMAR INVESTE NA EUROPA

A sul-africana Comar Chemicals, fundada em 1995, anuncia a construção em Muttenz, perto de Basilea de uma planta de 12.000 T/ano para a produção de sais metálicos de ácidos carboxílicos ramificados, duplicando assim a capacidade de sua fábrica atual perto da Cidade do Cabo.

A empresa produziu secadores para tintas, aditivos EP (extrema pressão) à base de carboxilatos de bismuto, e aceleradores de polimerização para resinas poliéster.

Mas os dois astros da empresa são os neodecanoatos de neodímio e de ferro. O primeiro é o componente-chave do sistema catalítico usado para produzir o elastômero Nd-BR, o polibutadieno de alto teor de ligações *cis* que, nas bandas de rodagem, melhor concilia resistência à abrasão com baixa resistência ao rolamento – e por conseguinte proporciona melhor desempenho econômico do que os demais BR. A Lanxess opera uma unidade de 20.000 T/ano de Nd-BR no Cabo, PE, e só em Cingapura existem quatro projetos em curso. O outro produtor mundial desse catalisador é a francesa Rhodia, em sua planta de La Rochelle.

Quanto ao neodecanato de Fe, é usado como promotor de combustão nos filtros de partículas de carbono instalados em caminhões diesel para fazer face a restrições de natureza ambiental cada vez mais severas.

A nova planta está sendo instalada num prédio de vários andares, desativado pela ex-Sandoz. O *site* de Muttenz foi convertido em parque químico. ■

Fundição: Recuperação em Marcha

Após um ano de 2008 extraordinário e de um 2009 desastroso, a indústria brasileira de fundição se encontra em recuperação – pelo menos em suas vendas domésticas, pois as exportações ainda claudicam um pouco – e deve terminar o ano com perto de 3.0 MM T produzidas, das quais

- 85% ferro
- 7.5% aço e ligas ferrosas
- 7.5% materiais não ferrosos, principalmente alumínio

Com isso, recuperam-se também as indústrias que produzem insumos para fundição:

- Areia e aditivos
- Resinas
- Tintas refratárias
- Ceras para microfusão

Areia

Os três principais fornecedores de areia verde para fundição são:

- Mineração Jundu (Saint Gobain)
- Mineração Descalvado (Cisper)
- Mineração Veiga (região Sul)

Pode-se estimar em 3-3.5 kg de peças fundidas a quantidade de areia que circula dentro de uma fundição, e em ~15% o descarte, o que corresponde a uma demanda de umas 1.5 MM T/ano.

Brasil – Construtores de Fornos	
Fornecedor	*Parceiro Tecnológico*
Bardella	KTI Technip
Combustol	Linde
CONFAB	Cenpes (Petrobras)
Jaraguá	Cenpes (Petrobras)
Usiminas	Heurtey-Petrochem

Como aditivo para aumentar a estabilidade mecânica da areia emprega-se, sobretudo, bentonita. A bentonita sódica é produzida no Brasil pela Bentonit União, em suas duas plantas na Paraíba. A demanda para esse fim é de ordem de 120-130 M T/ano. Para ajudar na formação de uma superfície vítrea, mais resistente, acrescenta-se pó de um carvão de composição adequada. O maior fornecedor desse material, conhecido como "carvão Cardiff" e do qual a indústria de fundição consume 35-40 M T/ano, é a Coque Sul, de Criciúma, SC.

Recentemente essa empresa patenteou uma formulação batizada de PCA (pó de carvão aditivado), que promete reduzir o uso específico em cerca de 70%, e com isso as emissões de enxofre – o custo por tonelada de areia permanece constante. O produto já foi adotado por três fundições de porte.

Como ligante da areia emprega-se uma farinha de milho pré-gelatinizada e depois extrudada, cujos dois principais produtores são Lavore (Lençois, SP) e Kowalski (Apucarana, PR).

Equipamentos Usados:		
Principais Empresas	*m² **	*Funcionários*
JEMP – Cabreúva-SP	43.000	50
Will - Santo André-SP	10.000	50-60
Expofer – Suzano-SP	n.d.	
Milmaq - Rio de Janeiro	2.000	
Nocelli - São Paulo	1.600	12
Grassinox - São Paulo	1.500	5
WFA - São Paulo	2.000	15
Sigma - São Paulo	600	

* galpões e pátios

Resinas

Para conferir mais estabilidade à areia de fundição empregam-se vários tipos de resinas termofixas:

• sempre, no caso dos machos, que precisam resistir sem quebrar às condições mecânicas severas a que ficam submetidos durante o vazamento do metal
• frequentemente, no caso da areia de molde, embora boa parte dos moldes

para peças menores, produzidas em regime seriado, sejam vazados usando areia verde (estabilizados apenas com bentonita)

Diversos fatores intervêm na escolha do tipo da resina:

- resistência mecânica conferida

- viscosidade menor possível, levando em conta as exigências mecânicas, para facilitar a operação de mistura areia-resina

- colapsabilidade após o resfriamento, para facilitar a regeneração da areia

- acabamento superficial, a fim de limitar as necessidades de usinagem

- aspectos ecológicos: facilidade de regeneração, eliminação de solventes orgânicos, redução de emissões de formaldeido

- ritmo de operação desejado

- tempo de bancada

Ácidos	Neutros	Básicos
Zircônia (ZrO_2)	Alumina	Forsterita (Mg_2SiO_4)
Sílica (SiO_2)	Carbono	Dolomita ($CaMg(CO_3)_2$)
Semissílica silimanita ($Al_2O_3.SiO_2$)	Magnésia	Carbeto de silício (SiC)
Argila refratária mulita ($3Al_2O_3.2SiO_2$)	Magnésia-cromia	Cromia (Cr_2O_3)
	Cromia-alumina	
	Bauxita (Al_2O_3)	
	Cromia-magnésia	

Novolacas fenol-formaldeido

São resinas sólidas, moídas e apresentadas em solução (geralmente a ~65% em metanol); a cura se faz com HMTA. Quase 90% é vendido como areia coberta (a cerca de 4% de resina), cujos principais fabricantes são:
- Bentomar (SP)
- Crios(SP)
- Mineração Jundu (SP)
- Refratek (SC)

Os dois primeiros fazem suas próprias resinas. São consumidas no Brasil umas 110.000 T/ano do material.

Usa-se areia coberta em fundição seriada, para obter moldes em forma de uma casca fina (processo *Croning*, ou *shell molding*); ou em macharia. Esse processo foi em boa parte substituído pelo de caixa fria, mais rápido e proporcionando melhor acabamento.

Cold Box

Sistemas poliuretânicos bicomponentes: uma resina fenólica tipo resol (que funciona com o poliol), e um di-isocianato, quase sempre MDI. A cura é catalisada por uma amina, em geral trietilamina. O solvente clássico para essas resinas é um aromático pesado tipo AB-9 ou AB-10, mas por motivos de higiene do trabalho houve alguma substituição por metil-ésteres graxos – ou seja, biodiesel. A próxima geração, por questões de limitação das emissões de CO_2, será a dos solventes inorgânicos como o tetraetilsilicato. Usadas em macharia, para produção seriada rápida.

Resinas pep set

Hoje conhecidas por essa apelação que nasceu como marca da Ashland, também são resinas fenólicas uretânicas, porém curadas usando fenilpropilpirídina como catalisador. Usadas na fundição de peças grandes, por proporcionar maior tempo de bancada.

Resinas Furânicas

Alta resistência, obtidas por modificação com álcool furfurílico de resinas ureicas ou fenólicas. Curadas com ácido p-tolueno-sulfônico, ou xileno-sulfônico quando se emprega uma areia mais refratária. Usadas em moldes e machos para peças grandes.

Fenólicas Alcalinas

Resinas tipo resol, modificadas com íons Na^+ ou K^+. De baixo custo e resistência, e de recuperação incômoda. Usadas em pequenas fundições tipo *job*. São curadas por meio de um éster, geralmente triacetina.

Outros Sistemas

- alquídicos
- silicato de sódio/CO_2: já teve sua importância, hoje em desuso
- epóxi: usadas para fazer protótipos
- etc.

A demanda de resinas e catalisadores pela indústria brasileira de fundição pode ser estimada em $ 175 MM/ano (2010). Desse total:

- 70% vai para a fundição seriada, o que explica a sensibilidade do setor (e de seus fornecedores) ao nível de atividade de indústria automotiva;
- 65% é utilizado em macharia.

Refratários – Produção Brasileira (2006 – est) – MT/ano			
	Conformados	*Monolíticos*	*Total*
Ácidos	145	105	250
Bases/Neutros	230	120	350
	375	225	600

As empresas do setor

◢Foseco

Considerada o maior fornecedor de insumos para fundição em geral (as letras "FO" do nome provêm da palavra "foundry"), embora participe pouco do segmento de resinas – suas principais forças residem em tintas, colas, filtros de cerâmica etc. Hoje integra o grupo belga Vesuvius (auxiliares para siderurgia), parte do conglomerado Cookson.

◢SI Group

Antiga Crios Resinas (Rio Claro, SP), adquirida pela norte-americana Schenectady (hoje SI). A tecnologia de resinas para fundição vem da alemã Hüttenes, que continua tendo uma participação na empresa.

◢Ashland

Divisão de um conglomerado químico norte-americano, que recentemente adquiria a Hercules (tratamento de água, *pine chemicals*, hidrocoloides etc). O negócio de resinas acaba de ser cedido à recém-criada ASK Chemicals, parceria 50:50 com a alemã Süd Chemie (por sua vez adquirida pela Clariant).

◢BAQ

Hoje do grupo ATKA, que também participa (junto com o grupo Formitex) da Royalplas (formaldeído, pós de moldagem termofixos e sua transformação etc.).

◢Marbow

Grupo Bentomar (areia coberta, inclusive serviços de recuperação), com uma unidade de resinas recém-inaugurada (Araçariguama, SP).

◢Buntech

Grupo Bentonit União; produção de resinas terceirizada.

Tintas Refratárias

Até há uns 30 anos as tintas para molde eram vistas como produtos pouco nobres e em grande parte fabricados pelas fundições para uso próprio – um pouco de grafite, um solvente, um agente de suspensão, e pronto.

Nesse meio tempo manifestaram-se duas tendências

- a busca de melhor qualidade de acabamento nas peças, para reduzir os gastos de usinagem
- a substituição de sistemas à base de solventes (geralmente álcool) por produtos aquosos, mais caros porém ecoamigáveis

O componente-chave dessas tintas é o grafite natural, produzido pela CNG por uma sequência que começa com uma etapa de flotação (de 6% a 90% de carbono).

As tintas para fundição custam entre $ 0.80 e $ 2.00 /l (conforme o comportamento refratário). A demanda é em torno de 25.0 MM de l/ano.

Os principais produtores são:

- Foseco
- Crios
- Tecbraf
- Refrabrás

Ceras para Microfusão

Existem umas 30 fundições no Brasil que usam o processo da "cera perdida". As maiores ficam em S.Paulo, mas a profissão está concentrada numericamente na Região Sul.

A produção é estimada em 25.000 T/ano, o que corresponde a umas 4.000 T/ano de cera. Muitas das fundições compram os ingredientes – cera de carnaúba, parafina, EVA, um pouco de bisfenol A – e fazem suas próprias formulações para satisfazer suas exigências em termos de índice de contração etc. Outras importam produtos prontos; e outros compram produtos formulados no Brasil, de empresas como Piauí Ceras (SP) ou Microinox (RS).

Os produtos formulados custam em torno de $ 7.00 /kg. ∎

Mundo Micro

"Os microrreatores prometem causar uma verdadeira ruptura tecnológica no universo das indústrias de processo." Com esta citação começa um estudo de cem páginas, realizado pela consultora francesa Alcimed para o seu Ministério da Economia (Minefi), sobre o impacto dos microrreatores e a posição da França nessa corrida tecnológica.

A partida para essa prova foi dada há cerca de 15-20 anos. Considera-se que a instituição pioneira tenha sido o IMM (*Institut für Mikrotechnik Mainz*), o que explicaria a dianteira tomada nesse campo pela indústria química alemã. A Clariant, por exemplo, chegou a declarar que de 15% a 20% da química praticada pela empresa está na alça de mira do microprocessamento. Degussa, Merck e DSM também já apresentaram realizações em escala comercial.

O ponto de partida é a seguinte constatação/conclusão: quando se diminuem as dimensões de um equipamento para a região de 100-1.000 micrômetros, pode-se obter coeficientes de transferência de calor e de massa superiores – algumas centenas de vezes – aos convencionais. A explicação para isso está no fato de que no domínio micro esses coeficientes são determinados, não por considerações volumétricas e sim de superfície. As relações área/volume em um microtrocador, por exemplo, podem ser 300 vezes maiores do que em um equipamento macro. Aliás, a troca de calor em escala micro – envolvendo fluidos tóxicos, explosivos, corrosivos ou simplesmente caros e raros – virou um subsegmento independente dentro da microtecnologia. Isso significa que: com um pequeno número de microequipamentos montados em paralelo, pode-se chegar a realizar uma determinada reação em escala comercial – de até umas 10-100 t/ano, segundo alguns dos casos tornados públicos.

As principais vantagens buscadas por essa miniaturização são:

• reações mais limpas: menos subprodutos indesejáveis, rendimentos melhores;

• *scale-up* flexibilizado;

• possibilidade de novas rotas com a introdução de etapas altamente exotérmicas, ou envolvendo intermediários de elevada periculosidade, que seriam impraticáveis com equipamento de proporções convencionais.

Algumas das reações mais visadas: reduções, oxidações, nitrações, Grignard – e as tais "reações energéticas", que geralmente envolvem pequenas moléculas nitrogenadas.

Por ora um dos problemas é que o arsenal do engenheiro de micro--processos ainda é limitado: reatores, bombas, trocadores, misturadores. Esse é um dos vetores de desenvolvimento. Outros desafios:

- diversificar o elenco de reações;
- facilitar o emprego de catalisadores (por exemplo, por deposição nas paredes do reator);
- encarar os problemas de *fouling* e de vazamentos.
- etc.

Os líderes do segmento – que hoje movimenta no mundo $ 100 MM/ano – são: Alemanha, Inglaterra e Países Baixos. Os japoneses também estão no páreo; os americanos, menos – o estudo postula que talvez falte interface de troca entre a pesquisa acadêmica e o setor industrial. E a França, conclui o estudo, precisa acordar para recuperar o atraso. ■

Reabilitando Maria Antonieta

á cerca de 10 anos participei de um estudo da viabilidade de se produzir ácido fosfórico *"food grade"* no Brasil, partindo de ácido via úmida. Ainda estávamos na era da economia fechada e o único produtor, a Monsanto, fazia o produto com fósforo vermelho importado (debaixo de uma camada de água), a custos que hoje seriam proibitivos.

Além de fazer parte dos concentrados para refrigerantes do tipo cola, o ácido fosfórico *"food grade"* tem uma miríade de outras aplicações; e além de seus empregos como tal, é também matéria-prima para diversos sais usados, entre outros, na formulação de fermentos químicos.

Esses fermentos são uma mistura de bicarbonato de sódio e de um sal ácido, o qual, quando atingida uma determinada temperatura no forno, provoca a decomposição do bicarbonato, desprendendo o gás carbônico que então faz crescer o produto panificado.

Era importante, por conseguinte, conversar com algum produtor de fermentos. Na época, discutia-se muito o fim do subsídio do trigo e, para não ser grosseiro e entrar diretamente no assunto da reunião, comecei perguntando se os fabricantes de fermento de padaria não estariam encarando essa perspectiva com preocupação.

"Claro que estamos", confirmou meu interlocutor, "mas felizmente também fabricamos fermentos químicos, e esses aí vão até se beneficiar".

"Como é que é isso?" perguntei, meio cético.

"Muito simples: quando sobe o preço do trigo, pobre come bolo. Bolo é uma mistura de diversos sólidos, além da farinha: ovos, açúcar, uma gordura qualquer... e assim, quando sobe o preço do trigo, o custo do bolo sobe, mas não na mesma proporção que o do pão. Outra coisa: pão se desperdiça muito, fica amanhecido e bolo não, come-se até o fim."

A História do mundo estava sendo reescrita, ali mesmo na minha frente.

"O senhor sabe, não sabe, que uma rainha da França foi guilhotinada, dizem que justamente por causa de uma afirmação parecida?"

"Maria Antonieta? Claro que sei. Uma sábia, não, mais do que isso, uma santa, meu caro. Essa sim é que entendia de economia, de povo, muito mais do que aqueles idiotas da liberdade, igualdade e não sei mais o que. Aquela ali, era preciso canonizar essa mulher.... "

Pois o recado está dado. Que cada um reflita sobre essa injustiça, esse tremendo erro histórico, e faça algo, por pouco que seja, para reabilitar a memória de Maria Antonieta. ■

CBE: Mais Estireno

Depois de um longo período de planejamento, deslancha o projeto de ampliação (para 180 mil t/ano) da planta de etilbenzeno/monômero/estireno da CBE (Cia. Brasileira de Estireno, Cubatão-SP).

Duplicação à brasileira: nada de um simples e custoso rebatimento da unidade original, e sim um projeto de atualização tecnológica e de desgargalamento em duas etapas (não é à toa que lá fora a engenharia química brasileira é considerada expoente mundial da arte do *debottlenecking*).

A primeira etapa terá engenharia básica da ex-Badger (hoje parte da Stone + Webster), que também havia projetado a unidade original. Em 1993 foram feitas algumas modificações, na área da reação de desidrogenação e de compressão do hidrogênio, com engenharia de processo da Lummus – arquirrival da Badger nesse segmento e, recentemente, cedida pela ABB à Chicago Bridge + Iron. Mas o restante da planta é da Badger. Também já está em andamento a engenharia de detalhe, confiada à empresa paulista Projectus, assim como as obras civis, e já foram colocadas as encomendas dos itens-chavse.

O estireno é um cavalo velho de guerra, cujos *economics* se encontram bem próximos do osso. Assim sendo, pode surpreender que os dois contendores, Badger e Lummus, continuem gastando um total de uns $ 10-12 MM por ano para manter suas equipes de desenvolvimento e unidades piloto, mas, sem isso, o primeiro a baixar a guarda seria instantaneamente varrido do mapa.

A unidade de etilbenzeno vai deixar de utilizar o processo de alquilação por catálise com cloreto de alumínio, corrosivo e poluente, passando à moderna tecnologia com base em zeólitos, de poros de diâmetro médio. Com isso se economiza nas despesas de manutenção (o novo reator de leito fixo será de aço-carbono).

A Lummus (catalisador da UOP) havia apostado pesado no conceito da destilação catalítica com a qual domina o mercado mundial de tecnologia para a produção de MTBE. Mas na grande maioria das unidades de EB *world class* a opção é pelo binômio Badger/Exxon Mobil, essa última, fabricante do catalisador. O estado da arte é uma alquilação em fase líquida, usando até oito leitos catalíticos, o que permite abaixar para uns 3.5 a relação molar benzeno/eteno e, como consequência, reduzir o tamanho dos equipamentos. O novo design também permite abaixar a pressão no rcator de 50 kg/cm^2 para menos de 40 kg/cm^2.

Apesar de recentes ganhos de seletividade, durante a reação ainda se formam, como subprodutos indesejáveis, uns 10% de alquilados superiores (DEB/PEB), que são enviados, com mais benzeno, para um reator de transalquilação. O processo Badger opta por conduzir essa reação em fase líquida, o que resulta em melhor seletividade (i.e., mais produção adicional de etilbenzeno). O novo catalisador de alquilação também reduz consideravelmente a produção de C_9's, butilbenzenos, xilenos e outros pesados que não se consegue recuperar por transalquilação. O produto final também contém menos cumeno, determinante da qualidade do EB.

Passando à etapa de desidrogenação do EB, o principal terreno de combate sempre tem sido a redução da relação molar vapor/EB no reator. No início dessa década, essa relação era em torno de 8, e se acenava com a possibilidade de chegar a 6; mas hoje 6 é estado da arte, e já se fala em atingir 5. Com um custo pleno do vapor (por exemplo, o atual preço de venda da Central de Utilidades às várias plantas do complexo de Camaçari) acima de \$ 100/t, é simples constatar que uma redução de 1 mol/mol de vapor corresponde, só aí, a uma economia de uns \$ 20/t de estireno.

Como fornecedores do catalisador, encontram-se em liça as parcerias Badger/CRI (a ex-Criterion) e Lummus/Südchemie, além da Dow e BASF, os dois grandes produtores de SM no mundo. A reação se faz a um vácuo de cerca de 0,4 kg/cm^2 (em apenas duas etapas para não incidir em excessivas perdas de carga), a fim de deslocar o equilíbrio da reação para a direita. Quanto menos vapor/mol maior a temperatura necessária no reator; e aí se esbarra com sérias limitações metalúrgicas que implicam no emprego de ligas sofisticadas e caras como a Incolloy.

Na nova unidade, o vapor será superaquecido a uns 800°C, por queima do hidrogênio gerado na reação. Esse hidrogênio é separado do efluente da reação num gigantesco trocador conhecido carinhosamente, no jargão interno, como "o submarino". O efluente líquido desse aparelho ainda ganha uma resfriada final numa bateria de resfriadores a ar, que no novo projeto serão complementados por um trocador a água.

No meio tempo, surge no horizonte uma nova rota para chegar ao estireno. Exelus, uma pequena empresa de P&D situada em Nova Jersey – EUA, está a ponto de dar partida num piloto para avaliar um novo processo baseado na reação catalítica de metanol com o grupo $-CH_3$ do tolueno:
$$\Phi\, CH_2 + CH_3\, OH \longrightarrow \Phi\, CH = CH_2 + H_2O + H_2$$
A reação já é estudada há três décadas por gigantes do estireno (Dow etc.) bem como no mundo acadêmico. O *breakthrough* da Exelus foi ter achado um catalisador (uma zeólita alcalina) que promove a alquilação no grupo $-CH_2$, e reprime a metilação no anel benzênico.

Parece que a seletividade obtida (base metanol $\longrightarrow$ estireno) já está em torno de 80%, o que corresponderia a (Q III '09) um custo "matérias-primas" mais de \$ 200/t inferior ao da rota convencional benzeno/eteno, onde os rendimentos estão na casa dos 95%-96% do estequiométrico.

Onde a Exelus também espera demonstrar as vantagens de seu processo é na drástica redução do custo das utilidades, graças a um calor de reação, mol por mol, 50% inferior e uma temperatura de reação de 400°C, contra os >620°C da desidrogenação do etilbenzeno pela rota convencional.

A grande atração do processo é o fato de envolver uma só etapa, com reflexos sobre os investimentos da ordem de 30%-40%. Mas ainda restam desafios:

• reprimir a decomposição do metanol em $CO + H_2$;
• idem em relação à reação do H_2 gerado com o estireno produzido;
• melhorar a atividade do catalisador;
• dado o maior número de coprodutos gerados, simplificar o trem de purificação.

Segundo a Exelus, o plano de negócios é visar o mercado de revampeamento de unidades existentes ou desativadas, por meio de uma política de licenciamento. Parece que o interesse tem sido enorme.

Até recentemente, a CBE operava em regime de contrato de transformação exclusivo com a BASF. Nesse meio-tempo, esse contrato chegou a seu termo, além do que a BASF mundial decidiu se retirar do setor de estirênicos. Dessa forma, a CBE (grupo Unigel) agora se posiciona como produtor independente e de bom porte, livre para atender os diversos segmentos consumidores.

O consumo brasileiro de estireno é da ordem de 550 mil t/ano, incluindo o da unidade poliestireno da Videolar em Manaus, que, por razões de

Estireno – Demanda Brasileira - % (2007)		
Poliestireno		62.5
Cristal/Al	55.0	
Expansível	7.0	
SBR		23.5
Borracha	16.0	
Látex	4.5	
Borracha termoplástica	3.0	
Diversos: resinas, ABS/SAN etc.		14.0
Total		100.0

logística, depende de monômero importado. Com a recente desativação da unidade da EDN (Camaçari-BA), a capacidade interna atual é de 370 mil t/ano, e passará a quase 430 mil t/ano com a ampliação da CBE.

A demanda mundial é de 27 milhões t/ano, das quais a do Brasil representa 2.0%. Da capacidade mundial, cerca de 20% corresponde às plantas SM/PO, em que também se parte de EB, mas se obtém óxido de propeno e SM como coprodutos. Outros 20% se baseiam em processos proprietários; e os 60% restantes estão repartidos, meio a meio, entre as tecnologias Badger e Lummus. ■

FCC: Caminhos para o crescimento?

A Fábrica Carioca de Catalisadores foi criada na década de 1980 com o propósito de produzir no Brasil catalisadores para o processo de refino conhecido como FCC – *Fluid Catalytic Cracking*. A função desse processo é quebrar as cadeias de hidrocarbonetos pesados, produzindo moléculas na faixa de ebulição dos derivados mais demandados, tais como gasolina e óleo diesel.

Quando primeiro surgiu a ideia de produzir esses catalisadores no Brasil, ainda na década de 1970, a demanda brasileira era insuficiente para justificar uma fábrica. Mas aí vieram duas crises seguidas no mercado petroleiro e os preços do cru dispararam até atingir (em termos constantes) níveis próximos dos atuais. A reação da Petrobras foi passar a refinar crus mais pesados e, por conseguinte, mais baratos – porém mais difíceis de craquear em virtude do conteúdo mais elevado de N e de metais de suas frações pesadas. Com isso, passou a aumentar o consumo unitário de catalisador nas unidades de FCC das refinarias.

O assunto da fábrica, que havia sido objeto de discussões com a Engelhard (hoje Basf), mas não foi levado adiante, voltou à atualidade e acabou se concretizando em 1984. Tomou a forma de um empreendimento tripartite entre Petroquisa (40%), Oxiteno (20%) e o grupo holandês Akzo (40%), fornecedor da tecnologia. Em 2004, a Akzo vendeu toda a sua atividade de catalisadores para a norte-americana Albemarle. Com a saída, nesse meio-tempo, da Oxiteno, a FCC se tornou uma joint venture 50:50 entre Petroquisa e Albemarle, que hoje supre os mercados brasileiro, sul-americano e cubano. Para a Albemarle foi uma excelente aliança, pois ter a Petrobras como sócia significa não só contar com o apoio tecnológico do Cenpes, como também dispor de 10-12 FCCs de bom tamanho onde novos produtos podem ser testados *in vivo*.

Ao longo dos últimos anos, vários fatores afetaram o mercado da FCC:

• a participação crescente do álcool no mercado interno de combustível automotivo;

• a descoberta, ao longo do *offshore* brasileiro, de crus cada vez mais pesados;

• a opção da Petrobras pelo coqueamento como principal estratégia para reduzir a relação C:H do seu leque de derivados de refinação.

Ainda assim, a FCC teve um período de vinte anos de crescimento a 4,5%/ano, até atingir a demanda interna atual de 28 mil t/ano – média de 1,10 kg/m³ de carga –, que representam 75%-80% da produção. Mas agora a empresa sente chegada a hora de procurar novos projetos, em que pese o artigo dos seus estatutos que limita as atividades da empresa apenas à produção de catalisadores para FCC.

A FCC, integrada na produção de aluminas e zeólitas, tornou Santa Cruz um polo de atração para outros fornecedores de insumos. O mais recente é a Sentex, que produz para a FCC um tipo de zeólita especial usado em certos catalisadores como promotor de olefinas, para favorecer a produção de propeno. A Eka, ligada ao grupo Akzo, estabeleceu-se em frente à FCC para produzir um sol de sílica especial, isento de Na, usado como cola na obtenção de certos catalisadores mais porosos empregados no craqueamento de frações mais próximas do fundo do barril. Quanto às soluções de silicato de sódio, são produzidas em uma unidade da Diatom que envia de São Paulo o produto em escamas. O único insumo importado é uma mistura de óxidos de terras raras (cério, lantano e vizinhos) produzida apenas na China.

A próxima etapa talvez venha a ser a criação de um pequeno parque tecnológico, para o qual até já existe uma área apropriada: a antiga unidade de carboximetilcelulose da Oxiteno, que até já doou o terreno para esse

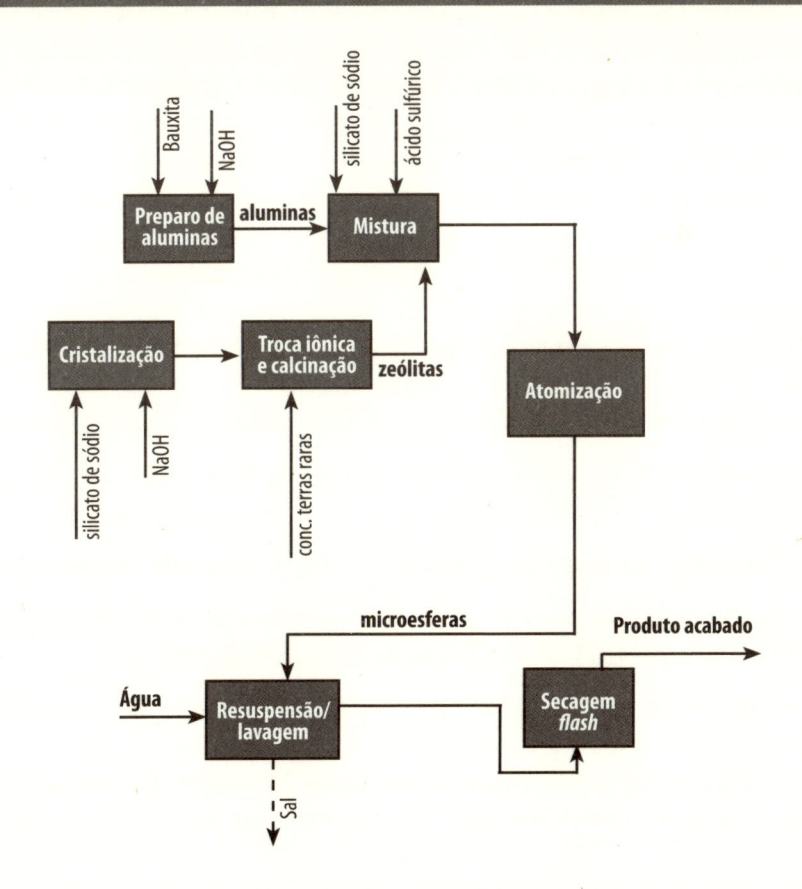

FCC - Produção de Catalisadores

fim. Pode estar na hora de espanar a poeira de algumas ideias mais antigas, que agora talvez se revelem viáveis.

FCC e a integração química em Santa Cruz

FCC

- Aluminas
- Zeólitas

Vizinhos

- EKA – sol de sílica
- Sentex – zeólitas especiais
- Pan Americana – soda cáustica
- Diatom – silicatos de sódio em solução. ■

Lavando Roupa Suja

oupa suja é coisa séria: no Brasil, só as lavadoras domiciliares processam por ano uma tonelagem quase igual à produção anual de aço, ou de cimento – isso sem contar aquilo que ainda se lava no tanque, ou à beira de algum córrego, usando sabão em barra.

Apenas uns 10% desse total é lavado em lavanderias comerciais. Segundo a ANEL[1] existem no país umas 6.000, das quais:

- 1.200 industriais
- 4.800 domésticas

Lavanderias Industriais

Os dois grandes subsegmentos da lavagem industrial são hospitais e hotelaria:

- hospitais: nos grandes centros urbanos, onde espaço e mão de obra custam caro, a lavagem costuma ser terceirizada; e quanto mais afastado o hospital, maior a tendência a lavar *in house*. Boa parte desse mercado envolve licitações públicas. Existem no país cerca de 500 mil leitos hospitalares.

- hotelaria/motelaria: os 1.1 MM de unidades habitacionais do país se segmentam em hotéis (60%, dos quais 9% são "finos" e, portanto, geram mais roupa suja por unidade) e motéis (40%). Mas a divisa entre os dois mundos nem sempre é nítida. As práticas dos hotéis apresentam um perfil parecido com as dos hospitais; já os motéis preferem a lavagem verticalizada, por questões de transparência contábil. Existem também particularidades regionais, com um grau menor de terceirização no Norte/Nordeste, por exemplo.

- Do lado da lavagem industrial, a evolução da tecnologia tem tido lugar sobretudo do lado equipamento. A partir do final dos anos 90, com o início da fabricação no Brasil de lavadoras-extratoras (Baumer, Lavex etc.), teve lugar um processo de substituição dos sistemas lavadora-centrífuga convencionais. Já deve haver no país umas 1 800 lavadoras-extratoras, de uma população de 6.000. Os investimentos são bem mais elevados, compensados por menor consumo de água e economias de mão de obra; um sistema de grande porte (~200 kg) custa mais de $ 200 M. Sistemas desse porte são alimentados por uma ilha química através de um sistema de dosadores e de bombas peristálticas; esses sistemas são cedidos às lavanderias em comodato pelo fornecedor de pacotes químicos.

Há uma década e meia também começaram a ser instaladas as primeiras lavadoras tipo túnel. Nos primeiros modelos a carga progredia, em contracorrente com a água de lavagem, transportada por um enorme parafuso de Arquimedes (o famoso modelo Voss Archimidia); essas máquinas ainda são bastante usadas no Japão.

Os túneis mais modernos consistem de uma sucessão de câmaras de lavagem, com a carga progredindo de uma para outra em contracorrente.

Principais fabricantes dessas máquinas: Kannegiesser (AL), Jensen (BE), Milner (EUA). Até agora foram 14, quase todas operadas pela maior lavanderia do Brasil (Atmosfera, sediada em Jundiaí, SP e hoje controlada por um fundo de pensão norte-americano).

Existe um florescente mercado internacional de máquinas reformadas, o que poderá conferir viabilidade a outros investimentos desse tipo; até o final de 2010 espera-se a instalação de mais meia dúzia. Os maiores modelos existentes tem 25-30 m de comprimento, divididos em até 20 módulos; o tempo de passagem é de uns 30 minutos, e podem processar 25 T/dia de carga. Assim, aumenta a importância de economias de escala, redução de custos variáveis (água, produtos químicos) e eficiência logística. Os produtos podem ser alimentados na sua forma a 100%, proporcionando considerável economia; no Brasil isso requer a homologação da instalação pela Anvisa.

Um subsegmento com características próprias é o de itens industriais (equipamento de proteção individual, roupas de trabalho de indústrias metalmecânicas etc.) em que predomina a lavagem com percloretileno, único solvente capaz de enfrentar os níveis da sujidade encontrados. Grande variedade de peças: luvas, mangotes, aventais, panos de limpeza (usados em metalmecânicas, galvanoplastia, gráficas) etc. Note-se que o uso de EPI é decrescente, consequência da automação dos processos industriais. A legislação que trata da responsabilidade do empregador quanto à higiene e segurança tem evoluído no sentido de favorecer a terceirização. A maior empresa desse segmento é a Alsco.

Finalmente, há os nichos: alguns não tão pequenos assim, e altamente especializados: panos de *pet-shops*, toalhas de barbearia e cabeleireiro, encostos de cabeça, sapatos; e tantos outros.

Em todos os segmentos da lavanderia industrial são comuns as parcerias na forma de locação, mais exigentes em matéria de investimento, porém considerado mais rentável do que a atividade da lavagem por si só.

Processos de Lavagem a Seco – Quadro Comparativo				
Processo	Percloro	Isoparafinas	Wet Cleaning	Green Earth
Nº máquinas (Brasil)	~750	~800*	160	5
(EUA)	(~25.000)	(~5.000)	(n.d.)	(>600)
Cheiro	forte	leve	não	não
Custo do Sistema, ~R$ M	100-120	20	70	50
Índice KB	90	<30	-	<20
Ponto fulgor, °C	-	60	-	75
Variedade de peças (1 a 5)	4	4	3	5
Risco de: - encolhimento	algum	algum	sim	não
- desbotamento	médio	pequeno	pequeno	nulo
Ciclo, min.	35-55	50-60	30	50-60

geralmente pequenas

Lavagem Doméstica

No segmento doméstico é que as coisas estão se mexendo mais. Até há cerca de 10-12 anos, lavava-se em meio aquoso ou, quando preciso, a seco usando como solvente algum hidrocarboneto – só de aguarrás, em 1986, eram 1.5 MM l/ano – ou percloretileno. O panorama brasileiro começa a mudar com a chegada das redes de franquias: a pioneira, hoje suíça, 5àSec (~300 franqueados; o nome é um trocadilho gaiato em cima da expressão *cinq-à-sept*, que significa "caso extraconjugal"), a norte-americana Dry Clean USA, e outras, inclusive Quality, uma nacional que desponta. As redes chegaram oferecendo lojas de *layout* transparente, atendimento eficiente, preços competitivos – e serviço ultrarrápido. Esse último aspecto ficou sendo sinônimo de lavagem com percloro.

Em 2002 foi feita uma denúncia do percloro como suspeito de ser carcinógeno, mas hoje o produto vive em paz com o conjunto das normas baixadas pela Anvisa para disciplinar seu uso. Ainda assim, dado que no mundo todo a polêmica continua acesa, há um certo temor de que um dia desses o percloro venha a ser banido. Mas dado que o grosso é usado para desengraxe em indústrias metalmecânicas, é provável que a pressão vinda do setor automobilístico ainda assegure para o produto uma longa sobrevida.

Embora no Brasil a maioria não acredite que se chegue ao extremo do banimento, existe grande interesse por alternativas. Desenvolvido há uns 15 anos pela sueca Electrolux, que detém 35% do mercado mundial de equipamento de lavanderia, o processo *wet cleaning* (sistema *Lagoon*) consegue estender a lavagem em meio aquoso à limpeza de fibras proteicas como seda e lã. O pacote é um binômio mecânico/químico que visa a reduzir os perigos de encolhimento e desbotamento. Do lado mecânico os aspectos-chave são agitação branda, centrifugação a velocidades angulares muito abaixo dos 500-1.000 rpm típicos dos sistemas a percloro, secagem com controle preciso da umidade residual, e dosagem de precisão, tudo isso com um grau de instrumentação e controle que permite oferecer um grande número de programas. Do ponto de vista químico, os vários elementos do sistema – pré-lavagem, lavagem, alvejamento, amaciamento, acabamento – foram desenvolvidos para minimizar o grau de encharcamento e quebra das fibras, e reduzir o consumo de água (a cerca de 7 l/kg de material seco, contra 30 na lavagem a água). Em paralelo, o grupo 5àSec desenvolveu um processo próprio (*Maxima*) como parte de um tripé cujas duas outras pernas são as empresas belgas Christeyns (química) e Primus (máquinas), ambas da região de Gent. A principal inovação ao nível das formulações é a inclusão, geralmente no detergente, de um colágeno hidrolizado, cuja função é formar sobre a roupa um filme protetor.

A introdução mundial do símbolo W, significando "peça apropriada para *wet cleaning*", deve ajudar difundir o processo, em que pese seu desempenho apenas sofrível em relação à sujidade solúvel em solventes, e maior necessidade de mão de obra no acabamento. Os convertidos afirmam que com o novo sistema pode-se lavar até cachemira; os céticos apontam o número considerável de peças-problema, fazendo crescer o número de itens terceirizados, em que pese a homologação do processo pela Woolmark, o cão de guarda global do uso da lã.

No Brasil o *wet cleaning* já recebeu o aval da rede Dry Clean USA, 90 de cujas 160 franquias já estão equipadas; esperam-se outras 50 para 2010. Já existem ofertantes alternativos de máquinas, como a catalã Girbau. Também não será surpresa se a Electrolux ampliar o número de seus parceiros químicos.

Outra alternativa ao percloro, introduzida no ano 2000 pela Green Earth Cleaning Systems, emprega como solvente um produto conhecido como D5 – pentâmero cíclico do dimetilsiloxano, $(CH_3)_2Si(OH)_2$. Embora esse solvente, por apresentar um índice KB comparável com o dos hidrocarbonetos, não sirva para lavar itens industriais, oferece alguns atrativos fortes para o segmento doméstico: ausência de cheiro, ponto de fulgor 15°C mais elevado do que o dos hidrocarbonetos, propriedades físicas que tornam até desejável uma certa permanência residual do solvente nas peças lavadas (confere maciez, facilita as operações na passadoria), índice mínimo de terceirização de peças, nenhuma suspeita ao nível saúde, facilidade de suprimento do solvente – que também é bastante usado em outros setores: cosméticos, por exemplo. Já existem 5 sistemas no Brasil e espera-se um crescimento rápido.

Além desses, dois outros, mas que até agora estão sendo empregados apenas no Hemisfério Norte: o brometo de n-propila, com 100 usuários só nos EUA, e que graças a um índice KB de 125 talvez seja candidato a substituir o percloro no segmento industrial; e o CO_2 supercrítico, que apresenta diversas e conhecidas virtudes, mas exige investimentos de $ 250 M só para a máquina; ainda assim, nos EUA já há perto de 40 instalações.

Insumos Químicos

- **Solventes**

◢percloro: solvente versátil e de uso generalizado, produzido no Brasil pela Dow. O consumo em lavanderias é de umas 1.000 T/ano, das quais 60% para o segmento industrial. As borras são incineradas, geralmente em fornos de cimento. O setor doméstico opera 700-800 sistemas, e o industrial outros 30-40; o grosso é de origem italiana (Firbimatic, e outras).

◢isoparafinas: obtidas por hidrogenação de uma corrente olefínica. A Braskem (Mauá, SP) produz, mas os solventes para lavanderia (distribuídos pela TexDry) estão sendo importados. Empregadas em cerca de 800 lavanderias, a grande maioria de pequeno porte; consumo de uns 200 M l/ano. Dado o ponto de fulgor, no Brasil predominam máquinas abertas (só existe no país um sistema fechado); as borras são descartadas. No Brasil há um certo preconceito contra a lavagem com hidrocarbonetos, que lembra os dias da aguarrás (e mesmo querosene); mas, no Japão, por exemplo, até hoje representa 70% do mercado.

O setor como um todo consome cerca de $ 7 MM/ano de solventes.

- produtos formulados, para lavagem a água (detergentes, alvejantes, amaciantes, neutralizantes etc.), líquidos ou em pó.

◢Generalizando, os produtos mais concentrados são preferidos pelas verticalizadas, para quem lavagem não é *core business*. Os produtos em pó são preferidos pelo segmento comercial, no qual é de mais relevância poder controlar os custos variáveis adequando quantidade de detergente à natureza da carga. Para licitações públicas, onde só o preço interessa, ofertam-se produtos de baixa concentração. No geral, os detergentes em pó representam uns 40%.

Os dois maiores do segmento são Ecolab (Barueri, SP) e Johnson Diversey (São Paulo). Ambos são parceiros da Eletrolux em relação ao sistema *Lagoon*. Em seguida vêm 20 ou 30 empresas menores, muitas de ação apenas regional. Citando algumas mais conhecidas:

◢Indeba (Salvador, BA)
◢Kalykim (Alvorada, RS)
◢Nippon Química (Indaiatuba, SP)
◢CHT (Petrópolis, RJ; filial da alemã Beitlich)
◢Planeta Azul (São Paulo, SP)
◢Bell Type (São Paulo)
◢Econ (Guarulhos, SP)

O mercado total de produtos para lavagem comercial em meio aquoso pode ser estimado em $190-210 MM/ano.

• sanitização: operação obrigatória na lavagem hospitalar. Pode ser química, usando algum per-composto: H_2O_2, seguida de um viricida como ácido peracético em solução; ou então térmica, elevando a 70°C a temperatura de lavagem. O principal produtor de ácido peracético estabilizado é a Solvay, pela reação (catalizada) entre ácido acético e H_2O_2; o produto é distribuído pela Thech, especialista na área de controle microbiológico em geral. A Ecolab produz para uso próprio, usando um processo ligeiramente diferente; e também existem no mercado misturas apenas físicas de H_2O_2 e ácido acético.

Essa operação movimenta em torno de $ 10 MM/ano de produtos químicos.

• tiramanchas: formulações de 7 ou 8 componentes entre tensoativos, solventes, enzimas, estabilizadores do equilíbrio H/L .... Quantidades minúsculas, infinitas permutações entre tipo de mancha e substrato. Dos vários especialistas internacionais, o mais presente no mercado brasileiro é a alemã Seitz. A nacional Planeta Azul dispõe de lavanderia piloto e um laboratório têxtil para pesquisas e ensaios, e já conquistou uma parcela significativa desse mininicho que não movimenta mais do que uns $ 1.0-1.5 MM/ano. Apenas as franquias e algumas independentes mais evoluídas usam esses produtos elaborados: o grosso das manchas é removido em casa. No Brasil predomina a remoção pré-lavagem (*prespotting*), mais exigente.

Para onde vai essa indústria? No segmento industrial deve prosseguir o processo de concentração, empurrado pelas economias de escala proporcionadas pelas lavadoras tipo túnel; mas o Brasil é grande, e as lavanderias menores de ação local sempre terão o seu lugar. Quanto às lavanderias domésticas, pode-se prever um avanço do *wet cleaning*, e também do sistema Green Earth. E é preciso lembrar que no Brasil o índice de penetração por parte das lavanderias comerciais ainda é pequeno: donde, bastante espaço para crescer.

Em outro nível, o setor têxtil também não fica parado e novos tipos de fio e de tecidos (por exemplo: materiais nanomodificados) deverão se refletir em novos desafios para a tecnologia de lavagem. ■

Amigo Urso

ota-se uma crescente indignação no pequeno mundo da química fina contra os métodos de produção, praticados na China, do ácido ursodesoxicólico (UDCA). Esse produto é conhecido da medicina tradicional chinesa, há pelo menos 200 anos, como eficiente colagogo, isto é, como estimulante da produção de bile pelo fígado. Sua fonte é o extrato seco de bile do urso preto chinês, que contém 40% de UDCA contra, por exemplo, cerca de 5% na bile humana ou bovina.

Essa incômoda virtude transformou o pobre urso no alvo de uma fúria assassina por parte dos chineses (e outros povos do Sudeste Asiático), até o quase extermínio da espécie por volta de 1980. A partir de então, surgiu em toda a região uma agroindústria que consiste em manter os animais cativos em gaiolas individuais que lhes permitem apenas um mínimo de liberdade de movimentos, e de ir extraindo, ao longo da sobrevida dos bichos, seu fluido biliar mediante a inserção de uma cânula, à razão de 70 l/ano por cabeça. Só na China há uns 7.000 ursos vivendo nesta forma de cativeiro.

Apesar de já existirem alternativas semissintéticas que permitiriam liberar os animais, a medicina tradicional até agora não quis nem saber. A alternativa mais óbvia seria o uso do UDCA semissintético, adotado pela medicina ocidental há mais de cinquenta anos para tratamento de certas patologias hepáticas. O ponto de partida para sua obtenção é o extrato de bile bovina – do qual um dos grandes produtores é o Brasil. O extrato vale uns $ 12/kg, e o rendimento em termos de ácido cólico recuperado é cerca de 25%. Do ácido cólico, produto de uns $ 120/kg, chega-se em duas etapas ao UDCA, do qual se produzem no mundo umas 400-450 t/ano, valendo uns $ 350/kg.

O maior produtor independente de ácido cólico é a neozelandesa NZP, que vende umas 200 t/ano para os produtores não-integrados de UDCA: o japonês Tanabe (do grupo Mitsubishi Chemical) e os italianos RGR e Dipharma.

Os dois outros fabricantes de UDCA são integrados. Partem de bile bovina e não chegam a isolar o ácido cólico – numa sequência que dura cerca de um mês. São os italianos PCA – segundo produtor mundial – e Industria Chimica Emiliana. No Brasil, a ICE opera por meio da sua filial BBA (Jacarezinho, PA) a qual coleta bile bovina dos frigoríficos (a razão de ~230 g/cabeça) e produz no Brasil um ácido cólico técnico que é exportado para a Itália. Em termos de ácido cólico contido, as duas operações (NZP e BBA) são mais ou menos equivalentes.

Mais recentemente, ocorreu à pesquisa médica estender o uso do

UDCA – na forma de sua amida com o aminoácido taurina, conhecida como TUDCA – para fornecer o composto a tecidos (olhos, cérebro, coração) que não o contém em teor suficiente. Mas a produção desse ácido tauro-UDC ainda é pequena.

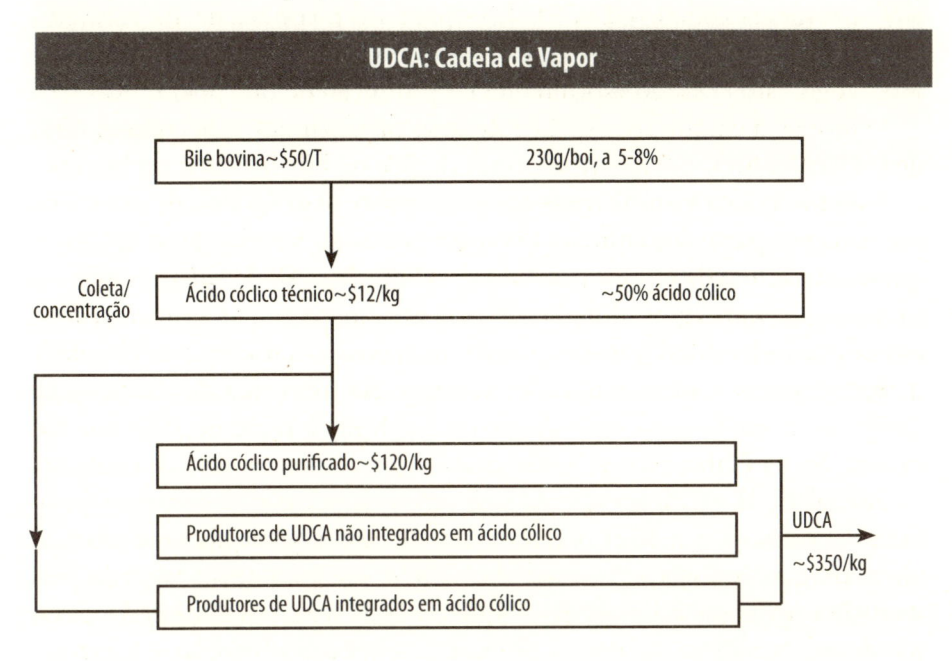

UDCA: Cadeia de Vapor

Bile bovina~$50/T — 230g/boi, a 5-8%

Coleta/concentração — Ácido cóclico técnico~$12/kg — ~50% ácido cólico

Ácido cóclico purificado~$120/kg

Produtores de UDCA não integrados em ácido cólico

Produtores de UDCA integrados em ácido cólico

UDCA ~$350/kg

A vontade de organizações como WWF e Animals Asia Foundation seria que essa criação genocida de ursos chineses fosse erradicada de vez. Mas, para os chineses – continentais, bem como os milhões de membros de sua diáspora –, UDCA bom mesmo, tem que ser de urso. ∎

PROBLEMÁTICAS TARTÁRICAS

A indústria mundial do ácido tartárico poderia muito bem estar numa boa.

Por um lado, o pH médio da produção vinícola europeia – cortesia do aquecimento global – não para de baixar, o que faz aumentar as necessidades de ácido tartárico para sua correção. Por outro, à medida que a indústria vinícola foi adotando a fermentação em cubas de aço inox, e métodos de limpeza baseados em jateamento com água sob pressão, foi diminuindo a oferta dos resíduos ricos em bitartrato de potássio que são o ponto de partida para a produção do ácido. Com isso, hoje a grande fonte de matéria-prima ficou sendo as borras de vinho, que são encaminhadas à indústria de distilação para dar diversos tipos de aguardente, tais como a *grappa* e o *marc de Bourgogne*.

Mas essa combinação de condições aparentemente favorável tornou-se um convite ao aparecimento de produtores de ácido tartárico de síntese. Há uns 30 anos a rota sintética a partir de anidrido maleico foi objeto de diversas patentes de empresas japonesas (Takeda, Tokuyama, Soda etc.); mas quem primeiro apareceu com capacidade industrial foram duas ou três empresas chinesas, usando a rota:

$$\text{anidrido maleico} \xrightarrow{H_2O_2} \text{ácido 2,3 - epoxisuccinico} \xrightarrow{\text{hidrólise bacteriana}} \text{ácido L. - (+) - tartárico}$$

Embora ainda banido do uso em vinho, o ácido de síntese vem conquistando espaço nas demais aplicações do tartárico, inclusive as alimentícias, graças a preços uns 25% inferiores aos do natural.

Na Europa, principal fonte mundial de tartárico natural, assim que lá por 2002 apareceu o primeiro produto chinês no mercado, três dos 12 produtores já foram encerrando suas atividades. Em 2009 fechou mais um, o francês Legré Mante – até então o segundo maior da Europa – o que foi acompanhado de considerável estardalhaço. A fábrica havia sido comprada pelo grupo francês Margnat, uma das potências da distribuição a granel de vinho barato (inclusive, nos bons tempos, de vinho argelino) e que enxergou uma possível sinergia com a coleta dos resíduos tartáricos gerados pelos seus fornecedores. Agora, alguns anos depois, premidos pela oferta de matéria-prima em declínio e os avanços dos chineses, resolveram de um dia para outro liquidar a operação. Como a fábrica de Marselha se situava próxima da orla, os donos foram prontamente acusados pela opinião pública de colocar sórdidos interesses imobiliários acima de suas responsabilidades perante operários e respectivas famílias.

Ácido Tartárico – Produtores Mundiais – T/ano, 2009			
Natural			
	Itália		21.000
	I.C. Valenzana	4.000	
	Dist. Mazzarini	8.000	
	Bonollo	3.000	
	Randi, outros	6.000	
	Espanha		9.000
	Sarasa	4.000	
	Alvinesa	3.000	
	Pahi	2.000	
	Argentina		4.000
	Derivados Vinicos		
	Tarcol		
	Chile		1.500
	Indústrias Vinicas		
	Brasil		500
	Veronese		
			36.000
Sintético			
	China		12.000
	Hanzhou Bioking, Wenzhou Longwan		
			12.000
			48.000

Os três principais fabricantes italianos fazem parte de grupos cujo principal negócio é a destilação da *grappa*. Idem para a espanhola Alvinesa. Os produtores europeus recebem o grosso de sua matéria-prima na forma intermediária de tartarato de cálcio, inclusive um total de umas 3.000 T/

ano (equivalente ácido) importadas de países vinícolas, mas onde não há produção local de tartárico, como Austrália e África do Sul.

Na América do Sul, as duas plantas argentinas estão localizadas na região de Mendoza, A maior das duas, Dervinsa, é um fragmento da antiga ICI (DuPerial); um dos atuais acionistas é a espanhola Alvinesa. No Chile, a Invinsa é um *one-stop-shopping* para insumos e outros consumíveis da indústria vinícola do país. E, no Brasil, o tradicional produtor Veronese, de Caxias do Sul, além de também fabricar toda uma família de sais tartáricos, produz o SO_2 líquido usado pelas vinícolas gaúchas.

Ácido Tartárico – Mercado Mundial, por Aplicação - %, 2009	
Acidificação do vinho	20-25
Retardador de pega (placas de gesso, cimento)	20-25
Panificação	20
Farma (efervescentes)	20
Refrigerantes (sabor uva)	10-15
Papel de cigarro	5-10
	100

No mundo, o ácido tartárico representa um negócio de cerca de $ 175 MM/ano. ■

FLASHBACK

notícia de que a Rhone Poulenc estaria lançando uma família de pig-mentos à base de cério para substituir os derivados do cádmio – banidos por serem tóxicos –, traz à memória uma história que aconteceu há uns mais de 50 anos.

Só espero que com o recuo do tempo a memória não esteja me traindo, pois nesse meio tempo os principais protagonistas já não devem mais estar por aqui para corrigir essa ou aquela liberdade que eu tenha tomado com a verdade histórica.

Entre as tantas vítimas da perseguição nazista que no fim da década de 30 arribaram no Brasil estava o Professor Fritz Feigl, descobridor dos *spot tests* – o uso de reagentes orgânicos específicos para identificar cations de difícil separação pelos métodos até então conhecidos. E veio também um de seus principais colaboradores, Paul Krumholz. Feigl ficou pelo Rio, onde pôde retomar sua vida tranquila de acadêmico enquanto sua mulher, Dª. Regina, ia se transformando num dos grandes *tycoons* imobiliários da então ainda Capital.

Krumholz veio para São Paulo onde, junto com alguns outros imigrantes químicos e financiado por Augusto Frederico Schmidt, fundou uma empresa chamada Orquima, cujo prédio ficava na esquina da Joaquim Nabuco com a Avenida Santo Amaro. No começo, extraíam teobromina de cacau. Mas na época em que fui fazer estágio no laboratório de analítica da empresa, em 1955, seu principal negócio já era a química das terras raras – sabidamente osso duro em matéria de separação e, por conseguinte, prato cheio para alguém como Krumholz e sua equipe.

O principal produto vendável da empresa era uma mistura de cloretos de terras raras, obtida de areias monazíticas do Espírito Santo e que era exportada para fazer uma ferro-liga conhecida como *Mischmetall,* usada sobretudo para fazer pedra de isqueiro. O *cash-flow* resultante era em parte utilizado para financiar as pesquisas de um pequeno grupo de cobras que, isolados do mundo e em surdina, foram desenvolvendo o que na época chegou a ser a tecnologia de ponta para a separação das várias terras raras umas das outras. Uma das técnicas das quais me recordo era extração com solventes exóticos, como ésteres fosfóricos.

Lá pela década de 50, a Comissão de Energia Atômica norte-americana publicou em edital de concorrência para a compra de uns 100 kg de óxido de európio, de alta pureza. Essa concorrência foi vencida, a um preço equivalente em dólares de hoje de uns $ 15.000/kg, por uma pequena empresa do Brooklin – paulista e não novaiorquino. Lembro-me das fotos que saíram na imprensa dos três diretores no aeroporto do Galeão, sorridentes, à espera da decolagem do avião que os levaria a Washington para entregar o produto em mãos à AEC.

Consternação geral nos E.E.U.U., sobretudo por parte da W.R. Grace, que naqueles tempos era uma potência na América Latina graças à sua companhia de navegação. A Grace fabricava catalisadores para FCC, e, estando prestes a sair com uma nova família de catalisadores promovidos justamente com óxidos de terras raras, havia recentemente adquirido a Davison, empresa especializada na química desses elementos.

Era preciso cortar pela raiz essa ousadia latino-americana. Para tanto foi contratado Carlos Lacerda, o mais brilhante jornalista da época, que desencadeou pela imprensa uma campanha vituperativa contra aquele bando de judeus que estavam "exportando nossos materiais estratégicos". Pouco depois a Orquima foi encampada pelo governo, e, bem entendido, desbaratada sua equipe de pesquisa.

Falar em "imperialismo" nessa era do pós-tudo seria vestir carapuça de dinossauro. *"Pero que lo hay, lo hay."* ∎

PADs Despontam

O destaque da K'2001 foi a importância que vêm ganhando os plásticos de alto desempenho (PAD), ou seja, resinas de engenharia de terceira geração. Bem mais caros do que os plásticos de engenharia hoje convencionais, cujo preço médio é de cerca de $ 2.00/kg, os PAD hoje já representam um mercado mundial de 150.000 T/ano (excluindo os fluoropolímeros) valendo um total de $ 1.6 bilhão. Em peso, os PAD representam apenas 2.7% da demanda total de plásticos de engenharia; mas em valor já passam dos 13%.

Plásticos de Alto Desempenho - Demanda Mundial - 2000		
	1.000 T/ano	$ MM
Tiopolímeros (PPS, PES, PSU)	80	700
Poliamidas especiais (PA46, PA's parcialmente aromáticas)	30	150
LCPs	20	400
PEI/PEEK	20	350
Total	150	1600
(Fluoropolímeros moldáveis)	(4)	(150)

Espera-se um crescimento decenal da demanda para 230.000 T, ou seja, uma taxa de crescimento médio de quase 7%/ano. Em 2005, por exemplo, os LCPs estavam na faixa das 45.000 T/ano, e o PPS, principal representante dos tiopolímeros, em 70.000 T/ano. O grosso desses polímeros é usado em forma de compostos (reforçados com fibras de vidro ou de carbono, ou com cargas minerais); assim, a demanda conjunta dos polímeros propriamente ditos seria (base 2005) mais próxima de 160.000 T/ano.

Alguns dos intermediários utilizados são banais, como é o caso do p--diclorobenzeno (precursor do PPS), mas o crescimento dos PADs tende a provocar problemas de disponibilidade. Por exemplo, para aumentar a oferta de p-DCB é preciso gerar cerca de 40% de o-DCB, para o qual não há muita demanda. Outros desses polímeros partem de monômeros hoje ainda obtidos por sínteses de várias etapas, do tipo "química fina". Mas se essas taxas de crescimento forem se concretizar, será preciso produzi-los em plantas tipo petroquímica: processos contínuos, altamente instrumentados e ambientalmente responsáveis. Alguns dos principais intermediários pouco usuais usados na produção desses polímeros de terceira geração:

Tiopolímeros	p-DCB (PPS) diclorofenilsulfona (PES/PSU) difenol (PPSU)
Poliamidas especiais	tetrametilenodiamina (PA 46)
LCPs	ácido p-hidroxibenzóico ácido 2-hidroxinaftaleno-6-carboxílico
PEEK	4,4'-difluorobenzofenona
COC	norborneno

Além desses, são usados diácidos (TPA, ácido adipico), aromáticos dihidroxilados (hidroquinona, bisfenol A) e outros produtos amplamente disponíveis.

Algumas dessas matérias-primas são de difícil acesso, às vezes, a ponto de constituir barreira à entrada de novos produtores. Exemplos seriam a diclorofenilsulfona (feita com MCB e SO_3), ou a difluorobenzofenona, produzida para a Victrex pela Laporte. O PHBA é um intermediário importante na produção de estabilizantes alimentares (os "*parabens*"), mas o crescimento vertiginoso dos LCP promete provocar escassez do produto. O ácido hidroxinaftaleno carboxilíco é feito apenas pela Mitsubishi Gas Chemical, com derivados da carboquímica, cuja oferta é limitada pelo nível de atividade das coquerias; e pela Amoco, por uma síntese original que parte de o-xileno e butadieno. O norborneno é obtido de eteno e diciclopentadieno; esse por sua vez extraído da fração C_5 da gasolina de pirólise (de centrais petroquímicas à base de cargas líquidas).

Curiosamente, com poucas exceções, não foram os *majors* dos plásticos de engenharia convencionais – GEP, Bayer, Rhodia, Dow, DSM – que se posicionaram como líderes desse novo grupo de plásticos. Os principais produtores de PAD são:

- Ticona: hoje filial da Clariant (ex-Hoechst). Dos plásticos de engenharia convencionais, é grande produtora de poliacetais. Entre os PADs, é líder absoluto do segmento LCP, cresce no campo do PPS (em particular, graças a uma parceria nos EUA com a Kureha, outro grande produtor); e está na liderança disparada de um segmento inteiramente novo, o dos COC (*cyclic olefin copolymers*).

- Chevron Phillips: a Phillips Petroleum desenvolveu o PPS há uns 30 anos, e continua sendo o maior produtor, embora ameaçada de perto pela Ticona.

- Solvay: na recente troca de ativos com a BP Amoco, ficou com o portfólio PAD: tiopolímeros, LCP.

- BASF: concorre no mercado de PES/PSU com a Solvay (fatia de uns 20%).

- Victrex: pequeno MBO inglês, ex-ICI, principal produtor mundial de PEEK (capacidade indo para 3.000 T/ano).

- DuPont: aposta sobretudo nas PEI e nas poliimidas; é também o segundo produtor mundial de LCP.

- DSM: por ocasião de uma troca de ativos (plásticos vs. fibras) com a Akzo, adquiriu os direitos à PA 46, substância desenvolvida na Universidade de Twente. Comercializada a partir de 1992, após uns 20 anos "na gaveta", a capacidade já está em 20.000 T/ano (expressas como composto). A química casa bem com a carteira da DSM, pois a diamina é derivada de acrilonitrila e HCN, dos quais o grupo é grande produtor.

No Japão, os dois principais competidores são Kureha e Toray (LCPs, PPS). Finalmente, na Índia, desponta a Gharda Chemicals.

Cada um desses polímeros vem capturando setores de mercado graças a determinadas propriedades que os distinguem:

- PPS: resiste a qualquer solvente conhecido até uns 200ºC, tem excelente estabilidade dimensional (da ordem de 10m) e uma temperatura de serviço de uns 250ºC. Também é autoextinguível, o que é muito apreciado em certos mercados mais voltados para a ecologia, como o escandinavo. Usado em peças *under the hood*, bases para relógios, etc. É vendido a cerca de $ 8/kg, em média, reforçado, e a $ 15/kg sem reforço.

- LCPs: sua propriedade chave é permitir a injeção de peças rígidas e que não empenam, com espessuras de parede até 100 m – onde quase todos os demais polímeros já se comportam como filmes. Além disso, podem ser injetados com ciclos de uns 3". O limite inferior, aliás, seria a máquina e não o material – um fabricante de injetoras japonês estaria acenando com uma redução do ciclo para um pouco menos de 1".

Os LCPs simbolizam o novo mundo *hi-tech* em que vivemos: estão presentes em tudo o que é miniaturizado, produzido em grande quantidade, ultraleve. Custam em torno de $ 20/kg.

A Dow e a Idemitsu resolveram concorrenciar os LCPs com o PS, poliestireno sindiotático, produzido com ajuda de catalisadores metalocênicos. Os materiais apresentam temperatura de amolecimento na faixa de 230°-250°C (contra 240°-300°C dos LCPs), a mesma excelente estabilidade dimensional – e um preço potencialmente bem mais baixo. A primeira planta da Dow, em Schkopau, na ex-Alemanha Oriental, terá uma capacidade de 35.000 T/ano, e a Idemitsu, que já opera uma planta de 5.000 T/ano, anda falando de uma outra dez vezes maior.

• Os tiopolímeros (PES, PSU, PPSU) são plásticos amorfos, transparentes, com temperaturas de distorção entre 170-240°C, portanto acima da faixa do policarbonato. Os segmentos que mais crescem são a indústria de equipamento médico-hospitalar, máquinas para processamento de alimentos, e faróis de automóveis (carros menores, donde menos espaço para as lâmpadas, donde maiores temperaturas de serviço). O PPSU, produto de apenas umas 1.000 T/ano no mundo, apresenta a vantagem de ser de todos o mais inquebrável e como tal é usado em bandejas de uso hospitalar e, mercado em franco crescimento sobretudo nos EUA, em louça para a população carcerária. Custa uns $ 17/kg; os demais membros do grupo, por volta de $ 8/kg.

• PEEK: justifica seu preço de $ 70-80/kg graças a seu desempenho mecânico e químico a temperaturas que vão a quase 300°C. Além disso, é fácil de injetar (a 380°C), sem necessidade de tratamento térmico posterior. Resiste a tudo quanto é solvente e não hidrolisa.

• PAs especiais: destaques para a PA 46 da DSM, que oferece temperaturas de serviço contínuo por volta de 150°C, ponto de fusão de 295°C, e custa apenas $ 5-6/kg de composto; e para a PPA (poliamida parcialmente aromática) da EMS, feita com ácidos TPA e IPA e de uma diamina alifática. A temperatura de amolecimento é de 290°C, os compostos custam a partir de $ 4.50/kg, e a capacidade atual é de 6.000 T/ano, base resina.

Quais são as condições para o sucesso no campo dos PAD? Primeiro, muita paciência e fôlego financeiro. Uma nova aplicação leva de 3 a 5 anos para se concretizar, exigindo muitas vezes um envolvimento proativo por parte do produtor. Outras vezes é o cliente que custeia os ensaios; mas, seja como for, o *hit ratio* é da ordem de 15% – sete consultas sérias para cada aplicação concreta. E cada aplicação corresponde em média a 50-100 T/ano, embora os produtores de resina, quando reconhecem uma aplicação que possa virar *trendsetter,* vão atrás de projetos de porte até 10 vezes menores.

Produzir PADs requer presença global: nessa faixa, não existem projetos ou peças puramente "locais". Isso significa que, para crescer, o produtor de PAD precisa estabelecer fontes múltiplas – se não da resina em si, então pelo menos dos seus compostos.

Por ora não existe tanta pressão competitiva sobre os preços, que ainda são determinados por aquilo que a aplicação puder suportar; mas condições como essas costumam durar *le temps des cerises*. ■

ÍMÃS: PRODUÇÃO, RECICLAGEM

Desde que, há uns 20-25 anos, a China começou a explorar o enorme depósito de terras raras de Bayan Obo (Mongólia Interior), o país vem ascendendo à trilha do valor agregado desses materiais até chegar à situação atual, em que fora daquele país determinadas cadeias industriais simplesmente deixaram de existir por completo.

Um exemplo é a indústria de ímãs permanentes da família NdFeB (neodímio-ferro-boro), inventados por volta de 1982. O elevado produto energético alcançável com esses materiais permitiu diminuir os volumes das peças magnetizadas (em motores elétricos, *disk drives* etc.), a tal ponto que não é exagero dizer que sem NdFeB não teriam sido possíveis a miniaturização da informática, nem os avanços da eletrônica embarcada automotiva. Partindo de uma posição de quase monopólio da matéria-prima – com o fechamento de operações rivais tais como as minas de Mountain Pass, nos EUA, e Mt. Weld, na Austrália –, a China, por meio de uma política comercial de quotas e direitos de exportação, licenciamento obrigatório etc., conseguiu em poucos anos concentrar em casa toda a cadeia de valor das terras raras – em particular a do neodímio. Essa situação se tornou preocupante para todos, em particular para os EUA, onde a indústria bélica (mísseis, munições teleguiadas etc.) viu crescer sua dependência de componentes críticos importados.

A fabricação de ímãs permanentes se baseia, hoje, sobretudo em duas famílias de materiais: ferrites e ligas de NdFeB. Esses materiais dão conta de 90%+ em valor da produção mundial; o grosso do resto é representado pela família de ligas AlNiCo, intermediária entre as duas outras em preços e propriedades e cujo nicho é o mercado de componentes de elevada estabilidade térmica.

Ferrites são compostos do tipo $BaO/SrO.6Fe_2O_3$. Os de bário são usados sobretudo em anéis para alto-falantes, e para produtos isotrópicos eímãs flexíveis de alta e baixa energia (mantas magnéticas). Ferrites de estrôncio são usados sobretudo para componentes automotivos, tais como motores de corrente contínua para limpadores de para-brisa, acionadores de vidros, bombas de combustível etc. (nos carros de luxo, hoje existem mais de 100 componentes magnéticos).

As matérias-primas para produzir ferrites são:
• óxido de ferro: hematita natural de boa qualidade, ou óxido de ferro coproduto da regeneração por piroidrólise, tipo *spray roasting*,

dos cloretos de ferro formados nos banhos de decapagem das siderúrgicas (a regeneração desses banhos em leito fluido produz um Fe_2O_3 de granulometria inadequada);

- o carbonato de bário é produzido no país pela QGN (subsidiária da norte-americana Church & Dwight), em Feira de Santana. O de estrôncio é importado; hoje o único produtor no mundo fora da China é a Solvay, com plantas no México e na Alemanha – essa última com celestita trazida da Espanha.

Catalisadores HDT : Produtores Mundiais (não chineses)		
Empresa	Comentários	Processo de revitalização
Criterion	Grupo Shell	Encore
Albermarle	Tornou-se o maior produtor independente com a aquisição na década passada da atividade catalisadores da Akzo (antiga Ketjen)	React
H. Topsoe	Mais focada em catalisadores para a cadeia gás de síntese/amônia, mas vem crescendo na atividade HDT	Refresh
Axens	Grupo IFP	
ART	Grupo Grace	

Catalisadores HDT - Principais Regeneradores		
Empresa	Plantas	Comentários
Eurecat	França, Índia, Arábia Saudita	50% Albermarle / 50% IFP
Porocel	USA, Luxemburgo, Cingapura	Independente; incorporou as unidades de regeneração da Shell (Criterion); #1 da revitalização (licenciado da Albermarle)
Tricat	Alemanha, USA	Independente

Existem três produtores de ferrites no país

- Supergauss: produz pó em Itapevi e peças em São Paulo. Concentração em peças para alto-falantes (ferrites de Ba). Produz também segmentos de ferrite para motores (Sr), blocos de ferrite (Ba ou Sr), ímãs flexíveis de alta e baixa energia (mantas magnéticas) e ferrite em pó.

• Ugimag: planta em Ribeirão Pires. Principal produtor de ferrites de Sr para segmentos de motores de corrente contínua.

• Fermag: Itabira, MG; sobretudo ferrites de Ba. Converte boa parte de sua produção de pó em composto para *strips* magnéticos usados na fabricação de gaxetas de geladeira; também produz mantas magnéticas, e outros produtos isotrópicos.

Existem duas famílias de ímãs NdFeB:

• sinterizados, obtidos por metalurgia do pó;

• aglomerados, por moldagem (injeção, compressão) de uma matriz metal/polímero.

A demanda mundial de ímãs NdFeB é estimada em ~50.000 T/ano de sinterizados, e ~5.000 T/ano de aglomerados.

Os aglomerados apresentam propriedades algo inferiores, mas o processo de fabricação é bem mais econômico, além de permitir maior liberdade de *design* da peça. Magnequench, a empresa norte-americana inventora do processo que consiste de *melt-spinning* da liga em fibras e seu resfriamento rápido, foi inicialmente adquirida pela GM, e hoje tem sede no Canadá. Ao contrário dos ímãs sinterizados, vendidos unicamente sob forma de peças acabadas, o material para a produção de aglomerado é vendido pela Magnequench sob forma de pó ou de composto.

Existe um projeto de desenvolvimento tecnológico em curso no Brasil que poderá gerar matéria-prima para a produção local de ímãs aglomerados NdFeB. Trata-se da reciclagem de sucata de material sinterizadas, dando um material que poderá ser usado para baratear o custo dos ímãs aglomerados mediante mistura com material Magnequench virgem. Os participantes desse projeto são:

• IPT, que coordena as atividades;

• Brats (Cajamar, SP), que já produz pó de titânio pelo processo HDH, faria a recuperação da liga usando a mesma rota;

• Ugimag, para quem o projeto representa uma perspectiva de diversificação; um importante produtor de componentes automotivos.

Processo HDH	
Etapa	
1	hidretação sob pressão, e desmagnetização, a 650°C
2	moagem
3	desidretação

O quadro é promissor:

• a tecnologia HDH já é praticada, porém em pequena escala: donde, um problema de *scale-up* a ser superado;

• começam a surgir casos de peças projetadas no Brasil: donde, mais liberdade na especificação de materiais.

À primeira vista, os *economics* seriam viáveis: já numa escala de algumas T/ano o custo do material reciclado deverá permitir, caso a caso, a concorrência de ímãs aglomerados nacionais com os sinterizados importados.

Quanto à possibilidade de produzir terras raras com minério brasileiro, algumas jazidas de xenotima são conhecidas na Amazônia, uma das quais estaria próxima de ser explorada. Mas esse minério contém, sobretudo, terras raras ítricas. Quanto à monazita, rica em TR céricas e, portanto, também em neodímio (e praseodímio), esse material deixou de ser minerado – no Brasil e no resto do mundo – em virtude de sua radioatividade. O dia da monazita só voltará a chegar quando o tório passar a ter utilização como combustível nuclear. ■

Oxidantes Seletivos

Em química fina há diversas opções para se efetuar reduções seletivas como o hidrogênio como tal, com numerosas variantes de pressão e catalisador; ou também o hidrogênio sob a forma quer de hidretos metálicos quer de compostos nitrogenados (amônia, hidrazina), diversos metais (Fe, Zn, Na, Sn, etc.); ou também certos derivados de enxofre etc.

O mesmo não acontece quando se deseja efetuar uma oxidação que seja segura, seletiva (i.e, que não ultrapasse o estágio de oxidação desejado), não forme subprodutos malcheirosos nem envolva metais pesados: aí as opções são poucas.

Na recente CPhI de Paris estava presente a Simafex, empresa de umas 100 pessoas filial do grupo Guerbet (um dos principais produtores mundiais de contrastes radiológicos), instalada em Marans (próximo de La Rochelle) no chamado Pantanal de Poitou. A Simafex é hoje o único produtor não-asiático de DDQ, cuja ação oxidante razoavelmente seletiva se dá por meio de um ciclo de hidrogenação (dando a respectiva hidroquinona)-desidrogenação. O principal campo de aplicação da DDQ é a química dos esteroides, onde é usado em diversas desidrogenações. A demanda mundial de DDQ deve estar por volta de 50 T/ano.

DDQ

Mais recentemente, a Simafex lançou o SIBX – ácido iodoxibenzoico estabilizado. As características de oxidante seletivo do iodo hipervalente (no caso, +5) já eram bem conhecidas, mas trata-se de compostos pouco solúveis e instáveis que explodem sob ação de impacto ou atrito. A inovação da Simafex foi achar uma maneira de estabilizar o IBX por meio de mistura física, em proporções definidas, com ácido benzoico e ácido isoftálico – simples no papel, mas envolvendo truques de fabricação.

IBX

O SIBX, perfeitamente estável e mais reativo do que a DDQ, pode ser empregado na forma de suspensão com diversos solventes clássicos (THF, acetato de etila etc.) e hoje vai, sobretudo (mas não só), para a oxidação de grupos hidroxila em carbonila. Apresenta também a grande vantagem de não causar a racemização de reagentes quirais. ■

Reciclagem de Equipamentos

A compra, recondicionamento e revenda de equipamentos para as indústrias de processo é um negócio que tem suas fases. A atual é descrita por alguns como um ponto de inflexão, após um período de estiagem que já dura dez-quinze anos. Mas outros veteranos do setor falam em modelos do tipo dente de serra ou montanha-russa, ou seja, de alternância em alta frequência entre épocas boas e ruins. Seja como for, há um certo consenso em torno de alguns problemas perenes:

• a compressão da margem, tanto entre os preços de compra e de revenda, quanto entre esses últimos e o do seu equivalente novo. Fala-se em preços de compra da ordem de 20%-25% do novo; e de revenda, por volta de 55%-60%. Índices meramente descritivos: o efetivo vai depender de diversos fatores:

▲ compra direta do usuário vs. via leilão (há uns 30 ou 40 desses todo ano);
▲ aquisição como item isolado vs. como unidade completa;
▲ facilidade, real ou esperada, de revenda em prazo razoável;
▲ preço internado do similar (importado da China, por exemplo).

Outro fator que atuou fortemente foi a facilidade de circulação das informações criada pela internet, que hoje permite ao vendedor avaliar, muito melhor do que antes, o valor de um dado item para um novo dono, criando mais um instrumento de limitação das margens.

• o encarecimento dos terrenos urbanos limita as atividades das empresas do ramo que ainda não conseguiram se mudar para a periferia ou para o interior. As que fizeram essa transição são obrigadas a operar em outra escala, e com outros custos de infraestrutura – física e humana.

• baixa velocidade de circulação do estoque – o setor sempre parece estar "comprado".

Quanto ao nível insatisfatório de investimentos pela química e afins, os números confirmam os sentimentos. Segundo a Abiquim, em 2006, os investimentos na química totalizaram $ 1,4 bilhão, para um faturamento que beirou os $ 100 MM. Mesmo adotando uma relação favorável de 0.6 entre investimento e faturamento, e uma vida útil média de vinte anos, é fácil calcular que esse nível de investimentos foi cerca de 50% daquilo que seria necessário apenas para manter o metabolismo basal da indústria.

Não é fácil estimar a participação do equipamento usado no total – mas pode-se tentar. As 10 ou 12 empresas do setor (*ver quadro*) faturam um total de $ 35-40 MM/anuais, dos quais mais de 60% são representados pela indústria química propriamente dita; e o resto, em partes mais ou menos iguais, distribuído entre farmacêutica, cosméticos e a indústria alimentícia. No caso das empresas menores, localizadas em terrenos urbanos, esses três segmentos representam bem mais – uns 75% talvez.

Esse faturamento equivale a uns $ 55-60 MM de equipamento novo (excluída a participação da indústria alimentícia), o que representaria em torno de 7%-8% do componente "equipamentos" dos investimentos químicos do país com perspectivas de crescimento.

Equipamentos Usados: Principais Empresas		
	m^2 *	*Funcionários*
JEMP – Cabreúva-SP	43.000	50
Will - Santo André-SP	10.000	50-60
Expofer – Suzano-SP	n.d.	
Milmaq - Rio de Janeiro	2.000	
Nocelli - São Paulo	1.600	12
Grassinox - São Paulo	1.500	5
WFA - São Paulo	2.000	15
Sigma - São Paulo	600	

* galpões e pátios

Duas empresas se destacam no setor:

• JEMP (Cabreúva), criada em 1991, líder inconteste. Adotou um *business model* inovador (*ver fig.*) que parece estar dando certo: a empresa prevê para breve a quase triplicação de seu porte, mediante transferência para um terreno de 80 mil m^2, próximo do atual.

• Will, fundada em 1986, com um pequeno galpão no bairro Ipiranga, da capital paulista e um pátio de 10 mil m^2 na região de Paranapiacaba (Santo André-SP).

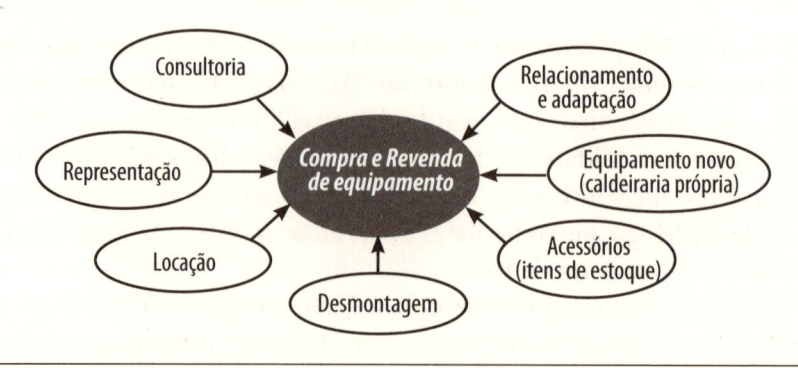

JEMP: Modelo de Negócios

Consultoria

Relacionamento e adaptação

Representação

Compra e Revenda de equipamento

Equipamento novo (caldeiraria própria)

Locação

Acessórios (itens de estoque)

Desmontagem

Vários fatores permitem encarar o setor com um certo otimismo:

• em algumas regiões – no Sul, por exemplo –, a demanda de equipamento anda melhor, e a oferta de equipamento usado ainda é limitada (investimentos em geral mais recentes). Idem para certos segmentos, como o biodiesel;

• mesmo entre as multinacionais, a ideia de implantar equipamento usado vem constantemente ganhando respeitabilidade;

• percepção da possibilidade de encurtar os prazos de implantação;

• e, finalmente, no dizer bem-humorado de um veterano do setor: "Quando as coisas já não podiam estar piores, só podem é melhorar." ■

Réveillon de Químico

Alguém já se perguntou de onde vêm os fogos de artifício que animam os réveillons do Brasil inteiro? Pois existe no país um verdadeiro polo pirotécnico, constituído de umas 50 indústrias, que tem como epicentro a cidade de Santo Antônio do Monte-MG – "Samonte" para os mais íntimos – e alguns municípios vizinhos como Lagoa da Prata, Moema e Japaraíba. Esse polo responde pela quase totalidade da produção brasileira de fogos.

O setor representa um volume de negócios de uns $ 150 MM/ano médio e emprega um total de 5 mil pessoas. "Ano médio" é um meio caminho entre um típico ano ímpar, no qual não acontece muita coisa de bom, e um ano par: esse sim, recheado de eventos – eleição para prefeito, mundiais, copas...

O polo de Samonte nasceu por volta de 1945 e se tornou um dos grandes centros pirotécnicos do mundo – só perde para a enorme indústria chinesa –, por isso já atraiu empresários e técnicos de outros países.

A rede de distribuição da pirotecnia é complexa. Inclui o varejo, especializado ou não, e os produtores de espetáculos pirotécnicos. Com o deslanche da produção no país de fogos coloridos, alguns fabricantes estão se verticalizando. Dada a nova prosperidade no campo, cresce a demanda de shows particulares, já empreitados diretamente por algumas indústrias.

Um foguete é constituído por um tubo de papelão, uns 70% do seu peso total, e por sua massa pirotécnica. Até a virada do século, o Brasil produzia praticamente só fogos de ruído, a exemplo dos tão populares rojões 12x1, pirotecnia colorida era seara chinesa. De 2000 para cá, no entanto, tornou-se possível montar, apenas com fogos nacionais, um show cheio de efeitos e cores, em que pese a conhecida preferência de algumas prefeituras – a do Rio, por exemplo – por celebrar a passagem do ano com a pirotecnia chinesa.

Em termos de atuação, um fogo de artifício típico consiste de quatro componentes:

O iniciador, comprado geralmente de um dos fabricantes nacionais de

Componentes de artefatos pirotécnicos	
Participação típica, % em peso da massa (i.e., excluindo o tubo de papelão)	
Iniciador	4
Massa de retardo	24
Carga de efeito	56
Carga de projeção	16

explosivos, tem como função dar partida ao processo de ignição. A massa de retardo, hoje, por razões de segurança, baseada em perclorato de potássio, regula o tempo entre a ignição e a detonação.

O principal componente, em peso, é a carga de efeito, constituída sobretudo de pólvora branca, da qual o perclorato de potássio representa 70%. Os componentes para os vários efeitos coloridos ou sonoros, na forma de bolinhas (ou pequenos cilindros) conhecidas como "baladas", estão nesta parte do engenho. Finalmente, uma carga de projeção de pólvora negra – carvão, enxofre, nitrato de potássio – tem a função de elevar a carga pirotécnica até a altura de explosão desejada.

Estimamos o total de massa pirotécnica feita no Brasil em mais de 3 mil t/ano – em que pese a dificuldade de se quantificar uma indústria como essa, cíclica, sazonal e – perdoem o trocadilho – fragmentada. Uma fábrica típica manipula umas 100 matérias-primas e faz 100-150 produtos diferentes: entre vulcões, girândolas, rojões, tortas ou *cakes*, bombas, morteiros... O polo mineiro responde por 85% dessa produção, mas também existem fábricas na Bahia (onde há uma pequena concentração em Santo Antônio de Jesus), no Rio, em Santa Catarina, e alguma coisa em Caruaru-PE.

Pirotecnia no Brasil	
Principais grupos de matérias-primas – t/ano	
Combustíveis	1.000
Oxidantes	1.700
Efeitos sonoros, cores	300
Outros (ligantes, resinas etc.)	200
Total	*3.200*

• pólvora negra: 80% da produção brasileira vai para a pirotecnia. O resto, umas 600 t/ano, é usado para fazer cartuchos de caça caseiros e para acompanhar ritos afro-brasileiros.

• perclorato de potássio: fabricado pela Eletroquímica Jaraguá, na vizinha cidade de Formiga-MG (conhecida pelas suas linguiças); boa parte da demanda brasileira vai para a fabricação de fósforos. Principal (70%) componente da pólvora branca.

• pó de alumínio: oxidante e fonte de calor da pólvora branca. Usa-se um tipo obtido por moagem em uma espécie de pilão, para dar partículas em forma de lamelas. Como matéria-prima, usa-se aparas de papel de alumínio e outras sucatas nobres (latinhas recicladas não servem). Uma particularidade da indústria pirotécnica é que a dosagem de matérias-primas ainda costuma ser feita por volumetria; por isso, exige-se do pó de alumínio uma densidade aparentemente bem controlada. Produzido por algumas empresas locais (Pérola, Posmetal, Palmital); e uma ou duas indústrias de fogos se verticalizaram.

- Efeitos: o óxido de cobre preto é usado para dar um efeito sonoro conhecido como *cracker*. Os sais de diversos metais são usados para os efeitos cromáticos: sódio (amarelo), cálcio (laranja), estrôncio (vermelho), cobre (azul), bário (verde). As "baladas" são produzidas para uso cativo.

- Magnalium: depois que se proibiu o uso de magnésio como fonte de luz, essa função é desempenhada por essa liga (50:50) de alumínio e magnésio, transformada em pó por moagem. Produzido no Brasil, em regime de parceria, pela Quarks de São Paulo, uma distribuidora conhecida por oferecer à indústria pirotécnica uma variedade de matérias-primas tipo *one-stop-shopping*.

Uma das conquistas da indústria pirotécnica, fruto em boa parte da cooperação técnica com o Exército (que se intensificou após um famoso acidente, ocorrido no ano 2000, que vitimou cerca de 60 pessoas), tem sido no aspecto segurança. As normas e rotinas já introduzidas fizeram com que, pelo menos em Santo Antônio do Monte, hoje se fale de acidente como algo do passado remoto.

A sucessão empresarial no polo pirotécnico primeiro tem sido essencialmente do gênero pai para filho. Para evitar que a perenidade da indústria fique à mercê dos caprichos da genética, em 2006 o governo estadual inaugurou na cidade um centro de formação profissional do Senai, dotado de um laboratório de pesquisa. Com isso, espera-se que fique assegurada a continuidade dessa simpática indústria, verdadeira metáfora de festejo e alegria. ■

Outras Olefinas: Os Comonômeros

A sul-africana Sasol anuncia a intenção de construir, nos EUA, para partida em 2013, uma planta de 100 M T/ano para a produção de n-octeno-I, por tetramerização de eteno. A Sasol já recupera quase 300 M T/ano de n-hexeno e n-octeno a partir de frações gasosas produzidas em seus dois complexos de liquefação de carvão pelo processo Fischer Tropsch.

Essa decisão reflete as boas perspectivas de crescimento dos mercado de n-octeno para a produção de seus copolímeros C_2^-/C_8^- de densidades bem abaixo da faixa das resinas PEBDL. Esses polímeros brigam por aplicações que hoje são dominadas por PVC plastificado, EVA ou EPDM, e que podem conter até 20%-30% de n-octeno contra os típicos 7%-10% de um PEBDL (nas resinas PEAD, o teor típico de comonômero é da ordem de 1.5%). O mundo consome algo como 1.9 MM T/ano de comonômeros olefínicos e, para a obtenção de cada um dos três comonômeros, coexistem diferentes tecnologias:

- plantas de α-olefinas. Três grandes produtores representam a quase totalidade da capacidade mundial:

▲Shell: privilegia a produção de α-olefinas de cadeia longa (processo SHOP), i.e. $\geq C_{12}^-$.

▲Ineos (antiga Ethyl Corp): no intuito de melhorar a rentabilidade do *product mix*, recicla o C_4^- produzido para se concentrar em olefinas de comprimento médio (C_6^- a C_{10}^-). A reciclagem de n-C_4^- resulta em certo grau de ramificação.

▲Chevron Phillips: recupera as olefinas do jeito que saírem da reação de telomerização.

- processo Fischer Tropsch: único que também gera olefinas de cadeias ímpares.

- dimerização de C_2^-: processo IFP (*Alphabutol*), cujo sucesso resulta do aumento da produção a partir de eteno via etano – onde não há coprodução de fração C_4.

- ex-frações C_4: após extração do butadieno, e em seguida do isobuteno na forma de MTBE ou ETBE, sobra a mistura buteno-I/butenos-2, que pode ser superfracionada. Matéria-prima de baixo valor, mas processo relativamente caro. A separação usando peneiras moleculares é uma opção alternativa.

- trimerização de C_2^-: processo Chevron, que está sendo usado no Qatar e na China.

- tetramerização de C_2^-: processo Sasol, que será utilizado na nova planta de Lake Charles, LA. Da - C_6^- como subproduto.

- telomerização de butadieno, usando como "gancho" o metanol. Processo elegante para se chegar ao C_8^- puro, mas, com o C_4^- custando mais do que o eteno, talvez tenha se tornado não econômico.

Comonômeros para PEBDL e PEAD			
Concorrência entre Tecnologias - % da demanda mundial			
	$a\text{-}C_4^-$	$a\text{-}C_6^-$	$a\text{-}C_8^-$
Via de Obtenção			
• plantas de a-olefinas full range	25	55	80
• processo Fischer Tropsch	-	30	20
• dimerização C_2^- (processo IFP/Alphabutol)	35	-	-
• a partir das frações C_4 das centrais de olefinas (nafta)	40	-	-
• trimerização C_2^-	-	15	-
• tetramerização C_2^-	-	-	(x)
• telomerização de $C_4^=$	-	-	(xx)
Demanda Mundial, M T/ano	~820	~600	~500
% para			
PEBDL	80	75	65
PEAD	15	20	-
Outros	5	5	35
	100	100	100

(x) nova planta de 100 m T/ano anunciada (Sasol)
(xx) tecnologia Dow. Existe uma unidade de 100 M T/ano, mas não é certo que esteja operando.

No Brasil, a Braskem opera duas unidades de superfracionamento (Camaçari, Triunfo) com uma produção conjunta de 70-75 MT/ano, da qual mais de 20% é exportada. A demanda de n-C_6^- e n-C_8^- é coberta por importações, em grande parte da África do Sul. A relação média 1-buteno/eteno de uma central de nafta é da ordem de 3%, um pouco mais quando se vapocraqueia a severidades relativamente elevadas como é o caso de Camaçari.

A principal aplicação (80% do total) das α-olefinas C_4-C_8 é como comonômero do eteno na produção de PEBDL. Estima-se a atual produção mundial de "linear" em 17 MM T/ano, dos quais 70% produzidos por processos em fase gasosa onde os comonômeros são C_4^- e, em proporção crescente, C_6^-. O grosso do restante é obtido em solução, onde se emprega o C_8^-.

A produção de PEAD no mundo é da ordem de 40 MM T/ano. A presença dos comonômeros melhora as propriedades mecânicas dos filmes obtidos a partir da resina – resistência a rasgo, perfuração, impacto, resistência à tração. E quanto maior o teor de comonômero, mais baixo o peso específico da resina.

No caso do buteno-I, a produção a partir de uma fração C_4 apresenta uma vantagem de $ 250-400/T em comparação com as vias alternativas. O C_6^- e o C_8^- são bem mais caros, mas a primeira impressão é que processos como os de tri ou tetramerização serão competitivos com as de α-olefinas das plantas *full range*. ■

Pigmentos Metálicos

O grupo químico e farmacêutico alemão Altana, controlado por descendentes da família Quandt, anunciou a decisão de adquirir a Eckart Werke, um dos líderes mundiais da produção de pigmentos metálicos. A Eckart fatura cerca de $ 370 MM/ano e o preço acertado corresponde a quase duas vezes as vendas anuais. Foi a maior aquisição do grupo até hoje, fora do domínio das ciências da vida.

No Brasil, a Eckart detém 39% das ações da Aldoro (Rio Claro, SP), única produtora nacional desses pigmentos. Outros 39% pertencem a um pequeno produtor sueco, Carlfors Bruk, e o restante (22%) a investidores brasileiros.

Os pigmentos de alumínio convencionais são feitos com o metal em pó, micronizado por moagem úmida das partículas, em moinho de bolas (processo Hall), seguido de peneiramento e filtrações. Os produtos são pastas de alumínio em lamelas de 100 a 500 nm de espessura, a 65% em um solvente mineral.

Existe também uma família de pigmentos de alumínio constituídos de lamelas de 30-50 nm de espessura. São obtidos por um processo de deposição de vapor (PVD) sobre um filme dotado de revestimento *release*, seguido de remoção da camada de alumínio e redução do tamanho das partículas, as quais acabam adquirindo as propriedades de reflexão total de verdadeiros "microespelhos". São comercializados em dispersões a 10%.

Existem três faixas de mercado:

- os pigmentos de alumínio que tendem a subir à superfície do revestimento (*leafing*) e por isso apresentam menor aderência e menor resistência à abrasão. Custam cerca de $ 5/kg e são empregados sobretudo em tintas anticorrosivas (manutenção, revestimento de bujões) e arquitetônicas.

- os que têm comportamento *non-leafing*, que custam por volta de $ 10-15/kg e são usados em acabamentos tipo prata ou metalizados, para automóveis e aparelhos eletrônicos. Essas indústrias estão passando por uma fase em que a moda é "*brighter is better*", o que significa um pico de demanda para pigmentos metálicos

- os pigmentos obtidos por PVD, que apesar de valerem uns $ 180-250/kg acabam sendo a opção econômica para várias aplicações em artes gráficas, ou na fabricação de rodas com acabamento cromado. Os dois líderes desse segmento, também em crescimento, são a Eckart e a inglesa Wolstenholme, que acaba de vender à Ciba essa parte dos seus negócios. Silberline e Schlenk também começaram a lançar suas linhas. A fase de deposição a vácuo do alumínio é feita apenas pela Avery Dennison, nos EUA, que produz o material a 100% para venda aos formuladores.

Também são considerados parte desse universo de mercados:

• os pigmentos de bronze (Cu-Al-Zn), conhecidos como "purpurinas" (nada a ver com aquele velho derivado da antraquinona). São menos estáveis à oxidação do que os de alumínio, e usados em tintas para impressão e estamparia.

• pigmentos perolados, produzidos por revestimento de lamelas de mica de 0.1 a 3 m de espessura, em geral com TiO_2 ou óxidos de ferro.

• o processo consiste de molhar a mica com solução de titânio, em alguma forma solúvel, converter o *cation* em hidróxido, e formar o TiO_2 *in situ* por calcinação a uns 850°C. A BASF também produz uma linha de perolados, mas por um processo bem diferente que consiste em precipitar SiO_2 (a partir de uma fase gasosa) sobre um suporte de alumina.

Esses pigmentos produzem um efeito perolado associado sobretudo a automóveis, com a ideia de acabamento de elite. São bem mais caros, e concorrem diretamente com os de alumínio na base do custo-desempenho. Custam menos do que $ 10 (na China) a $ 20/kg para os brancos (mais de 50% do consumo), e de $ 20 a $ 70/kg para os demais tons. No mundo o consumo atual é de umas 15 M-16 M T/ano e vem aumentando, em parte às expensas justamente dos pigmentos de alumínio. No Brasil ainda domina a questão custo.

As propriedades óticas desses pigmentos também explicam seu uso em diversas famílias de produtos de beleza. Para essas aplicações os pigmentos sofrem também um tratamento microbiológico, e por isso são bem mais caros (desde $ 70 até várias centenas de dólares por quilo).

Incluindo indianos e chineses, existem no mundo uns 20 produtores de pigmentos de alumínio, sendo os principais: Silberline (EUA), representada no Brasil pela Colornet; Eckart (AL); Toyal (Toyo Aluminum/Alcan); Schlenk (AL); e Wolstenholme (RU). Os três primeiros podem ser considerados os *players* globais.

Os quatro principais produtores mundiais de pigmentos perolados são:
• Merck (de longe a maior, sobretudo após a compra da EM Industries, norte-americana);

- Liucheng (chinês, em vias de iniciar uma parceria com a Ciba);

- Eckart (via aquisição há alguns anos das atividades da finlandesa Kemira);

- Engelhard (pela aquisição há alguns anos da Mearl; representada pela Gremafer).

Segue-se um punhado de outros produtores chineses.

O quadro apresenta uma estimativa dos mercados globais para os vários membros dessa família de pigmentos:

Pigmentos Metálicos - Mercados Mundiais - US$ MM/ano		
Alumínio		750
• *Leafing*	450	
• *Non-leafing*	250	
• PVD	50	
Bronze		250
Perolados		500
• Tintas	320	
• Cosméticos	180	
		1 500

Química de Biomassa

ompletado em 2005 pelo Pacific Northwest National Laboratory para o USDoE (o ministério da Energia dos EUA), o relatório "Top Value-Added Chemicals from Biomass" deveria ser lido com grande interesse por todos aqueles que se preocupam em tentar identificar os prováveis contornos do próximo ciclo tecnológico da indústria química.

O programa realizado pelo PNNL partiu de umas 300(trezentas) moléculas derivadas de carboidratos, selecionados por:

- serem pelo menos bifuncionais;
- constituírem pontos de partida para uma diversidade de derivados potencialmente úteis;
- oferecerem rendimentos técnicos economicamente aceitáveis;
- e selecionar aquelas que pareciam mais promissoras.

À medida que foram se aprofundando os critérios de seleção – técnicos, econômicos, mercadológicos –, os cortes acabaram reduzindo a 12(doze) o número de candidatos sérios a se tornarem membros de pleno direito da família dos grandes intermediários da indústria química orgânica.

E desses, três parecem estar à testa do pelotão por se prestarem à produção em grande escala, para aplicações tipo "*drop in*" (as quase):

- Ácido succínico, diácido alifático possível concorrente do ácido adípico em plastificantes, poliamidas etc.;
- Ácido 2,5-furanodicarboxílico, que poderá vir a incrementar o arsenal de diácidos de que dispõe o formulador de resinas poliéster;
- Ácido 3-hidroxipropionico, precursor da produção de 1,3-propanodial, um glicol concorrente do MEG para a produção de resinas poliéster (fibras, plásticos). O 3-HPA também é apontado como possível ponto de partida para produzir acrilamida, em concorrência com a acrilonitrila, mas a estequiometria é desfavorável.

Não incluído no rol das moléculas do DoE foi o ácido lático, produto hoje de umas 250-300 mil T/ano no mundo para seus usos convencionais(em alimentação etc.), mas para o qual se espera um futuro brilhante, como precursor do ácido polilático. Fala-se em mil T/ano para o final da década.

Já existem no mundo para mostrar o caminho duas unidades acima de 100 mil T/ano: uma da Cargill, nos EUA, outra holandesa da Purec, na Tailândia. Outras deverão ser anunciadas. ■

CO$_2$ Supercrítico

O CO$_2$ supercrítico (ScCO$_2$) é um fluido que se comporta ao mesmo tempo como gás e como líquido: na qualidade de líquido tem propriedades de solvente; como gás, evapora a pressões subcríticas, eliminando a necessidade de recuperar de maneira convencional um solvente de reação e apresentando características de transferência de massa favoráveis à cinética de numerosas reações.

A primeira aplicação comercial do ScCO$_2$ foi como solvente para a extração de substratos vegetais – fragrâncias, aromas e até cafeína de café. O processo permite trabalhar sem a presença de oxigênio ou de material orgânico estranho, a baixas temperaturas que evitam a degradação dos aromas e ainda resultam em produtos com menos impurezas. Como meio reacional, no entanto, o ScCO$_2$ até hoje apresenta uma história só de fracassos.

Swan, empresa média (170 pessoas) do norte da Inglaterra, resolveu coroar vários anos de desenvolvimento em bancada com a montagem de uma unidade semicomercial voltada sobretudo para a hidrogenação em ScSO$_2$, porém facilmente adaptável para a condução de outra reações – principalmente Friedel-Crafts. A capacidade é dada como 800 T/ano de material, ScCO$_2$ mais substrato. Dado que os tempos de reação são da ordem de 10-15 segundos – de 2 a um máximo de 30 – é fácil calcular que o volume do reator propriamente dito (que não deu para ver, pois estava encoberto por outros equipamentos) não deve passar de alguns poucos litros. A seção de reação da unidade é projetada para operar a 500 kg/cm^2 e 200°C. Por enquanto não dá para falar de investimento ou *economics*, pois a unidade foi projetada com as características de *overdesign* típicas de um superpiloto; mas os dois químicos que me receberam, Stephen Ross e Ian MacKinnon (esse último com o título de gerente de inovações da empresa), garantiram que não se trata apenas de uma tecnologia ambientalmente aceitável – a Swan pretende concorrer de frente com os cobras da tecnologia de hidrogenação como as suíças Buss e Biazzi. A estratégia da empresa terá três vetores: usar a unidade em sínteses da própria empresa, hidrogenar para terceiros e licenciar novas aplicações. Ao que parece, há em fase adiantada de desenvolvimento um processo de algumas milhares de t/ano.

Quanto à nova unidade, deve operar nas faixas de 10-100 T/ano de produto, e \$ 15-150/kg. A palavra-chave é seletividade. Apenas para dar um exemplo, a hidrogenação em ScCO$_2$ permite reduzir um grupo –NO$_2$ sem afetar um grupo –CN presente na mesma molécula. No caso da reação Friedel-Crafts – habitualmente conduzida em meios reacionais desagradáveis com fNO$_2$ ou CS$_2$ – pode-se muitas vezes trabalhar com um reagente do tipo ROH, evitando sua conversão em RCl, ou alcoilar com um grupo n-propila sem causar sua isomerização em i-propila. Pode-se também monoproteger um diol, abrindo caminho de rotas para sínteses envolvendo dissimetrização.

Também tem aparecido um número enorme de publicações sobre polimerizações (segundo tudo quanto é mecanismo) em $ScCO_2$. Além das vantagens mencionadas, existem outros aspectos interessantes: por exemplo, a possibilidade de fracionar o polímero obtido mediante alteração da pressão nos reatores. Em paralelo, também tem saído trabalhos sobre a síntese de tensoativos capazes de apresentar ação interfacial em $ScCO_2$ supercrítico. Acontece no entanto que, à medida que o peso molecular do polímero aumenta, sobe também a pressão necessária para que o CO_2 supercrítico possa dissolvê-lo. Assim, as aplicações mais promissoras são relacionadas com polímeros de PM não muito elevados. Setores muito pesquisados têm sido os fluoropolímeros, e a química das polisiloxanas.

A Swan foi fundada no ano de 1925 em Consett, porto de Newcastle pelo avô e homônimo do controlador atual, Thomas Swan (o neto é químico por Oxford), para aproveitar a escória e o alcatrão produzidos pela siderúrgica local na pavimentação de estradas. No período pós-45 começou a crescer a oferta de asfalto de petróleo, que não adere direito a substratos e agregados. A empresa então desenvolveu uma família de aditivos promotores de adesão – até hoje o logotipo da empresa é um anel imidazolínico estilizado – e, assim, via a química das aminas heterocíclicas e alifáticas, nasceu a vocação da Swan para a química fina. A empresa hoje tem uns 120 m³ de capacidade de reator que trabalha cerca de dois terços para as linhas de *performance products* da própria empresa, e o resto para fora. A empresa também está envolvida em outros projetos, dos quais o mais promissor é um processo para a montagem de *displays* eletrônicos planos usando uma técnica de "azulejamento" com pastilhas de pequenas dimensões, obviamente sem qualquer vestígio de emenda.

Na saída ainda perguntei a Stephen Ross porque apenas agora se estava conseguindo resultados com meios reacionais supercríticos. "Não é bem assim", me respondeu. "A síntese de amônia Haber-Bosch, ou a primeira produção de PEBD, da ICI, são exemplos de processos que cineticamente só funcionaram justamente porque operavam em condições supercríticas. Só que isso ficou evidente apenas agora, mais de meio século depois." ∎

PEPASA: 40 ANOS

Tenho um prazer todo especial em comemorar os 40 anos de fundação da PEPASA, produtora de compostos termoplásticos de engenharia desde 1969 lá na Alemoa, em Santos. Isso porque participei do processo de sua concepção.

Naquele ano, um dia me irrompe escritório adentro uma simpática delegação de notáveis vindos da Baixada, encabeçada pelo casal Moncorvo – diretores de um conhecido escritório de Organização e Métodos da orla. À queima-roupa, anunciaram que haviam decidido se tornar empresários da indústria petroquímica, e que eu é que havia sido eleito para conduzi-los a esse seu destino.

Procurei argumentar que, mesmo utilizando o arsenal completo de meios de alavancagem financeira então disponíveis, o aporte em forma de recursos próprios para implantar uma indústria petroquímica, mesmo das mais modestas, seria vastamente superior aos honorários que seu escritório poderia esperar faturar até o dia da Auditoria Final. Argumento rejeitado: já haviam fundado uma empresa com "petroquímica" no nome. A Petroquímica Paulista S.A. era o leito, e o Procrustes, personagem mítico que mutila a vítima que não cabe em seu leito, seria eu.

Era no mundo uma época fértil ao surgimento de novas tecnologias de transformação de plásticos – que, afinal, não deixavam de ser matérias- primas petroquímicas. Enquanto examinávamos diversas propostas, chegou uma resposta a uma carta que, poucos meses antes, eu havia enviado como "garrafa ao mar" a uma pequena empresa norte-americana, sugerindo que eles dessem uma olhada nas oportunidades oferecidas pela economia brasileira. Uma revista norte-americana havia publicado um artigo sobre um novo ramo, ainda nascente, o da produção independente de compostos de engenharia. Das duas ou três empresas que contatei, a que me respondeu foi a LNP, na figura de Roger Jones, seu diretor comercial.

O nome da LNP vinha de Liquid Nitrogen Processing, pois o primeiro negócio da empresa havia sido comprar sucata de PTFE e transformá-la em pó por moagem. Mas para tanto era preciso primeiro tornar a resina friável – o que se conseguia resfriando o material com nitrogênio líquido. Dali partiram para fazer seus próprios compostos, primeiro com PTFE, mais tarde com o que desse e viesse.

Unindo a ação à palavra, pouco depois Roger nos apareceu em pessoa. A "química" entre ele e o exército de Brancaleone do lado de cá foi imediata, e seu resultado foi a devidamente rebatizada PEPASA - cujo aniversário agora celebramos.

Dirigida desde 1969 pela engenheira Zoé Moncorvo com uma fidelidade exemplar ao *business model* de nascença – especializar-se na resolução de problemas caso por caso, portanto sem tanto enfoque em produtos de catálogo – a PEPASA estima que hoje 50% de sua produção é do tipo *one-on-one*, representada por uma centena de parceiros.

O mundo dá voltas. A LNP foi primeiro vendida a um produtor de aço japonês, acabou fazendo parte da GE Plastics, e essa por sua vez foi adquirida pela saudita SABIC, não sem antes ter criado no Brasil uma operação nos moldes da LNP – que agora é o principal concorrente da PEPASA. Passados 40 anos, mãe e filha continuam apresentando um ar de parecença. ∎

Mais Poliisobutenos

A unidade de poliisobutenos que integra a plataforma petroquímica de Mauá, SP prepara-se para quase duplicar sua unidade de cerca de 17.000 t/ano, induzida pelas mudanças profundas em curso no mercado mundial. Quando iniciou as operações, a então PBSA produzia umas 15.000 t/ano voltadas quase só para polímeros na faixa de 1.000-1.300 de peso molecular. A única aplicação era a produção de um intermediário para a síntese de certos dispersantes usados na formulação de óleos lubrificantes, conhecido como PIBSA.

Tirar "(PQU)", "(PBSA)" e corrigir "AlBer" para "AlDer", Tirar "(produtores de aditivos para lubrificantes)" e "(produtores de aditivos para lubrificantes)".

Até a abertura da economia no começo dos anos 90, produzia-se no Brasil a totalidade das necessidades de PIBSA do país. Desde então iniciou-se um processo de globalização que resultou para a PBSA na perda de três de seus quatro clientes: a Esso transferiu a produção de PIBSA para sua unidade na Argentina, que foi fechada pouco depois; a Texaco foi vendida para a Ethyl que pouco depois fechou sua planta; e a Chevron, mesmo sendo sócia da PBSA, comprou da BASF uma unidade norte-americana de poliisobutenos termorreativos (que facilitam a obtenção do PIBSA, por terem sua dupla ligação preferencialmente na ponta da cadeia) e passou a produzir seus dispersantes com intermediário importado. Só restou a Lubrizol, que deverá acrescentar um novo cliente e expandir seu consumo para o equivalente de 35% da atual produção de poliisobutenos de Mauá.

Com tudo isso, a PBSA foi obrigada a se voltar para dois outros mercados:

- usos industriais, que no começo representavam a duras penas 10% da demanda interna, e hoje já são 40% do total.
- exportações.

As exportações, que no começo exigiam preços de sacrifício, se beneficiaram de uma inesperada bonança. Com o fechamento de várias plantas de bases lubrificantes nos EUA, que ainda empregavam a desparafinação com solventes – substituídas por unidades de hidrocraqueamento –, caiu muito a oferta mundial de *brightstock*, base de alta viscosidade muito utilizada em toda sorte de lubrificantes industriais. A Petrobrás continua usando o processo solvente (produzindo bases ditas de Grupo I), o que também é o caso da Europa; mas, com tudo isso, a oferta mundial de *brightstock* caiu de umas 3,25 milhões de t/ano para cerca de 2,90 milhões. Parte dessa redução de oferta foi coberta por um processo gradual de reformulação, mas mesmo assim a escassez é real e os beneficiados principais, de longe, são os poliisobutenos, pois alternativas tais como as PAO (polialfaolefinas) são bem mais caras.

- Os usos industriais, meramente anedóticos há 15 anos, hoje incluem:

- lubrificantes para motores de dois tempos,
- uma variedade de aplicações em produtos formulados diversos, lubrificantes especiais e fluidos funcionais (*metalworking* etc.),
- aditivo para a produção de filmes *stretch* (uns trinta produtores no país),
- adesivos (*hot melt*, etc.),
- cosméticos.

Com tudo isso, a PBSA foi obrigada a ampliar sua gama para quase trinta *grades* de pesos moleculares que vão de 300 a 5.000. A produção dos *grades* mais viscosos – justamente aqueles cuja demanda mais cresce – reduz quase 50% a capacidade nominal da planta: Já foi retroinstalada uma pré-coluna para eliminação de leves, o que já alivia. Mas a unidade nova levará em conta a mudança de perfil da demanda.

A atual capacidade mundial de poliisobutenos é de 820 mil T/ano, isso depois do fechamento de algumas unidades significativas (só uma da Exxon, representou uma perda de oferta de 100 mil T/ano).

Com a expansão de Mauá, a oferta de isobuteno deverá viabilizar uma expansão de umas 15 mil MT/ano. O projeto de duplicação já está em fase de detalhamento (contratante: Projectus) e pelo jeito tem tudo para dar certo. ∎

Poliisobutenos – Capacidade Mundial - %	
Produtores Integrados de Aditivos (Lubrizol, Infineum*, Chevron)	43
Majors da Química (Ineos, BASF)	33
Independentes (uns 10 ao todo)	24
Total	100

*ex Shell

Pós Metálicos no Brasil:

Introdução

Pós metálicos são definidos como materiais constituídos de partículas com dimensões máximas abaixo de 1 mm (acima desse limite, começa-se a falar em granulado). Esses pós podem ser de metais individuais ou de ligas; suas superfícies podem ser lisas ou apresentar diversos tipos de rugosidade; sua forma pode ir desde a esférica até a aleatoriamente irregular; a distribuição das partículas por tamanho mais, ou menos, estreita.

O valor da produção brasileira de pós metálicos em 2007 pode ser avaliado em US$ 500 milhões. Esta cifra inclui o valor dos metais, ao seu preço London Metal Exchange. Mais representativo talvez fosse falar no valor agregado correspondente, estimado em $ 170 MM.

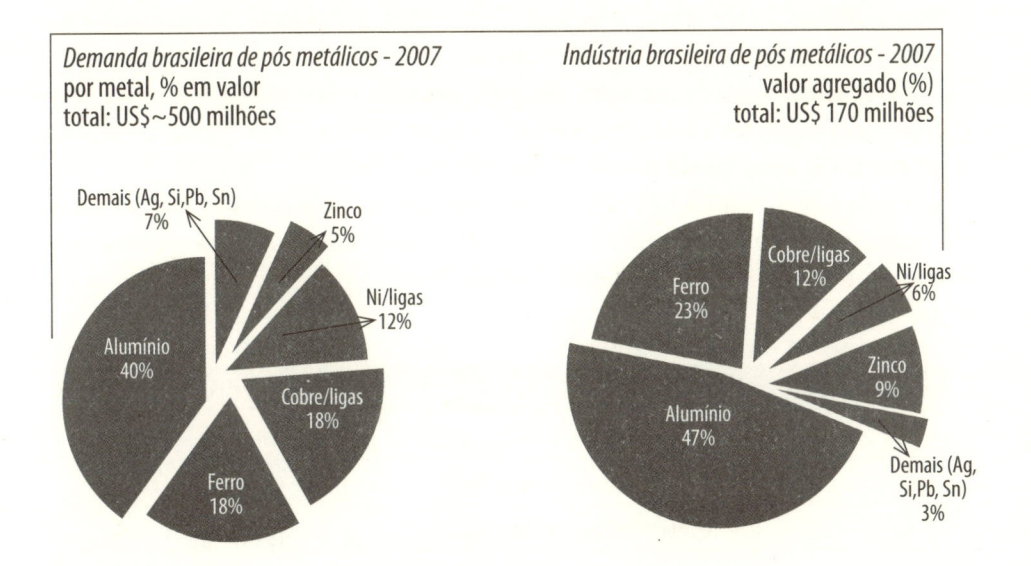

Os processos para a produção de pós metálicos podem ser classificados em duas famílias tecnológicas: dos "físicos" e dos "químicos". Os primeiros são todos aqueles em que o metal sofre mudanças apenas em seu estado (ou aspecto) físico. Os segundos implicam passagem por algum tipo de reação química.

A escolha do processo vai depender do que se deseja do produto:

- tamanho médio das partículas;
- distribuição das partículas por tamanho;
- análise química;
- morfologia (partículas esféricas, de outros formatos convexos, irregulares, de superfícies rugosas ou dendríticas...);
- outros: superfície específica, densidade aparente etc.

I) Os processos físicos utilizados no Brasil incluem:

- moagem;
- atomização com: ar, água, gás inerte;
- centrifugação;
- destilação/condensação.

O emprego da **moagem** se aplica sobretudo à transformação de materiais suficientemente quebradiços – Si metálico, Cr, ferroligas – ou à transformação em pó de latinhas de cerveja recicladas (umas 15 mil t/ano no país). A etapa de moagem pode ser acoplada à produção de pós por atomização, por exemplo, para obter partículas lamelares.

As diversas técnicas de **atomização** representam em valor 75% do total de pós metálicos produzidos no país. A ideia de base é fundir a carga em um forno, geralmente de indução, e vazar a massa fundida por um bico de alimentação. O metal entra em contato com o fluido responsável pela sua desintegração, e solidificação na forma de pó:

▲ *água*: o mais econômico, apesar dos custos da operação de secagem a jusante da atomização. Resulta em partículas regulares (portanto, menos adequadas para a transformação por sinterização, por exemplo). Usado para metais que não reagem com a água: ferro, cobre e suas ligas;

▲ *ar*: mais caro, dado o custo da operação de compressão. Partículas esféricas, de diâmetro de 400 micros até a faixa do nano, desejáveis das aplicações. Quando o metal precisa ser protegido ao máximo do risco de oxidação (aço inox, por exemplo), atomiza-se em *gás inerte*, método ainda mais caro dado o custo do argônio.

Para a atomização do alumínio existem duas variantes em uso: o processo por sucção, para a obtenção de partículas na região até abaixo de 1 micro; e o processo por sopro, mais barato, para pós usados em aluminotermia.

Qualquer que seja o fluido de atomização, seguem-se as etapas de classificação do material e a blendagem. O material fora da faixa demandada é reciclado para a fusão, o que significa que "distribuição estreita" é sinônimo de "custos mais elevados". Da mesma maneira, superfície específica é algo que demanda um aporte de energia: para um dado processo, quanto mais

Brasil – Pós Metálicos – Tecnologias de Produção Utilizadas							
Processo	Atomização			Moagem	Destilação	Eletroquímico	HDH	Co-produto
	água	ar	gás inerte					
Fe	X							
Al		x		X				
Cu	X					X		
Zn		x			x			
Si				X				x
Sn		x						
Ag		x						
Ni, Co, ligas		x	x	X				
Pb		x						
Titânio							X	

fino o pó, maior o custo de transformação, e cada unidade de atomização procura incorporar a energia necessária, respeitando as exigências quanto ao produto, da maneira mais econômica.

No processo de **centrifugação**, o metal fundido impinge sobre um disco rotativo inclinado, dando partículas em torno de uns 30 micros, estreitamente distribuídas. É usado para fazer pó de zinco para baterias. Para a obtenção de pó de zinco, na faixa do submicro, usado em tintas anticorrosivas, a atomização se faz por **destilação** (o ponto de ebulição do zinco é em torno de apenas 900°C), seguida de condensação.

II) Os processos químicos praticados no país incluem:

• redução de pó de ferro (inicialmente gerado por atomização em água), usando hidrogênio como redutor. É uma variante do conhecido processo da empresa sueca Höganäs, no qual a matéria-prima é magnetita de alta pureza, extraída da mina de Kiruna, no Círculo Ártico. O minério é convertido em ferro-esponja por redução direta, em fornos de centenas de metros de comprimento, e em seguida é triturado;

• obtenção do pó de cobre por eletrólise de uma solução do respectivo sulfato. Resulta em pós de superfície recoberta de dendritos;

- produção de pó de titânio e por uma sequência de hidretação (usando hidrogênio) e desidretação (HDH). O pó é usado para jateamento de peças de titânio usadas em odontologia;

- produção de pós de níquel, cobalto e molibdênio, com os respectivos óxidos, dando partículas de superfície irregular. A redução se faz por hidrogenação dos óxidos fundidos.

Fora do Brasil, para obter-se pós metálicos, são empregados diversos outros processos químicos. Alguns exemplos:

Brasil – Diferenciais Típicos Metal/Pó ($/kg)	
Metal/Processo	Δ
Moagem	0.40-0.50
Atomização	
Ferro (água)	0.60-0.90(*)
Alumínio (ar)	1.50-2.00
Cobre (água)	3.00
Ni, ligas especiais, inox	15-20
Prata	300
Eletrólise	
Cobre	6.00
Destilação/Condensação	
Zn	3.00

(*) não inclui o valor agregado pela eventual operação de formulação, para dar misturas prontas para uso.

- a decomposição de metal carbonilas ($FeCO_5$), por exemplo, dando o metal e CO, que é recirculado. No caso do pó de Ni, a Inco (hoje CVRD) usa essa via (conhecida como processo Mond) como etapa do seu processo de refino do metal, em duas plantas de 50 mil t/ano cada uma. Mas apenas uma pequena parte é vendida como pó – o resto é briquetado para uso em metalurgia (aço inox etc.). Os pós são de alta pureza, com partículas de 0.1 a 5 micros;

- várias outras mineradoras obtêm o níquel em forma de pó intermediário por redução sob pressão, usando hidrogênio, de uma solução amoniacal, dando partículas na faixa de 5-50 micros;

- a pirólise redutora de sais (formiato, oxalato) ou óxidos de certos metais, para obter pós na região nano. ∎

PÓS METÁLICOS NO BRASIL:

PRODUTORES

Höganäs: filial da Höganäs AB, sueca, que em 2000 comprou a antiga Belgo Brasileira, de Mogi das Cruzes-SP, e em seguida construiu em Jacareí-SP uma planta de 35 mil t/ano de capacidade para a etapa de redução, com hidrogênio, do oxigênio (~1.5%) remanescente no material atomizado. O *site* de Jacareí – atenção, saudosistas! – havia sido da Francolor (corantes antraquinônicos), em seguida da ICI, e no fim da Dystar.

A empresa está construindo uma nova unidade de 50-60 mil t/ano em Mogi das Cruzes, em previsão do crescimento da demanda para sinterização e em metalurgia. A ideia é eventualmente concentrar toda a produção nessa planta.

A Höganäs AB é a maior produtora de pó de ferro do mundo, seguida da Höganäs Corporation (EUA; grupo GKN), da canadense QMP (parte do co-produto de uma unidade de processamento de ilmenita) e da chinesa Lei Hu.

Höganäs do Brasil: esquema de produção do pó de ferro

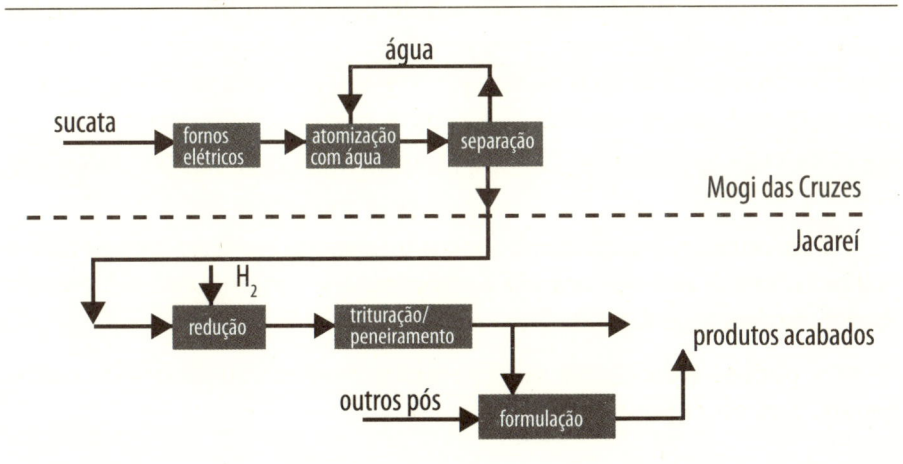

Metalur: a fábrica da Belgo Brasileira também continha uma unidade de pó de alumínio, da qual o novo dono se desfez. O comprador – Metalur – mudou a planta para o seu *site* de Araçariguama-SP. Metalur é o maior produtor de alumínio secundário do Brasil (~150 mil t/ano) e acaba de dar partida a uma segunda unidade, elevando sua capacidade para 18 mil t/ano.

Catálise: produtor diversificado (Piracicaba-SP). Produz FeSi atomizado (usado em revestimentos de eletrodos), em grande parte para exportação, e também pós de cobre e suas ligas, e pó de níquel.

Mextra: originária do ABC. Acaba de inaugurar uma fábrica nova em Taubaté-SP. Produz pó de ferro (sobretudo para uso em metalurgia) em Diadema-SP, e de alumínio em Taubaté-SP, onde também são produzidas pastilhas AlFe, AlCr e AlMn. Em Taubaté, também se faz pó de cromo, por moagem de metal importado, para uso cativo.

Pó de Ferro – Produtores brasileiros		
Produtor	*Localização*	*Capacidade t/ano*
Höganäs	Jacareí-SP*	35.000
Mextra	Diadema-SP	6.000
Catálise	Piracicaba-SP	**

* nova planta em construção em Mogi das Cruzes (partida: QIII-2008).
** produção ocasional de pó de ferro numa planta (capacidade: 10 mil t/ano) de FeSi atomizado.

Alcoa: único produtor de pó de alumínio a partir de metal primário (Poços de Caldas-MG), e único a usar o processo por sucção. Líder das aplicações nobres do Al (pigmentos, refratários etc.).

Metalpó: membro do grupo Combustol. Pós por atomização em água de cobre, bronze e latão, em boa parte para uso (sinterização) dentro do grupo.

Omega: coligada da Alpha Galvano, ambas em Itaquaquecetuba-SP. A Alpha produz sais metálicos e soluções para galvanoplastia, e também opera uma fundição de alumínio que alimenta (em caminhões-panela) a planta de atomização da Omega.

SPS: coligada da Formiligas (ferro-ligas); produz pó de alumínio em Embu-Guaçu-SP.

All Tech (Mogi das Cruzes-SP), **Altom** (Betim-MG), **Tuage** (Araxá--MG) – produzem pó de alumínio para aluminotermia.

Pó de Alumínio – Produtores brasileiros			
Produtor	Localização	Capacidade, t/ano	Comentários
Alcoa	Poços de Caldas-MG	14.000	a partir de Al primário
Omega	Itaquaquecetuba-SP	5.000	coligada da Alpha Galvano
Metalur	Araçariguama-SP	18.000*	duplicação recente
SPS	Embu-Guaçu-SP	6.000	grupo Formiligas
All Tech	Mogi das Cruzes-SP	4.000	
Tuage	Araxá-MG	7.000	atomiza à façon para CBMM
Altom	Betim-MG	2.500	
Mextra	Taubaté-SP	10.000	unidade recente

* a partir de 1/2008.

Moldmix (Botucatu-SP), **Brutt**, **Brasac** (ambas perto de Porto Alegre--RS): produzem pó de cobre eletrolítico. **Termosinter** (Guaratinguetá) faz pó de cobre atomizado, sobretudo para uso próprio.

Votorantim Metais: faz pó de zinco para uso cativo em suas duas unidades na purificação do zinco metálico. A Cia. Paraibuna de Metais produz, em linha separada de 2 mil t/ano, pó de zinco para pilhas alcalinas. Partindo de uma liga especial (contendo até índio), essa unidade usa o processo de atomização por centrifugação (impacto do metal fundido contra um disco rotativo). Única planta desse tipo na América Latina, e só existem outras três ou quatro no mundo.

Rio Metalúrgica (Rio de Janeiro-RJ): produz pó de zinco (capacidade: 2.500 t/ano) com partículas de 5 micros de diâmetro em média, por destilação e condensação, usado na formulação de tintas anticorrosivas para aplicações navais ou *offshore*.

Pós Metálicos Especiais (Campinas-SP): capacidade de 250-300 t/ano em duas linhas de atomização para pó de metais e ligas de valor elevado, em pequenas quantidades, e sobretudo para terceiros.

JB Química (Suzano-SP): parte dos respectivos metais, via os óxidos, para produzir 100-150 t/ano de pó de Co, Ni e Mo, principalmente para o setor de ferramentas diamantadas.

Mahle: produz, em sua planta de SBC, sua própria liga Cu-Sn-Pb (80:10:10) em pó, para a produção de bronzinas. No futuro, para evitar o manuseio de chumbo, pretende se abastecer com uma parceira indiana.

Cesbra: maior produtor de pó de estanho do país (mercado nacional: 400-500 t/ano). Existem muitos outros, pequenos e para consumo cativo.

Fragminas: parte da produção de pó de silício do Brasil é o chamado "pó de coifa" daquelas fábricas de silício metálico que já investiram em filtros de mangas para a sua recuperação. Como este material não basta para a demanda, produzem-se quantidades adicionais por moagem *à façon* do metal.

O principal especialista desse serviço é a Fragminas (Betim-MG), que desenvolveu tecnologia própria, patenteada, para a produção de pó de silício para a reação com cloreto de metila, primeiro passo no processo de fabricação dos silicones.

Brats: fabricante de filtros sinterizados de inox, produz quantidades pequenas de pó de titânio (processo HDH) para uso em jateamento de implantes dentários. Uma unidade de atomização em água, para umas 300 t/ano, está em montagem para produzir pó de inox e outros pós nobres.

Goldenbank (Diadema-SP): único produtor no país de pó de prata (~10 t/ano).

ATM Estanho (Cachoeirinha-RS): principal produtor brasileiro (cerca de 150 t/ano) de pó de chumbo. Usado para sinterização, e na formulação de graxas. ∎

Pó de Cobre e Ligas – Produtores brasileiros – Capacidade t/ano			
Produtor	*Localização*	*Atomizado*	*Eletrolítico*
Metalpó	S. Paulo-SP	1.500	
Catálise	Piracicaba-SP	1.200	
Brutt	Cachoeirinha-RS		300
Moldmix	Botucatu-SP		600
Termosinter	Guaratinguetá-SP	200	
Brasac	Cachoeirinha-RS		200
Mahle *	S. Bernardo-SP	1.000*	
Total		3.900	1.100

* uso cativo (Cu/Sn/Pb).

Pós Metálicos no Brasil:

Usos

S interização

O processo de sinterização concorre na produção de peças (das quais cerca de 90% são ferrosas) com vários outros: fundição/usinagem, forja, usinagem (a partir de produtos semiacabados) e microfusão. Essa tecnologia é competitiva principalmente para peças de geometria complexa e resulta em produtos com densidade de aproximadamente 80% do metal maciço equivalente, e de grande dureza. Implica amortização de um molde caro, mas requer bem menos mão de obra. Assim, a sinterização se beneficia dos efeitos de séries de produção mais longas e da progressão em termos reais dos salários *blue collar*. A sinterização também constitui um método altamente eficiente em termos de consumo específico de energia. Note-se que uma operação intermediária, tal como fundição ou forja, acrescenta ao material um valor unitário não muito diferente daquele da transformação do ferro em pó de Fe; uma peça sinterizada custa cerca de três vezes o preço da matéria-prima.

O automóvel médio produzido no Brasil incorpora 4,5-5,0 kg de peças sinterizadas, sobretudo na suspensão e na caixa de câmbio. Nos EUA, o índice é de 11 kg/unidade, em virtude do tamanho médio do carro norte-americano e do uso universal de câmbios automáticos. Na Europa (20 kg/carro), ademais, os carros tendem a ser mais robustos e com um número maior de cilindros. No Brasil ainda existe nas montadoras muita usinagem verticalizada, o que com o tempo tende a ceder espaço para a sinterização por ocasião de futuras modernizações e expansões. Outro fator é o sucesso dos primeiros projetos de modelos engenheirados no Brasil (Fiat Uno etc.), que também favorece a modernização dos processos produtivos.

Existem no Brasil cerca de quinze fabricantes de peças sinterizadas. Os principais (todos processando acima de mil t/ano) são:

- Cofap Magnetti Marelli (uso cativo)
- Mahle
- Metalpó (Combustol)

- Brassinter
- GKN Sintermetals
- Federal Mogul

O parque de prensas de compactação do país é da ordem de 220 unidades, só para metalurgia do pó.

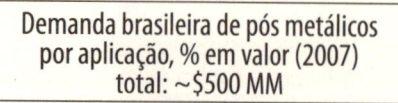

**Demanda brasileira de pós metálicos
por aplicação, % em valor (2007)
total: ~$500 MM**

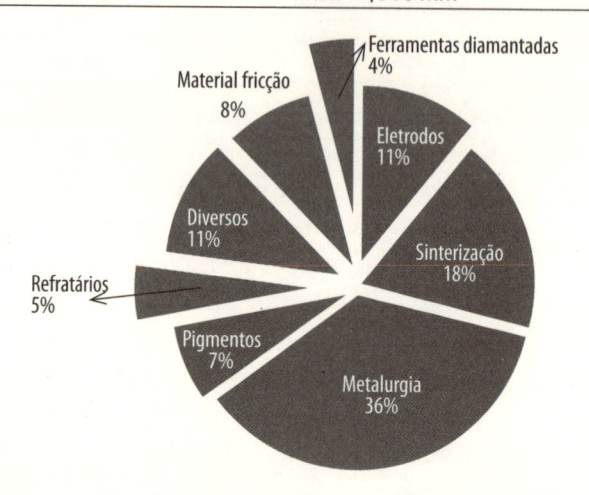

Brasil – Pós Metálicos – Principais Usos Finais									
Uso final	Fe	Al	Cu	Zn	Si	Sn	Ag	Ni/Co/Ligas	Pb
Sinterização	X		X			X		X	
Material antifricção	X		X			X			
Eletrodos	X							X	
Ferramentas diamantadas			X			X		X	
Metalurgia	X	X							
Pigmentos		X		X					
Refratários		X			X				
Baterias				X					
Aditivo para cimento					X				
Escovas de grafite			X				X		
Pirotécnica		X							

Outro processo para a obtenção de peças metálicas *near-net shape*, conhecido como MIM, consiste em injetar uma massa constituída de um ligante e de um pó metálico muito fino (ferro via carbonila, tipicamente) em um molde e depois eliminar o ligante e sinterizar a peça "verde" obtida. O ligante pode ser um PP de baixo peso molecular em seguida removido em meio solvente; ou um poliacetal, decomposto em formaldeído com ajuda de ácido nítrico, (processo Catamold, da BASF). As duas técnicas estão sendo empregadas no país.

Pó de Ferro – Demanda brasileira –t/ano (2007)		
Sinterização		28.000
Ferroligas (FeNb etc.)		18.000
Outros		6.000
Revestimento de eletrodos	~3.000	
Material antifricção	<1.000	
Fundição inox, pastilhas Al etc.	<3.000	
		52.000

Fonte: Estimativa EcoPlan Consultoria

Aluminotermia

Trata-se do uso do alumínio em pó para reduzir ao estado metálico determinados óxidos – reações do tipo:

$$3M_2O_5 \text{ (por exemplo)} + 2\,Al \rightarrow 5Al_2O_3 + 6M + \Delta.$$

A reação sendo fortemente exotérmica, o alumínio age ao mesmo tempo como redutor e como fonte de calor. No sentido de encontrar o equilíbrio correto entre a cinética dessas duas funções, é preciso otimizar o diâmetro médio das partículas do pó de alumínio utilizado.

O grande uso no Brasil é a produção de ferro-nióbio, pela redução do minério pirocloro. O Brasil é um exportador importante desse material, cujos dois produtores são a CBMM (Araxá-MG) e a Anglo American (Catalão--GO). O consumo conjunto de pó de alumínio é de aproximadamente 35 mil t/ano. A CBMM anunciou um projeto de triplicação de sua capacidade de FeNi, o que poderá desencadear nos próximos dois anos um processo de concentração empresarial e de novos investimentos na indústria de pó de alumínio.

Por aluminotermia também são produzidas ferroligas especiais: FeTi,

FeV, FeMo, FeW e mesmo outras mais econômicas, como FeMn. Existem dezenas de produtores, alguns maiores, mas muitíssimos quase artesanais. O principal produto dessa família de ferroligas é o FeTi – o Brasil produz umas 12 mil t/ano. Dois produtores se destacam: Main Metais (Itaquaquecetuba--SP) e Masterligas (Sumaré-SP). Este é o domínio da latinha moída: no caso do FeTi na proporção de 85:15 com pó de Al atomizado, menos no caso das demais ligas. O consumo unitário no caso do FeTi é de uns 0,50 kg/kg.

Os pós de Fe e Ni são matérias-primas na produção aluminotérmica das respectivas ligas com Nb. O consumo brasileiro de pó de níquel (importado) para esse fim é de umas 700 t/ano.

Pó de Alumínio* – Demanda brasileira – t/ano (2007)		
Aluminotermia		42.000
FeNi	34.000	
Ferroligas (FeTi etc.)	8.000**	
Refratários		5.000
Pigmentos		2.000
Fogos, explosivos, pastilhas para metalurgia do Al etc.		1.000
		50.000

*atomizado (isto é, excl. moagem)
** excl. moagem de latas recicladas

Metalurgia (outros)

Na fundição de aço inox, usa-se pó de ferro para o controle do teor de carbono.

Na produção de alumínio, são empregadas pastilhas sinterizadas de Al/Fe, Al/Cr e Al/Mn, contendo 10%-25% de alumínio, conhecidas como "antiligas" e que funcionam como endurecedores. A produção brasileira dessas pastilhas é da ordem de 3 mil t/ano.

Zinco metálico: para produzir zinco metálico é preciso pó de zinco, na etapa de purificação do metal, por cementação de impurezas como Cd, Cu e Co.

Eletrodos de solda

Os eletrodos de solda de aço comum consistem de varetas de aço 1010 ou 1020, revestidas de uma massa cuja composição inclui, na forma de pós de metais ou ferroligas, aqueles elementos que precisam ser incorporados à solda.

Cerca de 65% de todos os eletrodos produzidos são de aço-carbono, outros 15% de aço de baixa liga. O resto é sobretudo inox, onde o grosso dos metais já faz parte da composição da vareta, mas outros, ainda assim, provêm do revestimento.

Sendo a solda manual um processo lento, em eletrodos e arames tubulares com alma metálica – materiais bobinados, para solda em contínuo – costuma-se incorporar pó de ferro para aumentar a taxa de deposição, normalmente de uns 3 kg/h, em até 50%. As principais aplicações são em serviços pesados: construção naval, *offshore e* material ferroviário, que após duas décadas de sonolência agora voltaram à atividade.

A produção brasileira de varas de solda e arames tubulares é da ordem de 82 mil t/ano, equivalente a umas 25 mil t/ano de revestimentos.

Material antifricção

O material de atrito de uma pastilha de freio compõe-se de:

- pós metálicos e fibras (conhecidas no jargão da indústria como "palha"). Conferem resistência mecânica e dissipam o calor gerado. Entre os principais componentes metálicos estão a palha de aço moída;

- aglomerante – resina fenólica, às vezes, um elastômero;

- modificadores de atrito – grafite, sulfetos metálicos, como o MoS_2, importado da China, e sulfetos de Cu e Sn produzidos no país (catálise);

- cargas, tais como baritas

No Brasil, usam-se principalmente misturas ditas semimetálicas (15%-45% de componentes metálicos). O consumo de pós metálicos dessa indústria é da ordem de 2 mil t/ano, dos quais 50% de ferrosos.

Ferramentas diamantadas

A parte cortante das ferramentas para serrar azulejos, pedras ornamentais etc. é uma matriz sinterizada composta de vários metais, e que encerra o elemento cortante: o pó de diamante. A arte consiste em produzir um material que apresente velocidade de consumo homogênea. A matriz metálica é produzida com pó de ferro, pós não-ferrosos e por um metal mais nobre responsável pela manutenção das características dimensionais e pela dureza.

O ideal para esse terceiro componente é pó de cobalto, o qual, dados os preços alcançados, tem sido substituído por misturas "proprietárias" (contendo algum cobalto), importadas de empresas como Umicore, Ecka e Eurotungstene.

A indústria brasileira dessas ferramentas é mais do que proporcional ao tamanho da economia, refletindo a importância do país como exportador de rochas ornamentais (existem umas mil serrarias de granito em operação no país). Por outro lado, as pequenas ferramentas para serras ($\phi = 110$ mm) hoje são importadas da China – montadas ou na forma de segmentos já sinterizados. Existem ao todo mais de cinquenta produtores. Alguns dos mais conhecidos são: Serpa, Tyrolit (do grupo austríaco Swarovsky) e Geosinter. Esse segmento representa um mercado de umas 500 t/ano de pós não-ferrosos.

Pó de Cobre* - Demanda brasileira – t/ano (2007)	
Peças sinterizadas	3.100
Ferramentas diamantadas	400
Material antifricção	1.000
Escovas de carbono	300
CuS etc.	200
	5.000

*incl. ligas
Fonte: Estimativa EcoPlan Consultoria

Pigmentos

O zinco em pó ($\phi \cong 5$ μ) é usado na formulação de tintas anticorrosivas *heavy duty*.

Pigmentos de alumínio são produzidos por moagem de partículas esféricas, operação que as transforma em lamelas. Podem também ser produzidos por trituração de aparas de laminação (folhas) – desde que a liga usada seja adequada para pigmentos. Aldoro (Rio Claro-SP), o produtor desses pigmentos no Brasil, emprega ambas as matérias-primas; a forma pó é mais cara, porém preferida quando há exigências especiais em relação à granulometria (tamanho, distribuição).

Refratários

Usam-se pós de metais reativos (Al, Si) para proteger da combustão precoce o grafite contido em tijolos e cimentos à base de MgO/C.

Fortificação de farinhas

Por lei, as farinhas de trigo e milho consumidas no Brasil devem conter 40 ppm de Fe biodisponível, no intuito de combater a anemia. Podem ser utilizadas diversas formas de ferro: pós, sais, quelados – mas o mais comum é o pó de ferro reduzido *food grade*, que o país importa. O mercado brasileiro corresponde a umas 300 t/ano de Fe.

Intermediário químico

A superfície específica elevada dos metais em pó faz deles materiais reativos e por isso preferidos para uma variedade de reações químicas.

No Brasil, um exemplo é a produção de sulfetos de Cu e de Sn (a partir de enxofre e dos respectivos pós metálicos), usados com função de lubrificantes em materiais antifricção. Entre as outras aplicações importantes está a produção de catalisadores (por exemplo, para unidades HDS em refino de petróleo).

Escovas de motor

Todo motor elétrico é dotado de quatro escovas, produzidas com uma massa composta de grafite e pó de cobre (de preferência lamelar) – à razão de 30 g, por exemplo, para uma escova de motor de arranque. Três produtores no país: Schunk, Carbono Lorena e ECS.

Pirotecnia

Na fabricação de fogos de artifício empregam-se – como combustível – pós de alumínio de baixa densidade aparente (0.3-0.7) e teor de metal por volta de 80%-90%.

Existe um punhado de pequenos produtores – Pérola, Posmetal, Palmital e outros –, localizados em municípios de nomes pitorescos em Minas e na Bahia próximos dos polos da indústria de fogos, que produzem esses pós *tailor made* para a indústria pirotécnica.

Baterias

O pó de zinco funciona como o anodo em baterias alcalinas, fabricadas no Brasil pela Panasonic, São José dos Campos-SP.

E, para terminar ...

Parece que o famoso Diabo Verde e alguns outros desentupidores de ralo tipo arranca-toco contêm em sua formulação um pouco de pó de alumínio. E tem também o Biotônico Fontoura... ■

Sem Risco de Risco

oje 95% das lentes óticas – oftálmicas ou solares – produzidas no mundo, cerca de 900 milhões de pares anuais, são "orgânicas", isto é, leves e inquebráveis. São fabricadas com polímeros transparentes e pertencem a três famílias:

• *termoplásticos*: policarbonatos, poliamidas (cristalinas, para conferir transparência), às vezes PMMA. A poliamida para essa aplicação é produzida com base no diácido C_{12} e uma diamina cicloalifática. Exemplo é o Trogamid CX7323 (Degussa);

• *termofixos*: o conhecido CR-39 da PPG, cujo monômero é obtido reagindo 1 mol de dietileno glicol com 2 moles de fosgeno e, em seguida, com 2 mols de álcool alílico ($HOCH_2CH=CH_2$);

• uma *poliuretana* de alto índice de refração, contendo enxofre na molécula, material por enquanto produzido apenas no Japão.

Esses polímeros são todos muito menos resistentes à abrasão do que o vidro, ainda sendo usado, mas que cobre apenas 5% da demanda. Assim sendo, são quase sempre recobertos por um verniz de alta dureza.

Lentes: Propriedades dos Polímeros (ranking) e Mercados Mundiais				
Propriedade	Polímero			Total
	CR-39	PC	PA	
IR	2	1	2	
Dispersão	1	3	2	
Transmissão	1	2	3	
Leveza	2	1	1	
Impacto	3	1	2	
Consumo mundial, M T /ano	17	10	peq.	~27
Vernizes, M L/ano	200-250	100-150		~300-400
Valor, US$ MM/ano	30-40	15-20		~50-60[*]

(*)não inclui os vernizes para lentes PU – mercado emergente, mas com preços bem superiores (~$300/l)

O quadro anterior resume o *ranking* dos três principais polímeros que concorrem nesse mercado em relação às principais propriedades, a saber:

- índice de refração: quanto maior, mais leve a lente para um dado grau de correção;

- dispersão: quanto mais elevada, maior o grau de aberração cromática;

- transmissão: quanto maior, melhor. Os polímeros absorvem melhor do que o vidro os raios UV, o que acelera a degradação do material. Nesse particular, o PMMA é o polímero de melhor comportamento;

- densidade: os polímeros apresentam valores em torno de 1.0; o vidro *crown* é até 2,5 vezes mais pesado;

- impacto: o CR-39 é apenas dez vezes mais resistente que o vidro, consideração que nos EUA, por exemplo, já empurrou 25% do mercado;

- oftálmico na direção do PC (~500 vezes).

O grande obstáculo inicial ao uso de lentes plásticas foi sua pouca resistência à abrasão, ou seja, aos riscos. Foi o desenvolvimento de vernizes antirrisco que tornou possível a captura quase total do mercado oftálmico pelo CR-39 e, em grau menor, porém agora crescente, pelo PC. Um verniz precisa apresentar:

- excelente adesão ao suporte (mas que é obtida apenas às custas das propriedades mecânicas da camada final.);

- transparência e, para evitar o "efeito arco-íris", um índice de refração próximo ao do material empregado;

- boas condições de trabalho na aplicação;

- possibilidades de aplicação subsequente de revestimentos coloridos.

Os vernizes, que custam \$ 100-150/l (e até \$ 300/l para os de IR mais elevado, usados nas novas lentes de PU), são fornecidos em solução (a 30% em butanol) de prepolímeros do tipo polisiloxanas – ou seja, da família dos silicones. Os quatro monômeros (alcoxisilanas) usados são:

- $CH_3Si(OCH_3)_3$: o material de base

- $Si(OC_2H_5)_4$: aumenta o grau de reticulação

- $(CH_3O)_3Si$-glicidoxi-3-propila [$(CH_3O)_3Si(CH_2)_3OCH_2–CH_2$] (conhecido como Glymo): aumenta o IR

- $(CH_3O)_3Si\phi$: melhora a flexibilidade

Os vernizes são produzidos em três etapas:

- hidrólise das alcoxisilanas em meio acético;

- pré-condensação;

- maturação (complemento da condensação) em câmara fria (2°-5°C), durante quatro semanas.

O resultado é uma solução com vida de prateleira limitada – cerca de quatro semanas à temperatura ambiente – o que exige toda uma cadeia logística a baixa temperatura.

Existem no Brasil cerca de 2.500 laboratórios de surfaçagem, que recebem das óticas os blocos e usinam a superfície interna dos mesmos. A lente, envernizada apenas por fora em consequência da surfaçagem, vai para os laboratórios de revestimento independentes; os maiores – existem aproximadamente dez no Brasil – são Cristalcolor e Optiflex, ambos em São Paulo. Estes aplicam não só o acabamento antirrisco, como também – exigidos em cerca de 30% dos casos – revestimentos coloridos e os antirreflexo, esses aplicados por deposição de titânio em câmara de alto vácuo. O equipamento para essa operação custa perto de $ 1 MM por linha, o que explica o elevado grau de concentração que existe nesse ramo.

O revestimento quando feito nas duas faces se faz por imersão; e, quando apenas na face interna, por centrifugação (*spin*, no jargão da profissão). A espessura final média da camada é da ordem de 4μ, e a cura em estufa demora uns 90 minutos. E nem toda lente é revestida: por exemplo, óculos para crianças.

Os principais produtores mundiais de lentes oftálmicas são:

- Essilor (França)

- Sola (Austrália, pertencia à American Optical, agora vendida à Carl Zeiss)

- Hoya (Japão)

- Rodenstock (Alemanha)

- Polycore (Singapura)

Existem também produtores nacionais: Macprado, em São Paulo, licenciado de um fabricante israelense; e Ophbras, na Paraíba. Ambos são fabricantes de lentes minerais, que mais recentemente também passaram a disputar o mercado de lentes plásticas.

Tanto Essilor quanto Sola (Zeiss) produzem blocos no Brasil, com fábricas em Manaus e Petrópolis, respectivamente. A Rodenstock (Igal) iniciou no Rio de Janeiro uma operação de surfaçagem. Os produtores mundiais dos vernizes antirrisco se limitam a um pequeno punhado:

- •SDC (Swedlow-Dow Corning, EUA)
- • Isochem (França)
- •Exxene (EUA)
- •Grupo Shin Etsu (Japão)

A Essilor, que lidera a indústria mundial de lentes com cerca de 20% do mercado global, desenvolveu tecnologia sua e manda fazer seus próprios vernizes. A Sola (Zeiss) seguiu o mesmo exemplo.

Mas as lentes oftálmicas representam apenas um terço do mercado de vernizes de alta dureza. O resto vai para o setor de transportes (faróis de automóveis, para-brisas para motos) e em aplicações arquitetônicas – uso esse que cresce nos EUA com a moda das chapas de policarbonato em lugar de vidros (a fim de, entre outras coisas, reduzir o número de suicídios em prédios de escritórios...). ■

Anatomia de uma laranja

O Brasil produz 55% de todo o suco de laranja comercializado no mundo; os EUA, outros 35%. A participação dos laranjais da Flórida tem caído graças à disseminação de uma doença conhecida como *greening*, por obra dos recentes furacões.

Uma das consequências dessa concentração da citricultura mundial tem sido uma tendência à maior integração no Brasil das atividades dos grandes processadores mundiais de óleos cítricos, tanto *flavor houses* como a Symrise, que acaba de anunciar a implantação do moderno Centro Mundial de Cítricos para complementar as atividades da planta de derivados que opera em Sorocaba-SP; ou especialistas como a Döhler, com sua bela planta em Limeira-SP, do lado oposto da Anhanguera com respeito à unidade industrial de Citrosuco.

O processamento de laranjas é uma indústria com algumas características tecnoeconômicas vagamente parecidas com as da cana; ainda que bem mais sofisticada do ponto de vista de equipamento, analítico e de controle. Em ambos os casos, a matéria-prima é constituída principalmente de água, as capacidades estado-da-arte são de no mínimo 800 mil t/safra e exigem inves-

Figura 1 - Processamento da laranja – Fluxograma

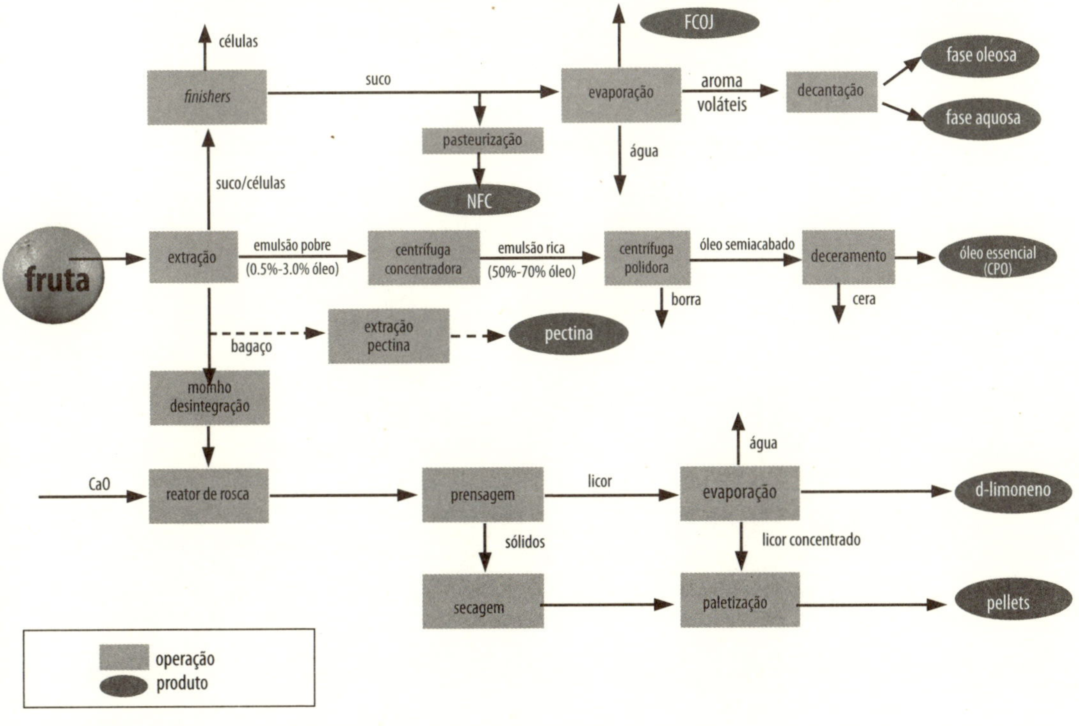

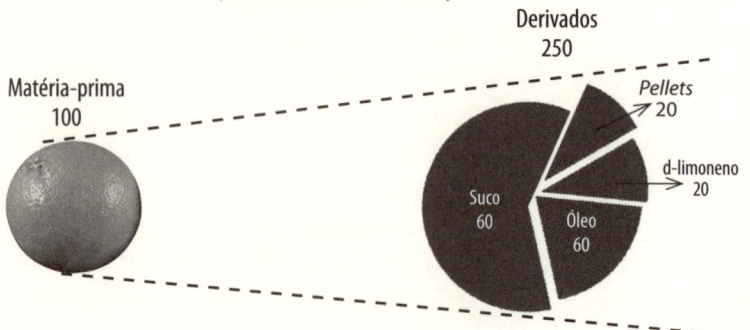

Figura 2 - Processamento da laranja – Cadeia de valor - $/t
(base: 4º trimestre 2008)

timentos acima de $ 100 MM. Isso explica a concentração da atividade em apenas quatro grandes processadores (Citrosuco, Cutrale, Citrovita e Louis Dreyfus), que juntos representam bons 90% do total processado no país.

Uma laranja entra no fluxograma-tipo de industrialização (*ver figura 1*) valendo cerca de $ 100/t, e sai, em forma dos diversos derivados, com um valor de uns $ 250/t (*ver figura 2*).

Os valores exatos variam conforme a safra e a evolução da mesma, da microlocalização e da variedade.

- suco: comercializado como concentrado congelado (forma preferida no mercado norte-americano) ou, crescentemente, na forma de suco integral pasteurizado (conhecido como NFC, *not from concentrate*). Levando-se em conta as respectivas cargas logísticas, FCOJ e NFC proporcionam ao esmagador *netbacks* mais ou menos equivalentes.

- granulados secos (*pellets*), vendidos a uns $ 100/t, como componente celulósico de rações animais.

- d-limoneno, com várias aplicações:

- matéria-prima para a síntese da L-carvona

- da qual se fazem no mundo umas 1.500-2.000 t/ano (tudo na China – a síntese é altamente poluente), usadas em formulações de sabor hortelã, sobretudo para produtos de higiene bucal.

- matéria-prima para resinas usadas em taquificantes para fitas adesivas. O mercado mundial consome umas 15-20 mil t/ano de d-limoneno para esse fim, sendo os grandes produtores das resinas: Arizona Chemicals (EUA), Yasuhara (Japão), DRT (França), e Hercules (EUA, agora do grupo Ashland) – todos eles também veteranos da indústria de *pine chemicals.*

- produtos formulados: solventes especiais, desengraxantes etc. Produto caro, porém "verde" e cada vez mais em demanda.

Finalmente o óleo, constituído de quase 95% de terpenos inodoros, e 5%-7% de uma fração complexa que contém uns 150 compostos diferentes e cuja elaboração posterior mobiliza técnicas de separação que figuram entre as mais elegantes da engenharia química.

Existem outros derivados cítricos que, apesar de sua importância comercial, costumam ser extraídos pela indústria processadora:

- pectina, recuperada (no caso do Brasil) pela norte-americana Kelco em sua planta de Limeira-SP.

- hesperidina, um dos flavonoides que podem ser recuperados do licor de prensagem do bagaço, do qual se produzem umas 600-700 t/ano (tudo na China) para a produção do anti-hemorrágico diosmina.

O Brasil produz umas 45 mil t/ano desse *peel oil,* contido em vesículas localizadas na casca e que são rompidas durante o processo de extração. O rendimento varia ao longo da safra, que no Brasil vai de junho a dezembro: uns 3 kg/t pode ser tomado como valor típico. Do total, cerca de 70% é exportado.

As 12-13 mil t/ano de óleo que ficam no Brasil têm diversos destinos:

- uma parte é fracionada de maneira pouco exigente, e a fração aromatizante é retornada ao suco destinado à venda como FCOJ. O restante é escoado como solvente.

- Essa operação costuma ser realizada em regime de *tolling* por alguns especialistas, dos quais os dois maiores são: Aromas Itapeuna (Itapeuna-SP), e Flavor Tec (Pindorama-SP). O total assim processado deve ser da ordem de 2.000-2.500 t/ano.

- outro tanto é processado no Brasil pelas *flavor houses* globais (Firmenich, Symrise etc.) e por especialistas globais em óleos cítricos (Döhler).

- o grosso vai para a aromatização de produtos domissanitários, com ou sem passagem por uma operação de concentração. Duas Rodas (Jaraguá do Sul-SC) é uma das empresas importantes desse segmento.

Óleos cítricos – Operações de beneficiamento

- Desterpenação atmosférica e/ou a vácuo ——→ aromas concentrados de 5x a 20x (folding oils)

- Aroma + fase aquosa (gomas etc) ——→ secagem por atomização ——→ aromas microencapsulados (para refrescos em pó)

- Extração líquido/líquido ——→ fração aromática isenta de temperos e de carotenoides (a fração terpênica pode ser em seguida destilada a vácuo para eliminar os carotenoides)

- Extração com CO_2 supercrítico (alternativa premium para a extração com hidrocarbonetos alifáticos: menos resíduos, extratos mais concentrados...)

- Destilação molecular (e outras técnicas de fracionamento do tipo "trajetória curta") ——→ por exemplo, para eliminar resíduos de defensivos, ou para ajuste do teor de óleo no suco integral

- Destilação em colunas de cones rotativos (alternativa para a destilação convencional atmosférica/vácuo)

- Obtenção por cromatografia industrial, que pode em seguida ser recombinada, dando as composições específicas dos vários clientes

Concentração de óleo de laranja - Aspectos econômicos

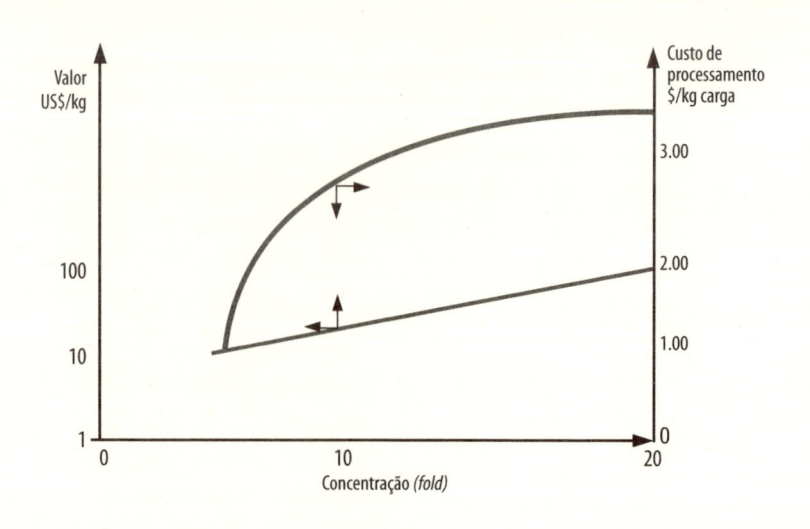

No plano mundial, os dois outros principais especialistas – em contraposição às *flavor houses,* para as quais o segmento cítrico é apenas um entre muitos – seriam: Miritz (Alemanha) e Treatt (Reino Unido).

Circulam notícias de que a Miritz também deverá se implantar no Brasil com a construção de uma unidade de processamento de óleo.

Esse segmento industrial não é de falar muito: tecnologia delicada, *economics* sensíveis. O gráfico (*ver figura 3*) ilustra: enquanto o custo total de processamento sobe apenas de ~$ 1,40 para $ 3,50/kg de carga quando se passa de uma concentração do produto de 5x para uma de 20x, por exemplo, o valor do produto obtido salta de $ 8-9 para uns $ 75/kg. Isso porque o valor da fração terpênica que sobra é pouco diferente do valor da carga que entra, ficando para a fração aromatizante pagar pelos custos plenos de processamento. ■

SEPARAÇÕES COMPLEXAS

Nem só da química fina vive a química. No custo final de um dado produto, pesam cada vez mais os processos físicos que sucedem as etapas químicas (separação, secagem, moagem etc.).

Um campo em expansão é o da destilação molecular. Utilizada de início quase exclusivamente na purificação de certos produtos termossensíveis, naturais ou quase, tais como ácidos graxos puros, monoglicerídeos e outros oleoquímicos, vitaminas etc., o fracionamento a alto vácuo vem encontrando uma variedade de novas aplicações, para gáudio e júbilo de empresas como a GEA Canzler, de Düren na Alemanha, tida como líder mundial do fornecimento de equipamento de porte comercial para esse fim.

Dois fatores explicam esse aumento de demanda. O primeiro e mais óbvio é a crescente complexidade das estruturas moleculares dos novos princípios ativos – os mais simples já foram explorados há muito tempo – o que significa maior sensibilidade à decomposição térmica. O segundo, menos evidente, é a crescente severidade das especificações quer sob o efeito de normas técnicas (a título de exemplo, a limitação a 50 ppm do teor de compostos voláteis em plastificantes usados em PVC calandrado para estofamentos automotivos), quer de exigências de desempenho (por exemplo, na purificação de determinados isocianatos utilizados na formulação de adesivos).

Com essa proliferação estão começando a surgir na Europa empresas que oferecem serviços da destilação molecular *à façon*. Trata-se em geral de empresas que compraram a instalação para algum uso próprio, e agora dispõem de capacidade ociosa – só na Inglaterra parece que já existem várias. O custo destas separações para produtos de tonelagem típica na indústria farmacêutica pode ser estimado em cerca de $ 3.00/kg para campanhas de umas 20 T de carga tratada. No extremo superior da curva, existem unidades capazes de processar até umas 25.000-30.000 T/ano, a um custo pleno da ordem de $ 500/T; mas para cargas horárias pequenas, de 10-20 kg, o custo de processamento chega à faixa de $ 15-20/kg. ∎

Nobel para a Metátese

E m 2005, o prêmio Nobel de Química foi dado ao Dr. Yves Chauvin, do Instituto Francês do Petróleo (IFP), e a dois professores norte-americanos – Robert H. Grubbs e Richard R. Schrock – pelo seu trabalho em torno da reação de metátese das olefinas. Algumas dessas reações já são praticadas em escala comercial, e arquiconhecidas. Por exemplo, o caso da $C_2^- + C_4^- \, ° \, 2C_3^-$, considerado como maneira de aumentar a relação propeno/eteno produzida por uma central petroquímica e cada vez mais empregada no mundo para atender à crescente demanda global de polipropileno. Essa reação, do tipo "metátese cruzada", também já é empregada comercialmente para obter o n-hexeno.

Mas existe também grande interesse pela metátese a serviço da Química Fina. Um bom exemplo é a tecnologia desenvolvida pela empresa Materia (Pasadena), criada para gerar aplicações baseadas em quase 200 patentes emanadas de grandes centros de pesquisa universitária, tais como M.I.T., Berkeley ou Caltech. Uma das reações que vêm sendo estudadas é a chamada RCM (*ring closure metathesis*), em que uma molécula olefínica (não necessariamente constituída exclusivamente de átomos de carbono) é ciclizada por reação com, por exemplo, eteno. É a maneira de se obter estruturas complexas que seriam difíceis de conseguir de outro jeito. Ou também mais uma tecnologia que vem se juntar às várias reações de acoplamento (Suzuki, Kumada, Negishi, etc.). Tudo isso no sentido de ampliar o leque de "arcabouços" disponíveis para a busca de novos princípios ativos.

Inversamente, pode-se abrir uma estrutura cíclica, dando uma olefina mais eteno como coproduto. Essa reação está sendo usada no processo conhecido por "polimerização via metátese por abertura de anel", (ROMP) partindo, por exemplo, de um norborneno. A dita ROMP está tornando viável um velho sonho dos químicos especializados em polimerização: a de poder polimerizar um monômero na presença de cargas, reforços e outros aditivos, obtendo um composto sob medida sem ter que passar pela etapa do *compounding*. O interesse parece ser considerável, pois o diclopentadieno seria um ponto de partida bastante econômico para esse tipo de polimerização.

A reação de metátese está sendo usada para obter uma variedade de aldeídos insaturados μ, b, partindo do crotonaldeido e de um outro composto olefínico, ou também em sínteses comerciais de feromônios sexuais empregados no controle populacional de determinados insetos.

Existe também um interesse pela metátese de compostos graxos, por exemplo, para a obtenção de moléculas macrocíclicas, por exemplo, ou para alterar as proporções naturais entre os diferentes comprimentos de cadeia. Os primeiros catalisadores utilizáveis para a promoção dessas reações eram compostos de molibdênio. Em 1996 surgiram os catalisadores à base de rutênio – essa é que foi a grande contribuição do prof. Grubbs –, muito mais seletivos e fáceis de manejar, abrindo a pesquisa em torno da metátese a qualquer químico orgânico medianamente bem equipado. Nesse meio tempo, os catalisadores da família do rutênio já estão em sua terceira ou quarta geração. As atividades se multiplicaram por mais de 30, e já existem versões com atividade quiral. Em suma: a metátese deverá abrir um grande número de novas vias para a química orgânica. ■

Microesferas: Melhores Horizontes

Deu partida em Cabreúva, SP durante o primeiro trimestre de 2011 o novo forno para produção de microesferas de vidro da Vimaster, empresa de Diadema, SP.

Essas esferas (definidas com tendo $\phi = \leq 1.0\,\mu$) são feitas com cacos de vidro de vidraça. Apresentam índice de refração de 1.50. Sua principal aplicação é em tintas para demarcação viária horizontal, pois conferem à película depositada a propriedade-chave da retrorrefletância, maior responsável pela contribuição dessas tintas à segurança nas estradas.

O assunto é de atualidade: dos 1.6 MM km de estradas existentes no país, apenas 12% são consideradas pavimentadas, e 65% desses ~195 M km estão em mau estado de conservação. A consequência prática desse estado de coisas é uma inaceitável mortalidade por acidentes de trânsito no país: $25/10^5$ habitantes anuais, contra menos de $5/10^5$ no Japão, por exemplo. A demanda por tintas de demarcação se encontra por conseguinte vinculada às necessidades de repintura desses ~70 M km, cuja frequência por sua vez é função de fatores tais como qualidade do substrato e da camada de tinta preexistente, limite de velocidade, volume do tráfego, fatores climáticos – e a situação no tempo dentro do calendário eleitoral. A frequência de repintura se concentra no intervalo de 9 e 30 meses.

As severas condições de serviço enfrentadas por essas tintas tiveram como consequência o surgimento de um líder nacional inconteste de um segmento que compreende um total de 25-30 formuladores no país. Localizada até hoje na Mooca – mas com mudança prevista em 2012 para uma planta nova em área de 20.000 m² mais a leste do centro – a Indutil tem sido há mais de 25 anos o fabricante de tintas cujos trabalhos de desenvolvimento tecnológico tem significado sua participação constante dos diversos grupos elaboradores de normas e especificações, tais como ABNT e DNER.

Exemplos semelhantes de concentração também podem ser observados em outras regiões do mundo: o grupo texano Ennis hoje domina não só o mercado norte-americano como também, por meio de aquisições recentes, o australiano e o britânico; na Europa também existem líderes absolutos na Espanha (Marcas Viales), Alemanha (Plastiroute) e França (Axium, do grupo Colas).

Os dois componentes-chave das tintas de demarcação são a resina – o sistema polimérico – e as microesferas.

• Resinas: hoje em dia 50% dos 12 MM l/ano de tintas, várias usadas (excluindo as tintas termoplásticas usadas para demarcação urbana – travessias de pedestres etc) são à base de emulsão. A resina padrão para esse serviço é a *Fastrack,* produzida pela Dow em Jacareí, SP na antiga planta Rohm+Haas, polímero metacrílico parcialmente reticulado que satisfaz e concilia três exigências-chave e até certo ponto conflitantes: resistência à abrasão e às intempéries, e velocidade de secagem.Tabela – III - 01

Tintas para Demarcação Viária - Brasil, 2010 - Consumo M l/ano*	
Base água	7.000
Solvente	4.000
Termoplásticas*	2.000
Outros Sistemas	1.000
*para demarcação urbana	14.000

Outros 33% ainda são à base de solvente, mais baratas, porém de menor resistência mecânica, e de secagem mais lenta. A resina adotada quase universalmente é um copolímero acrilato de butila/estireno.

Para o futuro, começam a despontar sistemas de desempenho (e custo) ainda mais elevado: à base de resinas epóxi, ou pacotes bicomponente saplicáveis a frio como o Degaroute*, importado pela Evonik, que consiste de uma resina metacrilica, croslincada com um peróxido orgânico.

- Esferas de vidro: são incorporadas à película em dois momentos. A tinta propriamente dita contém 200-300 g/l de microesferas ($\phi \leq 300$ µ), cuja função é conferir um certo grau de retrorrefletividade à película mesmo após o desgaste de sua superfície original. Esta por sua vez recebe, por aspersão junto com a aplicação da tinta, uma camada de 350 g/m² de microesferas ($\phi \leq 1$ mm) responsáveis pelo desempenho ótico da película.

As propriedades-chave das esferas são granulometria e uniformidade de distribuição; esfericidade; e grau de ancoramento, todas responsáveis pela retrorrefletividade – inicial e ao longo do tempo. Em particular, o grau de ancoramento ideal (~60%) é uma conta de chegar entre refletividade e velocidade de desgaste: quanto maior o diâmetro das microesferas, melhor a refletividade, porém maior a velocidade de desgaste.

Microesferas de Vidro - Demanda Brasileira - T/ano - 2010	
Tintas de Demarcação Viária	14.500
Jateamento, moagem	6.000
Compostos plásticos	1.500
Total:	22.000

A limpeza de superfícies metálicas por jateamento com areia foi proibida no Brasil há cerca de 10 anos, mas bem antes disso as crescentes exigências do mercado com relação à qualidade do ambiente de trabalho, e também ao aspecto acabamento, já faziam surgir aplicações para materiais de melhor desempenho.

Além das microesferas de vidro, usadas sobretudo para jatear peças de inox e de metais não ferrosos, existem significativos mercados para:

• óxidos de alumínio eletrofundido: partículas angulares, que competem com as microesferas de vidro quando o acabamento especificado admite uma certa rugosidade. Produzidos por Elfusa (S.J. Boavista) e Treibacher (Salto), consumo nacional de umas 3-4 MT/ano. Também existem empresas como Ascotec (Lorena, SP), que recuperam óxido de alumínio de diversas fontes(abrasivos etc.). Principais campos de aplicação: caldeiraria, construção naval, estruturas metálicas – e acabamento de *jeans*.

• esferas de bauxita calcinada, conhecido como *sinterball*, que concorrem diretamente com as microesferas de vidro. Produzidas pela Mineração Curimbaba (Poços de Caldas, MG). Consumo em jateamento: cerca de 11-12 MT/ano

• granalha de inox: material importado da alemã Vulkan, agora distribuído no Brasil pela Frohn. O custo inicial cerca de 20-30 vezes superior às vezes assusta, mas as relações preço/desempenho/consumo unitário em muitos casos justificam.

• diversas: em geral, coprodutos de outras atividades e por conseguinte não otimizados para uso em jateamento: escória da metalurgia do cobre (Caraíbas Metais), refugos orgânicos (palhas, caroços), oxido de magnésio (geralmente recuperado) etc.

Todos esses materiais são lançados sobre a peça por meio de ar comprimido ou sucção, em equipamentos que vão desde pequenos gabinetes móveis

Granalha de Aço-Carbono: Produtores		
Produtor	*Localização*	*Comentários*
Sinto	Atibaia, SP	em expansão
IKK	Jacareí, SP	grupo Wheelabrator (francês)
Tupy	Joinvillie, SC	uso cativo do grupo
Garuva	Garuva, SC	duplicando
Granasa	Extrema, MG	
Febratec	Araguari, SC	Fabricante de equipamento; unidade em construção

até cabines de grande porte. O princial fabricante desses equipamentos no país é a Polo-Ar (São Paulo, SP).

Nenhum desses materiais concorre diretamente com as granalhas de aço-carbono, lançadas por meio de uma turbina e de uso universal em siderúrgicas, fundições e forjarias. O consumo do país é da ordem de 45. 000 T/ano, dos quais 20% são materiais angulares (usados em preparação para pintura) e 80% esféricos, inclusive os usos em *shot peening*(alívio de

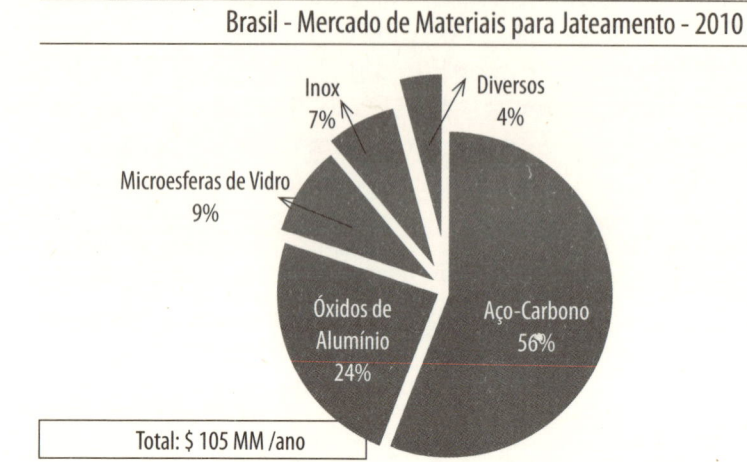

Brasil - Mercado de Materiais para Jateamento - 2010

Inox 7%
Diversos 4%
Microesferas de Vidro 9%
Óxidos de Alumínio 24%
Aço-Carbono 56%

Total: $ 105 MM /ano

tensão não térmico). Essa tonelagem, por sua vez, representa ~50% do mercado total: o resto vai para polimento de granito.

Finalmente, cerca de 10% da demanda de microesferas ocas vai para reforço de compostos de plásticos de engenharia.

Existem também esferas de vidro ocas usadas sobretudo em sistemas poliméricos como redutores de peso, modificadores de reologia, material de reforço etc. No Brasil estão sendo usados em tintas e massas para repintura, e também – a aplicação que mais promete – em massas para cementação de poços de petróleo. O mercado mundial dessas esferas é da ordem de 100

Microesferas de vidro - Produtores Mundiais

empresas	nº de plantas	comentários
Potters	25	Origem britânica, adquirida pela norte-americana PQ
Sovitec	5	Grupo belga
Swarovski	4	Grupo austríaco. Plantas AU, AL, USA, A. Saudita.
Weissker	3	Grupamento de três produtores (AL, RU, USA)
Produção Mundial (excl. China): 700-750 M T/ano		

MT/ano; os dois produtores (não-asiáticos) são Potters e 3M, cada qual com 3 plantas pelo mundo.

Os três fabricantes de microesferas maciças do país são:

• Potters (Rio de Janeiro, RJ) - filial do líder mundial de origem britânica – adquirida durante os anos 70 pela norte-americana PQ (nascida Philadelphia Quartz), e hoje controlada pelo fundo Carlyle;

• Vimaster (Diadema, SP), cujo diretor de operações é egresso de um grande grupo vidreiro altamente diversificado;

• Refletolux (Campinas).

Os três devem estar apostando firme na necessidade de reduzir o atraso da estrutura rodoviária do Brasil – qualitativo e quantitativo. A tendência a se adotar o regime de concessionárias privadas é vista como um importante fator positivo. ■

BIO-SUCCÍNICO

Bioamber, uma incubada entre cujos patrocinadores figuram grupos como Samsung e Mitsui Ventures, anuncia a partida de uma unidade semicomercial (2 M T/ano) para a produção de ácido succínico por fermentação, usando glucose como ponto de partida. A planta, em Pomacle (perto de Reims, na região leste da França), servirá para validar o processo e tornar material disponível para os interessados. A próxima etapa será a construção no mesmo local de uma unidade de 30 M T/ano, orçada em ~$ 90 MM, o que deverá dar ácido succínico a um custo (inclusive retorno) 10%-15% inferior ao preço atual do ácido adípico ($ 2.25/kg), o maior de seus concorrentes imediatos.

Com isso, a Bioamber se coloca na dianteira do pelotão composto pelas demais empresas que disputam a mesma corrida:

- DSM – Roquette

- BASF – CSM (Purac)

- Mitsubishi Gas Chemical

- Myriant

As duas primeiras constituem alianças entre líderes mundiais em polia-midas e biotecnologia, respectivamente.

A Bioamber foca tanto aplicações de caráter quase *drop-in*, em competição com ácido adípico (polióis, plastificantes poliméricos etc.), quanto a produção de resinas tais como o PBS, do qual já se fazem umas 10 M T/ano no mundo (tudo na Ásia) e que pode disparar quando houver succínico à vontade, apesar do preço 2-3 vezes superior ao do principal polímero biodegradável no mercado (o PLA).

No processo de fermentação anaeróbica, um dos quatro carbonos do succínico provém de CO_2. Trata-se, portanto, de um processo que pode muito bem ser integrado com a produção de álcool.

Quando se procura equilibrar a reação:

$$glucose \quad + \quad 2CO_2 \longrightarrow 2 \text{ ácido succínico}$$

verifica-se a falta de 4 átomos de H (e um excesso de 2 de oxigênio). Segundo a Bioamber, a fonte dos insumos redutores provém de uma parte da carga de glucose – i.e. , o processo não requer uma fonte externa de

H$_2$ – o que reduz o rendimento teórico de 1.31 kg de succínico/kg de glucose para cerca de 1.10. Quanto aos custos de recuperação do produto, a literatura já fala em teores de succínico no mosto de fermentação acima de 100 g/l e produtividade de ~4 g/l-h. ∎

Renascer da Mamona?

O Brasil chegou a ser o dono do mercado mundial do óleo de mamona – até há uns 35 anos. Hoje joga na segunda divisão, e as perspectivas da volta à primeira não são das melhores. Quem se aproveitou dessa evolução foi a Índia, cuja produção nesse meio tempo saltou de 50 mil t/ano – das quais o grosso ia para a então União Soviética – para as atuais 350-400 mil t/ano, enquanto a do Brasil caía, por um fator de quase quatro, para as atuais 30 mil t/ano, mal e mal.

Mundo – Óleo de Mamona – Mil toneladas/ano - 2007		
	Produção	*Consumo*
Índia	380	85
China	80	170
Brasil	40	20
Comunidade Europeia	-	135
EUA	-	40
Japão	-	20
Outros	35	65
	535	535

A plantação no Brasil de mamona se acha concentrada em torno da cidade de Irecê-BA. Nas condições atuais, com o preço da semente por volta de $ 500/t, trata-se de uma atividade marginal, que proporciona ao pequeno agricultor uma renda bruta de uns $ 300/ha – uma miséria, ainda que os custos de cultivo sejam modestos. Mas o arsenal tecnológico para reverter essa situação já existe: variedades resistentes, de rendimento até cinco-seis vezes superior, e com baixa estatura, possibilitando a mecanização, inclusive da colheita. A despeito do sucesso do novo pacote tecnológico em casos isolados, como o do município de Jataí, sul de Goiás, o renascer da mamona no Brasil continua sendo uma distante visão.

O sucesso da Índia (e também o da China) tem base na agricultura familiar. No caso da Índia, concentrada em torno de Ahmedabad, no estado do Gujarat, região pobre do extremo noroeste do país.

Quadro 1 – Mamona - Índia – Principais Produtores
Biotor (ex-Jayant)
Jayant Agro
Gokul
Gujarat Oil
Adani (trader, recentemente verticalizado)

No *quadro 1* aparecem os principais produtores. Até há algum tempo, o grande *player* era o grupo Jayant, que recentemente se cindiu em dois.

A maior esmagadora de sementes de mamona do Brasil é a antiga fábrica da Sanbra, localizada em Salvador, no bairro de Lobato – perto da igreja do Bonfim. Foi comprada primeiro pela firma familiar Boley, especialista alemã da ricinoquímica, adquirida depois pela *trading* holandesa Nidera e rebatizada Bom Brasil. Segue-se a A. Azevedo, esmagadora polivalente que vem crescendo e se integrando para baixo em derivados ricinoquímicos. A antiga esmagadora de mamona da Braswey, perto de Presidente Prudente-SP, foi adquirida pelo frigorífico Bertin e hoje se dedica à química dos ácidos graxos de origem animal; e a de Feira de Santana-BA foi vendida à Bioóleo, ligada ao grupo Comanche.

Brasil – Produtores de Óleo de Mamona – 2007 – mil toneladas		
Empresa	*Localização*	*Produção (est.)*
Bom Brasil	Salvador-BA	25
A. Azevedo	Itupeva-SP	6
Enovel	Bariri-SP	3
Petrovasp	Itacarambi-MG	1
Proquinor	Natal-RN	1
		~35

O óleo de mamona é produzido em diversos *grades* (*ver esquema*). Além desses, existe o óleo degomado, e o COLM (baixa umidade), no qual o teor de umidade é reduzido, a vácuo, para abaixo de 0,02%, e que é usado em poliuretanas. Os preços dos vários tipos ficam dentro de uma faixa de uns 15% acima do valor "de mercado" do óleo.

Óleo de mamona - Esquema de processamento

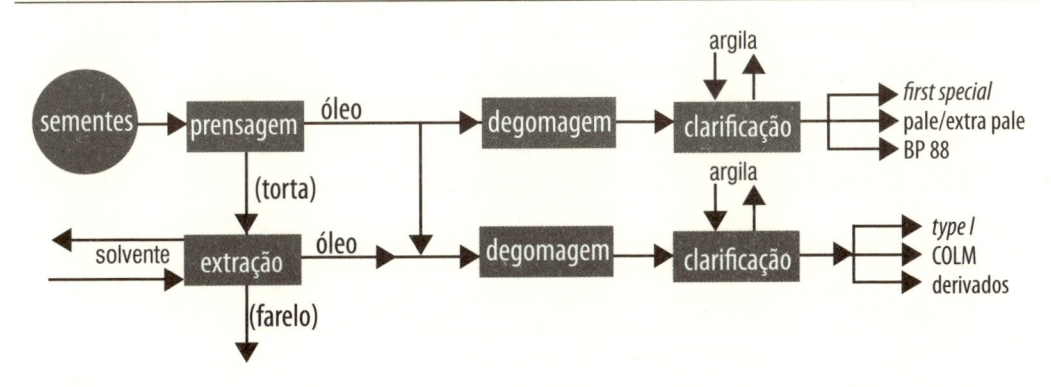

O ácido graxo que constitui 90% dos triglicérides do óleo de mamona é o ricinoleico:

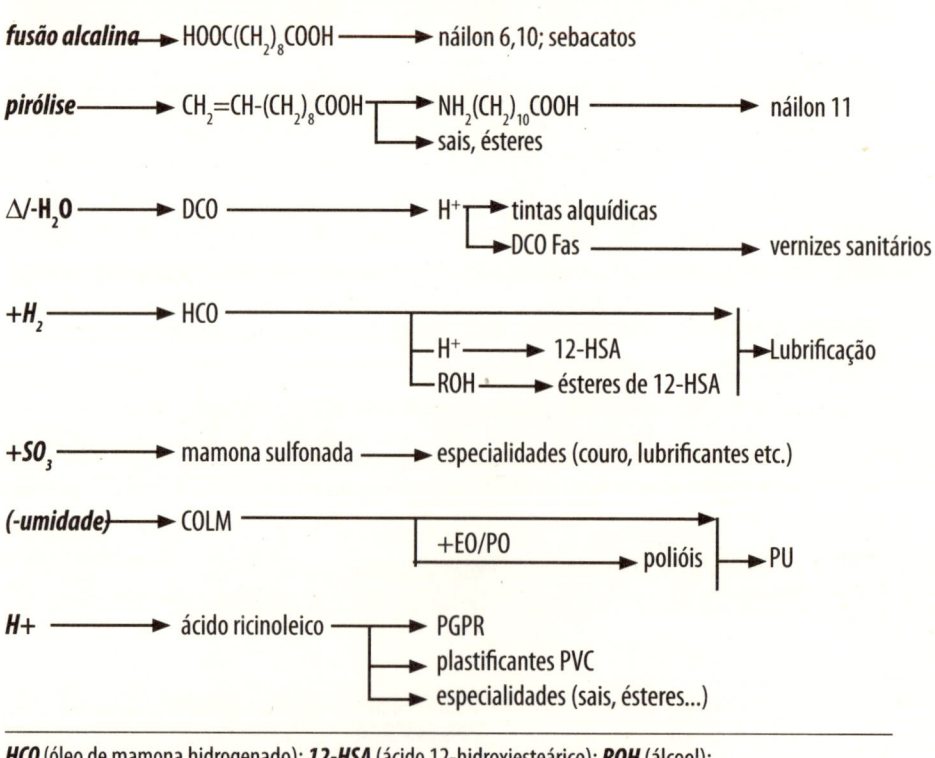

A variedade de suas aplicações se deve à presença de seus três grupos reativos:

Óleo de Mamona - Árvore química – Principais derivados do óleo de mamona

fusão alcalina → $HOOC(CH_2)_8COOH$ ⟶ náilon 6,10; sebacatos

pirólise ⟶ $CH_2=CH-(CH_2)_8COOH$ ⟶ $NH_2(CH_2)_{10}COOH$ ⟶ náilon 11
   └→ sais, ésteres

$\Delta/-H_2O$ ⟶ DCO ⟶ H^+ → tintas alquídicas
   └→ DCO Fas ⟶ vernizes sanitários

$+H_2$ ⟶ HCO
   H^+ ⟶ 12-HSA
   ROH → ésteres de 12-HSA → Lubrificação

$+SO_3$ ⟶ mamona sulfonada ⟶ especialidades (couro, lubrificantes etc.)

(-umidade) ⟶ COLM
   +EO/PO ⟶ polióis → PU

$H+$ ⟶ ácido ricinoleico ⟶ PGPR
   → plastificantes PVC
   → especialidades (sais, ésteres...)

HCO (óleo de mamona hidrogenado); **12-HSA** (ácido 12-hidroxiesteárico); **ROH** (álcool); **PGPR** (poligicerol-polirricinoleato); **DCO** (óleo de mamona desidratado); **Fa** (ácido graxo); **EO** (óxido de eteno); **PO** (óxido de propeno); **PU** (poliuretano)

- HCO (óleo de mamona hidrogenado); 12-HSA (ácido 12-hidroxiesteárico); ROH (álcool); PGPR (poliglicerol-polirricinoleato); DCO (óleo de mamona desidratado); FA (ácido graxo); EO (óxido de eteno); PO (óxido de propeno); PU (poliuretano).

- O náilon 11 chegou a ser produzido no Brasil – mais precisamente em Osasco-SP. Trata-se de um processo extremamente corrosivo, pois para enfiar no lugar certo o grupo -NH_2 do monômero $NH_2(CH_2)_{10}COOH$ é preciso uma reação "anti-Markovnikov", coisa que só se consegue com o auxílio do ácido bromídrico (HBr); no final de sua breve carreira, certas seções da fábrica de Osasco haviam sido completamente carcomidas. Mas a Arkema, única produtora de náilon 11 no mundo, continua operando sua fábrica perto de Rouen, na França, e sendo a maior consumidora individual do óleo no mundo. O intermediário, ácido undecilênico, também tem uma variedade de aplicações baseadas em suas propriedades fungistáticas, o que explica a existência de outros produtores, como a indiana Biotor.

A principal aplicação do ácido sebácico – $HOOC(CH_2)_8COOH$ – é o náilon 6,10 que é produzido no Brasil pela Mazzaferro para fazer cerdas e linhas de pesca. Também é usado, pela Scandiflex, para produzir sebacatos, usados como plastificantes para PVC a baixa temperatura e com aplicações em lubrificação. O diácido era fabricado pela Union Camp, nos EUA, e a Ciba operava uma pequena unidade, na Inglaterra, próxima ao Old Trafford, estádio do Manchester United. Os maiores produtores de sebácico hoje estão na China: Casda (40 M T/ano), e Jinghua (30 M T/ano), ambos em Hengshui, seguidos de quatro menores. A produção de sebácico da China dobrou nos últimos 2-3 anos, para 75 M T/ano. Fora da China tem a indiana Bistor, com 8.000 T/ano.

Cerca de 20% de toda a mamona produzida é hidrogenada, dando o HCO. Um quarto desse produto é em seguida hidrolisado dando ácido 12-hidroxiesteárico, usado na fabricação de graxas à base de sabão de lítio. O grosso do HCO também é usado para fazer graxas, às vezes em forma esterificada – cada companhia de petróleo tem a sua receita preferida. Uma parte vai para a formulação de uma variedade de especialidades.

O óleo de mamona, sendo por natureza um triol, pode ser usado diretamente para fazer espumas de poliuretana em concorrência com os polióis de origem petroquímica. Também se fazem polióis de mamona por etoxilação/propoxilação de seus grupos –OH. O óleo de mamona não oferece ao espumador a repetição de propriedades dos sintéticos, além de inconvenientes técnicos; as proporções usadas de um e de outro são uma questão de preços relativos.

Um derivado de importância crescente é o PGPR (*polyglycerol polyricinoleate*), produto da reação entre o ácido ricinoleico e o poliglicerol – na realidade, um derivado da epicloridrina.

$$HO(- CH_2- CH - CH_2- O)_n- H$$
$$|$$
$$OH$$

O PGPR é usado, em proporções de 0,5%, como emulsificante na produção de chocolate e de margarinas de baixo valor nutritivo, as ditas *low fat*, das quais o Brasil é grande consumidor. Os principais produtores mundiais são: a Danisco (plantas na Dinamarca, no Brasil e na Malásia), a Palsgaard, também dinamarquesa, mas com fábrica nos Países Baixos, e o grupo irlandês Kerry.

Óleo de Mamona: Demanda Mundial por Aplicação – Mil toneladas/ano 2007/2008		
Ácido undecilênico		75
Náilon 11	60	
Outros	15	
Ácido Sebácico		55
HCO		135
12-HSA	35	
Graxas	100	
Etoxilados		40
Ácido ricinoleico		50
PGPR	30	
Tintas etc.	20	
DCO		40
Resinas alquídicas	25	
Ácidos graxos	15	
Óleo sulfonado		30
Usos diretos		130
Total		535

A Danisco também acaba de lançar um plastificante para PVC à base de mamona, batizado Soft-N-Safe, produzido por acetilação dos três grupos –OH livres de um monoglicerídeo do ácido ricinoleico. Deverá custar cerca de duas vezes mais do que um ftalato, mas tem a vantagem de ser verde e seguro. Mesmo uma pequena penetração do mercado de PVC teria um impacto enorme na demanda mundial de óleo de mamona.

Aquecendo-se o óleo a uns 250°C por doze horas, torna-se possível desidratar as moléculas de ácido ricinoleico em ácidos diênicos, conjugados ou não, conforme o lado para o qual se forma a segunda dupla ligação. Esse DCO é usado na produção de resinas alquídicas, em competição com outros óleos sicativos – quer como tal, quer na forma dos seus ácidos graxos obtidos por hidrólise, usados (por serem mais reativos) sobretudo na fabricação de vernizes sanitários.

O óleo sulfonado, primeiro detergente sintético produzido no mundo, continua tendo uma quantidade de utilizações: como amaciante têxtil, por exemplo. No Brasil, os principais usos são em auxiliares têxteis, e como amaciante de couro.

Boa parte do óleo de mamona é adquirida tal qual pelo usuário final, em setores como:

- cosméticos (batons, maquiagem etc.);
- farmacêutica humana;
- veículo para vacinas veterinárias;
- sabões (sobretudo na Índia, onde é proibido o uso de sebo);
- formulações diversas (lubrificantes, adesivos etc.);
- poliuretanas;
- óleo soprado (já foi um derivado importante).

O consumo brasileiro de óleo de mamona anda em torno de 20 mil t/ano:

- HCO: umas 4 mil t/ano. Principais produtores: Miracema Nuodex, A. Azevedo, Bom Brasil. Cerca de 25% é usado na forma de 12-HSA;

- Polióis etoxilados;

- Ricinoleico: ~1.000 t/ano, sobretudo para produzir PGPR. O principal produtor do ácido é a Bom Brasil, e os fabricantes de PGPR são a Danisco e a Dhaymers;

- DCO e seus ácidos: ~1.000 t/ano.

O restante consiste de usos diretos, muitos deles difíceis de rastrear, além de pouco constantes. O mercado dos espumadores, por exemplo, varia entre mil e 5 mil t/ano, conforme os preços relativos de mamona vs. polióis petroquímicos.

Tudo isso dito, quais são as perspectivas para o óleo de mamona no Brasil? Apenas extrapolando as séries e tendências históricas, obviamente nulas. Mas o consumo mundial aumenta de 3% a 5% por ano, ou seja, 50 mil t/ano a cada três anos – comparável à capacidade de qualquer um dos grandes complexos verticalizados (e todos já um tanto vetustos) da Índia. Tecnologia agrícola e condições climáticas adequadas existem. Mas um projeto desses envolveria uma base agrícola de uns 50 mil ha, e um investimento total superior a $ 200 MM. Como alternativa mais realista, os produtores do setor criaram uma associação para promover a expansão da cultura, e sua profissionalização: sementes certificadas e assistência técnica. O Brasil já se mostrou capaz desse tipo de programa em relação a outras culturas – então, por que não aplicar essa capacidade à mamona? ∎

Chama Direta

A recente fusão entre a francesa Heurtey Petroleum e a norte-americana Petro-Chem Development resultou na formação do maior projetista mundial independente especializado na engenharia e construção de fornos a chama direta para as indústrias de processos.

Trata-se de um mercado constituído por dois grandes segmentos:

• refinarias de petróleo: destilação atmosférica e a vácuo, coqueificação e viscorredução, os diversos hidrotratamentos, certos refervedores...

• petroquímica: vapocraqueamento (de longe o mais importante), fornos de reforma primária para produção de amônia, metanol, hidrogênio, até mesmo para megaprojetos do tipo *gas-to-liquids,* craqueamento de dicloretano, desidrogenação (de etilbenzeno, propano etc.), recuperação de enxofre (processo Claus) etc.

Sobretudo nas aplicações petroquímicas, os fornos são elementos-chave do fluxograma que incorporam – em particular, em sua seção radiante – aspectos críticos da tecnologia do processo. Em refino de petróleo também existem certas aplicações mais críticas, como fornos para coqueificação ou viscorredução.

O setor anda de vento em popa, com cadernos de encomendas de até mais de 24 meses e que espelham a situação geral das próprias empresas de engenharia. Só de novas refinarias há cerca de seis em construção no Oriente Médio, a Refinaria do Nordeste, outra em Cingapura – cada uma representando $150-200 MM de fornos. Além disso, existe muito *revamp* em curso no mundo. O consumo global de petróleo aumenta à atual razão anual de 1,3 MM bbl/dia.

Quanto aos fornos para vapocraqueamento, a capacidade unitária estado da arte é hoje em dia de mais de 150 mil t/ano, o que permite estimar o mercado mundial em cerca de 30-40 fornos por ano – entre unidades novas e *revamps* – a um valor unitário médio de $ 25-30 MM.

O mercado mundial de fornos pode portanto ser estimado em $ 1,6 bilhão/ano – uns 50% para refino. Trata-se de cifra de consenso, em que se acham misturados contratos de fornos completos com outros representados pelo fornecimento de engenharia e serviços. Assim sendo, o "valor montado" total pode ser algo superior.

Os construtores se dividem em dois grupos:

• os integrados. Por exemplo as divisões especializadas de algumas empresas de engenharia. Representam mais de 60% do mercado total e o grosso dos fornos petroquímicos.

- os independentes. De atuação internacional, cerca de meia dúzia no mundo. Os menores atuam principalmente no segmento de refino, muitas vezes concentrando-se em determinadas áreas geográficas. É frequente também a colaboração entre empresas do primeiro grupo e parceiros menores ou locais.

A efervescência do mercado mundial está se refletindo sobre a situação brasileira. O projeto mais adiantado é a Refinaria do Nordeste, colocada pelo governo em regime de *fast track*. ■

Fornos de Chama Direta – Principais Construtores Mundiais	
Integrados	
Foster Wheeler	Apenas refino; cinco escritórios pelo mundo.
CBI Lummus	Lidera o setor de vapocraqueamento.
Linde	Grupo dedicado à criogenia, adquiriu há uns trinta anos o independente norte-americano Selas.
Technip	Por aquisição em 2002 da independente holandesa KTI.
Stone & Webster	Apenas vapocraqueamento; atuação limitada à América do Norte.
Independentes	
Heurtey-Petrochem	Tecnologia própria em refino, DCE. Parcerias ad hoc em vapocraqueamento (Exxon Mobil, KBR, SW), reforma a vapor (H.Topsøe, Davy). Faturamento projetado da ordem de $ 380 MM/ano.
Técnicas Reunidas	Parte de um conglomerado metal-mecânico espanhol.
Boustead	Inglesa, filial de um grupo sediado em Cingapura. Já atuou em algumas refinarias sul-americanas, inclusive da Petrobras.
Kirchner	Fundada há mais de cinquenta anos, maior dos independentes italianos. Atua principalmente na região do Mediterrâneo.
Furnace Engineering	Japonesa, principal empresa asiática do setor.
J+K Korea	Acaba de ganhar uma concorrência no Egito de $30 MM.

Brasil – Construtores de Fornos	
Fornecedor	*Parceiro Tecnológico*
Bardella	KTI Technip
Combustol	Linde
CONFAB	Cenpes (Petrobras)
Jaraguá	Cenpes (Petrobras)
Usiminas	Heurtey-Petrochem

Camaçari e o Sertão da Paraíba

Poucos hoje se dão conta de que as origens remotas do Polo Petroquímico de Camaçari-BA ficaram no sertão da Paraíba.

Já durante a década de 30, imperavam ali duas grandes famílias, aliadas entre si por mais de um casamento: os Ribeiro Coutinho e os Velloso Borges. Os Ribeiro Coutinho eram usineiros e banqueiros no Rio de Janeiro; os Velloso Borges, além de também latifundiários (aliás, de lendária truculência), tinham bom número de participações industriais no Sul – por exemplo, no setor têxtil em Taubaté-SP, onde um deles, Claudino, havia até engendrado uma segunda família.

Getúlio Vargas queria continuar contando com o apoio regional desses dois clãs, como ele próprio de sentimentos pró-Alemanha, pela via de um tipo de anti-imperialismo que, entre uma certa aristocracia rural, se traduzia por uma atitude de antipatia genérica pela Inglaterra e, sobretudo, pelos Estados Unidos, mais do que propriamente pela admiração por camisas pretas, marrons ou verdes.

Em contrapartida desse apoio, durante a Guerra, os Velloso Borges obtiveram do governo a custódia de alguns importantes ativos alemães no Brasil, tais como a Aliança Comercial de Anilinas (leia-se: a Bayer) e a Krupp. A ACA, que havia sido comprada (no caso da Krupp se tratou apenas de uma operação de custódia), depois da Guerra, foi revendida à Bayer por uma soma equivalente a uns $ 35 MM de hoje, pois incluía a exploração da marca Aspirina.

Desde 1940, os dois clãs também haviam se tornado sócios, meio a meio, do Banco Aliança do Rio de Janeiro, do qual detinham 75%. Os 25% restantes eram do Banco Alemão Transatlântico (Deutsche Ueberseeische Bank), convivência essa que ocorreu tranquila até o dia em que, em 1942, o governo alemão decidiu substituir o DUB por um novo veículo bancário. Os Velloso Borges também se retiraram do BARJ, que assim ficou pertencendo 100% a João Ursulo Ribeiro Coutinho, o qual foi então pouco a pouco admitindo executivos brasileiros à medida que os antigos funcionários alemães, já todos meio tropicalizados, iam se aposentando.

Os Velloso Borges, cuja vocação era mais industrial, chegaram a enviar um membro da geração seguinte – Marcello, então conhecido *young man about town* carioca – para passar quase dois anos em Leverkusen. Desfeito o negócio com a Bayer, restou-lhe uma sólida intimidade com a indústria, e no bolso o dinheiro da transação. Junto com um dos primos de Taubaté, o químico Ademar Rocha, e com Kurt Politzer – outro amigo, estrela ascendente do corpo docente da Escola Nacional de Química e representante no Brasil da empresa de engenharia norte-americana Foster Wheeler –, ele decidiu investir então numa pequena planta de anidrido ftálico por oxidação de naftaleno. A tecnologia era antiga. Usava câmaras de resfriamento a ar (os ditos *"hay barns"*), numa época em que já existiam os condensadores alternantes a óleo (os muitas vezes problemáticos *switch condensers*), e a destilação era em bateladas. Mas Taubaté era uma excelente localização, próxima tanto de Volta Redonda – fonte do naftaleno – quanto das indústrias consumidoras da Grande São Paulo.

Por volta de 1965, quando a indústria petroquímica era considerada ponta de lança do processo de desenvolvimento econômico, João Ursulo decidiu apostar com recursos próprios num projeto, batizado Companhia Química do Nordeste (Ciquine), que reunisse a melhor engenharia financeira disponível no momento e tecnologia estado da arte. Vendo que a planta dos parentes em Taubaté não poderia, por falta de naftaleno, continuar se expandindo no mesmo ritmo da demanda, incumbiu seu conterrâneo, o engenheiro químico Sebastião Simões, do estudo da viabilidade de uma planta de anidrido ftálico por oxidação de o-xileno, rota que se havia firmado como a definitiva via do futuro.

A planta teria de ser no Nordeste, pelos incentivos fiscais. Procurou-se também interessar investidores estrangeiros. Associaram-se então a Shell Chemical e a Adela Investment, banco de investimentos criado pelo setor privado do Hemisfério Norte para servir de contrapeso à Aliança Para o Progresso (que havia sido criada pelos democratas, durante o governo Kennedy) e da qual a Shell participava.

A escolha da macrolocalização recaiu sobre a Bahia por razões de logística: a preexistência de Mataripe e, talvez, sobretudo, porque o governo do Estado já havia investido num processo de planejamento industrial, ambicioso, porém convincente, coordenado por ninguém menos do que o arquiteto Sergio Bernardes. Em sua concretização trabalhavam figuras locais que reuniam competência e projeção nacional, como Rômulo de Almeida e José Mascarenhas. A microlocalização escolhida foi Camaçari. E quando em 1970 a Petroquisa decidiu implementar a Copene, escolheu-se o mesmo *site,* em boa parte porque a Ciquine já estava lá.

Eis como o polo petroquímico de Camaçari acabou sendo o último elo de uma cadeia, cujas origens ficavam no sertão da Paraíba. ∎

Fritas, Pigmentos, Tintas

A produção brasileira de revestimentos cerâmicos tem crescido a uns 4%/ano, mais do que o produto interno e até mesmo mais do que o desempenho da construção civil, cuja participação no PIB tem caído ao longo da presente década.

Historicamente, o primeiro polo produtor de revestimentos cerâmicos foi em torno de Mogi Guaçu, SP. A partir da década de 1970 esse polo cedeu espaço para o de Criciúma, SC, com sua vocação de alta qualidade (conferida pela produção pelo processo via úmida) e padrões de decoração mais inovadores. Mais recentemente surgiu um novo polo, cujo epicentro é Santa Gertrudes, SP, que optou por um conjunto de estratégias tecnoeconômicas que resultaram numa redução vertiginosa do preço relativo dos revestimentos cerâmicos, tornando-os a opção lógica para a construção, inclusive de baixa renda. Os principais elementos dessa onda tecnológica tem sido:

- a adoção maciça do processo via seca, e da monoqueima;

- o aumento espetacular das velocidades de passagem pelos fornos a gás natural.

A resposta dos principais produtores sulinos – Eliana, Portobello – foi lançar os porcelanatos, que hoje já representam 5% da superfície produzida, porém, por serem bem mais caros, quase 20% do valor global da produção.

E já se antevê o surgimento de um próximo polo, em alguma região do Nordeste, onde além de insumos e tecnologia haveria a vantagem do custo de mão de obra.

Hoje a produção brasileira de revestimentos cerâmicos anda em torno de 600 MM m²/ano, dos quais:

- 20% exportados;

- 65% de pisos;

- mais de 5% de porcelanato, o segmento que mais tem crescido.

A China produz mais de 3.0 bilhões de m²/ano; esses números colocam o Brasil num pelotão de três países – os outros sendo Espanha e Itália – que vêm em seguida, com produções mais ou menos parecidas. A cerâmica sanitária representa outro segmento importante, com uma produção anual de umas 17 milhões de peças.

A esse crescimento corresponde um aumento paralelo da produção de insumos químicos:

- fritas
- pigmentos
- tintas para decoração

A produção de fritas começa com a fusão das matérias-primas:

- minérios cerâmicos clássicos: feldspato, calcário, argilas
- bórax: como fundente (hoje em dia, cerca de 5% de B_2O_3 em média)
- ZnO (para fritas transparentes)
- zirconita (para fritas brancas)

Os fornos rotativos clássicos foram em boa parte substituídos por fornos verticais. O material vítreo fundido é solidificado por imersão em água, e em seguida moído – hoje em dia, predominantemente a seco. Observe-se o mesmo caminho tecnoeconômico percorrido pela indústria de revestimentos.

A atual produção brasileira de fritas é da ordem de 280.000 T/ano, no valor total de uns $ 225 MM. Os principais produtores (*v. quadro*) representam cerca de 70% da capacidade nacional; e desse total, 60% se encontra na região dita de Sta. Gertrudes, refletindo o declínio relativo de outras regiões produtoras (como Santa Catarina) ao longo da presente década.

Esse processo de expansão também se reflete sobre a indústria de pig-

Fritas – Produtores Brasileiros		
Produtor	Localização	Capacidade Anual (T)
Esmaltec	Rio Claro, SP	55.000
Colorminas	St. Gertrudes, SP	40.000
	Içara, SC	
Ferro	Americana, SP	22.000
Torrecid	Içara, SC	35.000
Esmalglas	M. Fumaça, SC	22.000
Vidres		27.000
	Criciúma, SC	
	Rio Claro, SP	
Moinho Pedra Branca	Rio Claro, SP	10.000

mentos cerâmicos, embora a moda tenha evoluído para decorações claras e tons pastel, as quais não requerem tanto pigmento. Ainda assim, nos últimos anos, alguns produtores menores vieram se juntar aos três grandes do setor.

Os principais pigmentos cerâmicos coloridos são derivados do zircônio: Zr/praseodímio (amarelo), Zr/vanádio (azul), e Zr/ferro (rosa). Esses representam uns 65% do total, em peso. Outros produtos importantes são os pretos (Cr/Fe/Ni etc.) e marrons (Fe/Cr/Al/Zn), assim como os azuis, à base de cobalto. As cores verde e laranja se obtêm usando pigmentos de cádmio/selênio, os quais, dada sua toxidez, são utilizados em forma encapsulada – e são importados.

A demanda brasileira de pigmentos cerâmicos é da ordem de 2.500-3.000 T/ano, no valor de $ 25-30 MM/ano. Não estão incluídos aí os pigmentos para os porcelanatos, que são tingidos na massa (i.e., não só no esmalte e nas tintas decorativas) usando pigmentos bem mais baratos, à base de silicatos, ilmenita etc., e importados, por não haver ainda uma demanda que justifique sua produção no país.

Finalmente, o mercado de tintas cerâmicas é de umas 40.000 T/ano; são produzidas sobretudo pelos próprios fabricantes de fritas. ■

Pigmentos Cerâmicos - Produtores
Majors
Ferro Enamel (Americana, SP)
Colorobbia (Itatiba, SP)
Microcina (Johnson Matthey), (Mogi Guaçu, SP)
Recentes
Alfa Corantes Terracor (Região de Mogi Guaçu) Icra
Esmaltec (Rio Claro, SP)

FDCA Ficando viável

O ácido furanodicarboxílico (FDCA) é uma molécula interessante, e conhecida há muito tempo, com seu anel heterocíclico e seus dois grupos carboxílicos.

FDCA

Mas agora a empresa de desenvolvimento tecnológico holandesa Avantium anuncia que está na pista de um processo que promete permitir a produção de FDCA com um açúcar, C_6 ou C_{12}, conforme o binômio preço-rendimento, com *economics* competitivos com os de um diácido de origem petroquímica – por exemplo, o PTA.

A empresa pretende operar uma planta semicomercial a partir de 2015, e espera que uma unidade comercial ([3]100 MT/ano) esteja em funcionamento antes do final da década.

O processo consiste de duas etapas:

- desidratação do açúcar na presença de um álcool (etanol, por exemplo) dando um éter do 5-hidroximetil furfural; conhecido como RMF. A presença do grupo R- é necessária, pois o HMF como tal é instável.

- oxidação catalítica desse RMF, dando FDCA. O R- é consumido no processo.

O projeto tem cara de poder dar certo. A demanda mundial de ácidos dicarboxílicos – PTA, anidrido ftálico, ácido adípico etc. – passa de 50 MM T/ano; e uma usina estado da arte, que esmague 3.0 MM de toneladas de cana por safra gera uma quantidade de açúcar que corresponde a quase 150 M T/ano de FDCA.

Mas antes de ganhar status de grande monômero, o FDCA terá que vencer alguns desafios:

- reatividade;

- seletividade, para evitar reações de ramificação;

- controle do peso molecular;
- propriedades e processabilidade dos polímeros.

As primeiras contas mostram que a produção de FDCA seria bem mais rentável do que a de etanol biocombustível. A ser acompanhado com atenção ■

O Outro Álcool

No ano-safra de 2008 a produção brasileira de álcool de cana terá sido de 27.0 bilhões de litros, dos quais 10 bilhões de anidro e 17 bilhões de hidratado. Quase tudo isso é álcool carburante, mas os 5% representados pelos demais usos constituem ainda assim um volume respeitável.

O usineiro em geral é pouco chegado a atividades de marketing. Assim sendo, boa parte desses usos não-carburantes é comercializada através de circuitos alternativos: redestiladores, reenvasadores, além de grande número de revendedores que somados devem escoar uns 30%-35% desse total, e constituem um universo em que nem todos respeitam as regras da FIFA...

Álcool Hidratado

Alcoolquímica

O grosso sempre foi representado pelo acetato de etila. No Brasil, ambas as partes dessa molécula têm como origem o álcool; o maior produtor, a Rhodia, importa parte de suas necessidades de ácido acético, mas os dois menores – Cloroetil e Butilamil – têm produção cativa, o primeiro via acetaldeido e o segundo por fermentação e extração.

Recentemente, a alcoolquímica brasileira acolheu um novo membro

Brasil Álcool Não-Carburante – 2008 (est.) – MM l		
Hidratado		830
Alcoolquímica	350	
Envase	250	
Bebidas	120	
Cosméticos	60	
Ind. Alimentícia	30	
Diversos	20	
Anidro		310
Alcoolquímica	50	
Usos industriais	260	
Neutro		210
Total		**1350**

com a entrada em marcha da unidade de desidratação da Braskem, que converte cerca de 100 MM l/ano de etanol em eteno para a produção de polietileno "verde".

Envase

Mercado enorme, do qual uns 10%-15% consiste de álcool em forma de gel. Constituído de algumas grandes marcas de atuação regional: CNA (S.Paulo; marcas como Zulu e Zumbi), Da Ilha (Região Sul), Parati (Rio), Mega, além de grande número de envasadores locais.

Bebidas
Parte do álcool usado para fazer bebidas (rum, aguardente...), ou para corrigir o teor alcoólico de vinhos que nasceram fracos, é usada do jeito que sai da usina. Alguns envasadores de bebidas (Pernod, por exemplo) têm capacidade de redestilação própria.

Cosméticos
Inclue o álcool empregado como veículo dos aromas usados na formulação de detergentes líquidos, e produtos de perfumaria de linhas populares.

Indústria Alimentícia
Produzem-se no país uns 250 MM l/ano de vinagre, dos quais 70% são envasados em frascos e o resto vai para outros usos industriais (1 l de álcool→~20 l de vinagre). E existem outros empregos.

Álcool Anidro

Alcoolquímica

O grosso (~25 MM l/ano) é usado pela Oxiteno para produzir éteres glicólicos, e o resto para fazer ésteres do óxido de propeno, e usos menores.

Usos industriais

O álcool anidro é um solvente barato e por conseguinte usado em tudo quanto é formulação anidra: tintas e *thinners*, tintas gráficas e diluentes, colas de borracha. Apesar de todo o esforço para passar aos sistemas aquosos, esses mercados continuam crescendo.

Álcool Anidro (Solvente) – Principais Usos MM l/ano	
Uso	Volume
Tintas, *thinners*	85
Tintas gráficas, diluentes	45
Adesivos	25
Outros	105
	310

Álcool Neutro

O álcool dito "neutro", ou "extraneutro", obtido por redestilação do álcool hidratado, é essencialmente isento (< 0.5 ppm) de álcoois outros que o etanol, de aldeídos e de ésteres. Além da análise cromatográfica convencional, usa-se para detectar a presença de aldeídos – que conferem ao produto sabor e cheiro desagradáveis – um teste que mede o tempo de oxidação por meio de uma solução de permanganato de potássio, conhecido no ramo como teste Barbet – quanto mais demorado, melhor. Esse álcool, insípido e inodoro, é produzido por dois grupos de empresas: algumas usinas, e redestiladores não-integrados. Trata-se de um produto exigente em matéria de processo, controle, estocagem e logística.

Álcool Neutro – Principais Produtores - MM l/ano			
Integrados (usinas)			*160*
Santa Elisa (SP)	45		
Ester (SP)	30		
Tabu (PB)	20	(incl. exportação)	
Cerradino (SP)	5		
Corona (SP)	10	(adquirida pela Cosan)	
S. Francisco (SP)	8	(grupo Balbo; a partir de cana "orgânica")	
Outros	42		
Redestiladores			*50*
Álcool Ferreira			
Cerba			
Outros			
Total			*210*

As usinas atendem essencialmente as grandes contas da indústria de bebidas. Os independentes abastecem as demais aplicações – laboratórios, farmacêuticos, as indústrias de perfumes, desodorantes etc., e a formulação de aromas. Essas empresas também prestam uma gama de outros serviços correlatos: revenda, re-envase, redestilação *à façon*.

Álcool de Cereais

O álcool neutro de cana concorre com algumas de suas aplicações com o álcool de cereais, o que no Brasil significa, de milho, do qual se produzem no país uns 10 MM l/ano – muito mais caro do que o extraneutro, mas exigido por certos formuladores de perfumes, bebidas em que o teste final de aceitação é efetuado não por cromatógrafo e sim por um nariz ou paladar humano, o também dito "álcool de boca". O álcool de cereais também domina certos nichos, como a obtenção de extratos vegetais, formulações antimofo para produtos panificados, apicultura etc. Existe também no Sul uma pequena produção de álcool de arroz, apenas para uso cativo.

Brasil – Álcool de Cereais – Produtores - MM l/ano	
Coraci (São Pedro do Turvo, SP)	4.5
Cerealcoal (São Pedro do Turvo, SP)	4.5
Scutti (Matão, SP)	1.0
Grupo Meneghetti (Dois Córregos, SP)	*

*unidade de ~30 MM l/ano que deverá partir no final de 2008.

O pequeno mundo do álcool de milho foi surpreendido pela notícia de que o grupo Meneghetti está dando partida em Dois Córregos numa unidade de processamento de milho de 250 T/d, em que todo o amido será convertido em álcool, uns 30 MM l/ano. A demanda latente de álcool de cereais, segundo a leitura do grupo, é bem maior do que a capacidade conjunta dos produtores atuais; e o mercado brasileiro, que sempre foi do tipo "só o preço é que conta", estaria evoluindo para um modelo em que haverá bem mais espaço para produtos de melhor qualidade, ainda que – nesse caso – cerca de um terço mais caros. ■

DR. ROBERTO

F im dos anos 50, por aí, Cid Sampaio, proprietário da Usina Roçadinho, elegeu-se Governador de Pernambuco prometendo construir uma fábrica de borracha sintética partindo de álcool de cana. A ideia acabou sendo aceita, ainda que com muita cautela, pela casta dominante dos usineiros que o haviam apoiado. Eram visceralmente contra qualquer coisa que cheirasse a algum tipo de industrialização modernizante, mas a favor de um projeto que prometia transformar a totalidade dos excedentes de álcool da região. Criou-se um novo imposto estadual, o BS, nomeou-se uma diretoria de notáveis locais: um empresário bem-sucedido, um advogado de reputação local, um jovem tecnocrata bem-nascido, todos rigorosamente monoglotas e totalmente engajados. Contratou-se como superintendente Sebastião Simões, paraibano do Cariri, mas filho adotivo do Recife, onde havia se formado químico antes de emigrar para São Paulo. Um dos melhores *project managers* que esse país já teve.

A ideia era fazer butadieno com um mol de etanol e outro de acetaldeído, também obtido do etanol, e daí partir para a produção do elastômero polibutadieno, então ainda uma inovação radical. Durante a II Guerra Mundial, produzia-se butadieno usando essa rota nos EUA, para fazer SBR. A última unidade do tipo, ainda em estado de alerta, ficava no estado de Louisiana, e pertencia à Rohm and Haas – lembro-me de que a compra foi negociada ainda com o próprio e legendário John Haas, um dos fundadores da empresa. A unidade foi trazida por mar em duas barcaças, descarregada no Porto do Recife, em condições heroicas, por uma alvarenga da Marinha, e transportada por rodovia para o *site* do Cabo para ser remontada.

Mas estou me adiantando, pois primeiro foi preciso arranjar financiamento para o projeto.

É difícil imaginar hoje o que significava então montar um complexo desses, num lugar como Pernambuco – e dinheiro era só o começo. Além do apoio do BNDES, cujo primeiro presidente havia sido Roberto Campos, procurou-se fontes francesas, privadas, e norte-americanas públicas. Para negociar com essas últimas, deslocou-se para Washington um exército de Brancaleone formado por Zito Souza Leão, pelo referido jovem aristocrata pernambucano Sebastião Simões, pelo brilhante diplomata, físico, filósofo, economista e karateca Oscar Lorenzo Fernandez – filho do compositor – e por mim. E quem nos ajudou a navegar com êxito nas águas barrentas da tecnocracia washingtoniana foi justamente o Dr. Roberto Campos, na época nosso embaixador.

O projeto COPERBO teve, é claro, um impacto enorme sobre o desenvolvimento econômico e cultural do Pernambuco da época. Mas não era bem desse choque involuntário de Roberto Campos com a indústria química que eu queria falar. Houve outro, de muito maior alcance e, surpreendentemente, muito pouco analisado.

Até 1964, o principal imposto proporcional pago pela indústria era o IVC – Imposto de Vendas e Consignações –, cuja alíquota era bastante elevada e, além do mais, era cobrado em cascata. O IVC tornava praticamente obrigatória a forma de organização industrial verticalizada do tipo *Verbund*, tão cara até hoje à grande química alemã, e que no Brasil pré-1964 tinha como expoente o Grupo Matarazzo. A IRFM criou um exemplo de texto de agroindústria ultraintegrada, acoplada a uma divisão química que produzia soda cáustica para as necessidades internas do grupo (têxteis, sabão, refinação de óleo...). E como quem faz soda também gera cloro, as IRFMs foram levadas a entrar na produção de VCM/PVC – partindo de acetileno, pois tudo isso foi pré-petroquímico – e ainda a montar diversas indústrias de transformação a jusante: sempre a influência do IVC.

O efeito fundamental da extinção do IVC e de sua substituição, pelo ICM, durante a gestão de Roberto Campos como Ministro do Planejamento, foi o de romper os elos individuais que formavam essa integração industrial em cadeia. Um especialista mundial em margarina, por exemplo, poderia agora partir de óleos vegetais adquiridos de terceiros, o que no regime fiscal anterior teria sido inviável. Os elos das IRFMs eram, em muitos casos, individualmente ineficientes ou tecnologicamente obsoletos, porém, como eram solidamente soldados uns aos outros pelo cimento do IVC, isso deixava de ter tanta importância. Extinto esse tributo, cada elo isolado virou presa fácil para as empresas estrangeiras que se instalavam no país. O grupo em poucos anos deixou de ser competitivo e, melancolicamente, foi virando assunto de historiador.

A Divisão Química da IRFM chegou a ter, no mundo da química internacional, um *status* de gente grande. Seu diretor, Norberto Lederer, foi até capa de *Chemical Week*. Seu prestígio na profissão, incluindo aí a química alemã, era enorme, desde antes da Guerra. Tanto que, poucos anos depois de 1945, chegou ao Brasil uma delegação da BASF, recém-destacada pelos Aliados do ex-conglomerado IG Farben, trazendo para as IRFM uma proposta das mais insólitas.

Segundo o pensamento da BASF, a Alemanha e junto com ela a Europa toda estavam liquidadas, e a sua química idem. A BASF era dona de vasto acervo tecnológico, inclusive, a menina dos seus olhos, a química do acetileno, da qual a Matarazzo também era modesta praticante. Segundo a cultura corporativa da BASF, ter peito para mexer com acetileno (sobretudo como no caso da química de Reppe, especialidade da casa, acetileno a 6kg/cm^2) era o que distinguia *the men from the boys*. Eram, portanto, se não almas gêmeas, pelo menos afins. E daí a proposta: construir em conjunto um complexo às margens do rio Paraíba, mais especificamente em Guaratinguetá, no estilo dos sites da IG Farben – Leverkusen, Hoechst, Ludwigshafen –, virar as costas para uma Europa aniquilada, e renascer de suas cinzas aqui nos trópicos, com outro futuro pela frente, com sotaque caipira e tudo. Tudo arquifinanciado via créditos oficiais.

O projeto chegou até a ganhar seu espaço na imprensa – daí o tal artigo de capa. Mas as IRFMs, embora entusiasmadas, muito compreensivelmente, hesitaram diante da enormidade do projeto. E enquanto se tergiversava, ficou evidente que os EUA iriam precisar de uma Europa forte, unida e próspera para conter o avanço, físico e ideológico, da URSS. Implanta-se o plano Marshall, que teve como uma de suas consequências o ressurgimento, individualizado e com força total, das três sucessoras da IG Farben. O grandioso plano foi caindo no esquecimento. A criação do ICM acabou com o que ainda restava do sonho, e finalmente com a própria IRFM.

A criação do ICM formou o quadro fiscal que proporcionou o surgimento das "empresas projeto" em geral, e em particular do modelo petroquímico brasileiro tal como ele se apresentava até recentemente: para cada reação, uma pessoa jurídica independente com sua diretorias, conselhos e *overheads*.

Nesse meio tempo, no entanto, a tributação em cascata retornou ao cenário fiscal – pela porta dos fundos – sob a forma das contribuições sociais PIS e COFINS, e do CPMF. No começo, dados os níveis aparentemente modestos das respectivas alíquotas, essas novas mordidas não chegaram a provocar abalos estruturais na indústria. Mas veio a abertura da economia, a inserção da indústria brasileira no cenário global, e a inexorável compressão das margens ao longo de toda a cadeia. E de repente as contribuições em cascata voltaram a assumir uma importância comparável com a que tinha o IVC pré-1964, servindo de incentivo econômico para – apenas por exemplo – o processo de concentração que teve lugar na indústria petroquímica.

Dr. Roberto em sua tumba, ele para quem em vida o senso de humor nunca foi fator escasso, deve estar dando boas risadas de tudo isso. ■

NEM SÓ DE BICHO-DO-PÉ...

N o meu tempo, permanganato de potássio era usado para matar bicho-do-pé e no tratamento caseiro de certas doenças ditas inconfessáveis. Daí minha surpresa ao ler que a norte-americana Carus Chemical, maior produtora mundial de permanganatos de potássio e de sódio, estaria acrescentando 10 mil t/ano de capacidade à sua planta de Peru, IL.

O mercado mundial de permanganatos é da ordem de 50-60 mil t/ano, no valor de uns $ 250 MM anuais. Cerca de 40% desse total é usado no tratamento de água potável para o qual sua ação oxidante traz melhoras de sabor e odor sem os perigos de formação de carcinógenos associados ao uso de cloro. Em seguida, com uns 15%, vem o tratamento de efluentes industriais, cuja principal função é oxidar compostos de enxofre e torná-los inodoros. Na química fina o $KMnO_4$ é usado em numerosas sínteses como oxidante limpo e seguro, em que pese o inconveniente da formação, como resíduo, de grandes quantidades de óxido de manganês. No Brasil, por exemplo, era usado pela Ecadil (Cosmópolis-SP) na produção do tuberculostático pirazinamida. E também entra na síntese de certas substâncias controladas.

Mas a aplicação que mais cresce é o uso do permanganato (no caso, de sódio) na remediação de solos em áreas industriais (*in situ chemical oxidation*), até mesmo em áreas poluídas por solventes clorados.

Além da Carus, existem no mundo dois produtores na Índia, um na República Tcheca, e uma boa meia dúzia na China. A própria Carus tinha uma planta na Espanha, atualmente desativada. No Brasil, os produtos da Carus são distribuídos pela Produquímica, que também usa o $KMnO_4$ cativamente na remoção de óxido de ferro em sua produção de cloretos metálicos. Outro emprego razoavelmente importante no Brasil é no desbotamento industrial de calças jeans.

Mas, com tudo isso, o uso de $KMnO_4$ no Brasil não passa de 1% do consumo mundial, em parte graças à severidade com que o produto é controlado pela Polícia Federal e o Ministério do Exército. ■

Indústria de Sobreviventes

Encrustadas nos Alpes franceses, região que faz pensar mais em montanhismo e estações de inverno, existem até hoje diversas plantas eletroquímicas e eletrometalúrgicas construídas na virada do século XIX, para aproveitar as quedas d'água formadas por afluentes diretos e indiretos do Ródano, cujos desníveis possibilitaram a construção de hidroelétricas pequenas e baratas. Região associada na memória industrial com nomes ilustres, tais como Péchiney e Ugine, uma de suas plantas localizada em Pomblière, perto de Bourg-St. Maurice, após uma sucessão de percalços e metamorfoses, hoje opera com o nome de Métaux Spéciaux S.A. e firmou-se como líder mundial da produção de sódio metálico.

O sódio metálico, obtido por eletrólise de sal fundido, vem se notabilizando ao longo de sua história, não pela expansão de seus mercados e sim pela perda sucessiva da maioria de suas grandes aplicações. Primeiro veio a produção de cianeto de sódio partindo da sodamida, um dos alicerces do então grupo alemão Degussa (hoje Evonik) na segunda metade do século XIX, depois substituída pela reação catalítica entre amônia e um hidrocarboneto. Em seguida, o chumbo tetraetila, hoje globalmente banido, cuja produção chegou a exigir quantidades enormes de Na metálico Ethyl Corp, DuPont, British Octel, a italiana SLOI etc., os produtores de CTE eram todos integrados em sódio. A seguir, outras aplicações também foram sumindo: esponja de titânio, álcoois graxos, e até mesmo, mais recentemente, o uso de azida de sódio em *air-bags*.

Já durante o caso do CTE, em 1980, a British Octel terceirizou a produ-

---

Sódio Metálico – Mercado Mundial

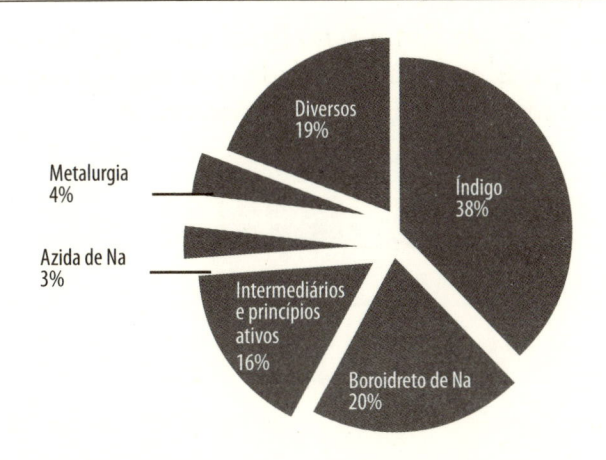

- Diversos 19%
- Metalurgia 4%
- Índigo 38%
- Azida de Na 3%
- Intermediários e princípios ativos 16%
- Boroidreto de Na 20%

ção de sódio com a empresa francesa. Foi a origem de sua nova trajetória, que resultou hoje na produção atual de 20 M T/ano (25% da demanda mundial), incluindo 6 M T /ano de Na purificado (com baixo teor de cálcio, sobretudo para a química orgânica). A capacidade foi ampliada recentemente para 28 M T /ano, investiu-se $ 5.0 MM na construção de um terminal na costa do Texas – a MSSA tem um terço do mercado norte-americano – e se cogita uma planta de $ 30 MM na Mongólia Interior, onde a energia é barata (a produção de Na metálico requer uns 10 Mwh/T), e o sal é de boa qualidade.

A principal aplicação atual do sódio metálico é na produção do corante **índigo,** do qual se fabricam no mundo umas 50-60 M T/ano, cortesia da perenidade da moda jeans. O produtor brasileiro Bann Química é hoje uma das duas fontes não-chinesas de índigo (a outra é a Dystar, na Alemanha, mas que também está em vias de se mudar de armas e bagagens para a China). Grande parte da produção chinesa sai da Mongólia, onde existe um grande complexo integrado à eletroquímica do Na. A produção mundial de tecidos tingidos no fio com índigo é da ordem de 4.0-4.5 bilhões de m/ ano. O consumo unitário de corante flutua conforme a moda, que atualmente anda para tons escuros, o que é bom; mas parece que recentemente a demanda mundial de denim andou sofrendo.

Em seguida vem o **boroidreto de sódio**, empregado em quantidades crescentes na indústria de celulose no branqueamento de pasta mecânica e de aparas. Os dois maiores fabricantes mundiais são Rohm and Haas, com unidades na Europa e nos EUA, e a finlandesa Kemira. Estima-se a produção mundial (equivalente 100%) em mais de 20 M T/ano, das quais 25% usados como redutor na química fina.

Sódio e derivados na química fina

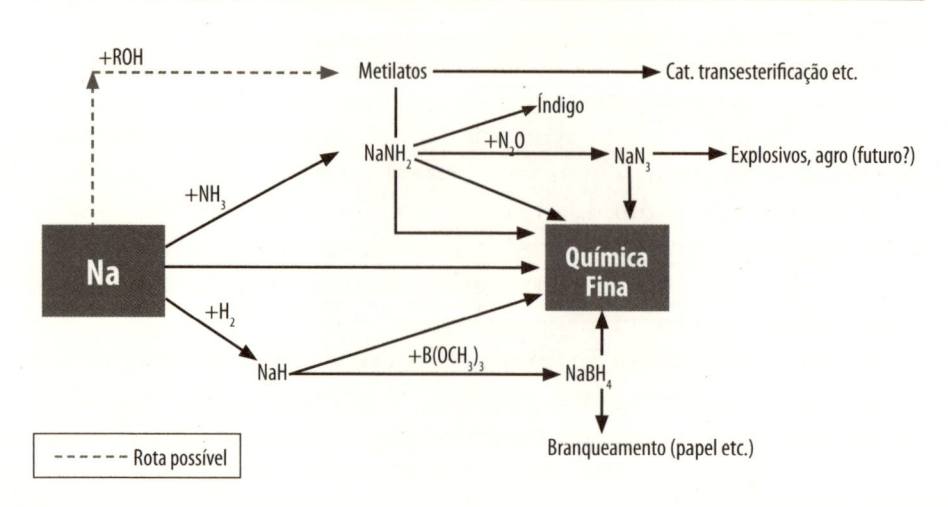

A química fina consome sódio metálico sob diversas formas (*ver figura*) e entra diretamente ou indiretamente na síntese de uns 200 princípios ativos. Como tal o Na entra na produção do i-butilbenzeno (tolueno+propeno), ponto de partida comum para as diversas rotas de obtenção do **ibuprofeno**; a produção mundial desse anti-inflamatório é da ordem de 20 M T/ano. Pela reação de dois mols de piridina, dando bipiridilo, o sódio entra na síntese do herbicida **paraquat** – cuja produção mundial é de umas 11 M T/ano – e também participa da síntese do herbicida **EPTC**.

A **sodamida** também participa de sínteses de vários grupos de fármacos: o das fenotiazinas (família de antipsicóticos, hoje ultrapassada); aqueles envolvendo reações de substituição na posição μ de diversas benzilonitrilas ($ArCH_2CN$); e outros.

A **azida de sódio** (NaN_3) entra na síntese de diversos tetrazóis usados como cadeias laterais de algumas cefaloesporias importantes. Mais recentemente ganhou notoriedade como matéria-prima para a síntese do antiviral oseltamivir (o Tamiflu, da Roche), e dos "sartans". Outra aplicação é a obtenção de azida de chumbo, largamente usada na produção de espoletas. Produzem-se no mundo umas 3 - 3,5 M T/ano de NaN_3, sendo o grande produtor não-oriental a norte-americana Ampac. Aliás, a empresa está em vias de homologar na EPA uma formulação agroquímica contendo NaN_3 que tem demonstrado eficácia como inseticida e herbicida de solo, pré-plantio, e está sendo vista como possível substituta do hoje banido brometo de metila. Seria uma aplicação gigantesca.

O **hidreto** (NaH), etapa na produção do boroidreto, também entra como tal na síntese de alguns fármacos; e o boroidreto propriamente dito é bastante usado em reduções delicadas de grupos carboxila, por exemplo na química dos esteroides.

O sódio ainda participa da produção dos pigmentos orgânicos da família dos **dipirrolopirrois** (DPP), dos quais se fabricam umas 2 M T/ano no mundo, e também de pelo menos uma das rotas empregadas comercialmente para a obtenção de **vitamina A**.

O **metilato de sódio**, usado como catalisador de transesterificação na produção do biodiesel, é obtido diretamente por eletrólise seguida de decomposição do amálgama Na/Hg, mas também existe produção com base no metal, rota menos poluente.

A redução de cloretos de **metais refratários** – sobretudo titânio – já se fez usando sódio metálico, mas hoje se emprega o metal magnésio. Parece que ainda existe um produtor norte-americano em Phoenix,

AR, operando com metal Na. O magnésio também substituiu o Na na produção de zircônio e de outros metais, mas ainda assim o consumo mundial em metalurgia continua significativo.

Já se usou muito sódio metálico para a produção de **álcoois graxos** com base em ésteres metílicos dos respectivos ácidos. Atualmente isso se faz por hidrogenação catalítica; hoje em dia agora até mesmo para a obtenção de álcoois insaturados.

O sódio tem uma variedade de aplicações menores: catalisador de condensação (silicones, por exemplo), integrante de sistemas catalíticos (poliisopreno), eliminação de traços de umidade, iluminação, decapagem de metais, certos tipos de bateria, como fluido de transferência de calor e outros.

Passado quase um século de decepções tecnoeconômicas, sobraram como produtores (fora quatro fabricantes chineses) apenas a MSSA, a DuPont nos EUA, e uma fonte na Rússia.

Mas, quem sabe, novas aplicações resultem daqui para frente em nova fase de expansão. ■

Cacau: Fuga para a Qualidade?

A história recente do cacau brasileiro é conhecida. Responsável até há quinze anos por quase 10% da produção mundial (hoje, beirando 4 MM t/ano), a participação da colheita brasileira caiu para 3%-4% e o país passou de exportador a importador. Mas a área plantada ainda representa 8%-9% da mundial, o que revela uma queda de produtividade, das antigas 45 arrobas/ha, para as 10-12 de hoje. Tudo isso foi obra de um fungo, a *Moniliophtera perniciosa* ou "vassoura de bruxa", que apareceu sabe-se lá como por volta de 1990 e devastou as plantações do sul da Bahia, arruinando produtores e os que deles dependiam.

Duas estratégias foram tentadas, até pela Ceplac (Comissão Executiva do Plano da Lavoura Cacaueira), para combater a praga: criar, por clonagem, espécies resistentes; ou atacar o fungo de frente. Nenhuma das duas deu muito certo. No caso da clonagem, porque encarece muito a formação do cacau e porque resistência é coisa que, quase sempre, se consegue apenas às custas de uma redução da produtividade e da qualidade do produto. E, no caso do combate direto, porque o fungo é tinhoso e acabava desenvolvendo resistência aos tratamentos. Histórico paralelo ao da seringueira, também no sul da Bahia, e de seu fungo particular, *Dothidella*, hoje mais conhecido como *Microcyclus ulei*.

Eis que surge, ainda timidamente, uma terceira via: a da fuga para frente, em busca da qualidade. Um pouco parecida com a trajetória do vinho tinto francês, primeiro dizimado, a partir de 1853, por um besouro radicular de origem norte-americana – o famigerado *Phylloxera* – e, um século mais tarde, condenado a se reinventar quando se viu ameaçado por uma metamorfose do mercado consumidor.

Um dos vetores dessa fuga para frente tem sido a Associação dos Profissionais do Cacau Fino e Especial (APCFE), criada em 2004 e capitaneada, em uma fazenda no sul da Bahia, por Nicolas Maillot. Esse jovem enólogo francês foi um dos que decidiram pegar o problema do cacau pelas guampas, inspirado justamente pelo paralelo com a história do vinho de sua terra. O objetivo da Associação é ajudar os plantadores que ainda não entregaram os pontos a produzir frutos de boa qualidade, por meio do aperfeiçoamento das plantações e das operações no campo. O mesmo tipo de trabalho também tem sido posto em prática por outros fazendeiros da região Ilhéus-Itabuna.

Da produção mundial, os cacaus homologados como "finos" (por um comitê apenas *ad hoc*, nomeado pela ICCO – a Organização Internacional do Cacau, da qual, aliás, o Brasil se retirou) representam 5%. Mas os *insiders* do mercado dizem que a realidade organoléptica se encontra mais próxima de 3%, representados, em primeiro lugar longe, por boa parte da produção do Equador, e em seguida por vários pequenos países produtores do Caribe, da América Central e das ilhas do Pacífico, sempre entre ± 10° de latitude.

São reconhecidas hoje quatro variedades de cacau. O *forastero*, 75% ou mais da área plantada, é o equivalente ao café *conillon*: pouco aromático, porém resistente. No outro extremo, o *criollo*, melhor de todos, que dá na Venezuela. Um híbrido dos dois, o *trinitário*, primeiro obtido em Trinidad, dá frutos com mais gordura e melhor aroma do que o *forastero*, e apresenta mais resistência do que o *criollo*; foi introduzido na Bahia ainda em pequena extensão. Finalmente, o Equador conseguiu melhorias que permitem obter cacau fino derivado do *forastero*; essa nova variedade já mereceu um nome só dela, *nacional* ou *arriba*. Esse é o caminho que agora se pretende seguir na Bahia, alterando a estratégia convencional da pesquisa genética, cujos objetivos eram obter robustez, rendimento e precocidade, sem dar muita atenção, porém, à questão da qualidade.

A indústria brasileira de processamento do cacau data da era pré--"vassoura", quando se esmagava um só tipo de fruto e obtinham-se derivados de combate. Mas, com a importação hoje representando quase 40% da carga processada, começa a haver algum espaço para outras estratégias industriais:

• ao nível das grandes torrefações, o grupo Petra, de Cingapura, comprou uma pequena processadora que pertencia à Nestlé, e lançou-se num programa de expansão – é hoje tido como o segundo produtor do país – e de introdução de mudanças no fluxograma que visam a melhorar a qualidade dos derivados.

Brasil – Processadores de Cacau		
Processador	*Localização*	*Capacidade, mil t/ano*
Cargill	Ilhéus-BA	80
Delfi	Itabuna-BA	55
ADM	Ilhéus-BA	50
Barry Callebaut	Ilhéus-BA	50
Indeca	Embu-SP	25

- no outro extremo, existe a IBC (Rio das Pedras-SP), torrefação com capacidade de 10 mil t/ano e que consegue processar partidas segregadas de apenas 4-5 toneladas de cacaus finos, de acordo com as exigências de chocolateiros pequenos e voltados para a qualidade.

- o surgimento de um fabricante de equipamento, JAF Inox (Tambaú, SP), com uma linha voltada para a produção verticalizada em pequena escala (100-300 t/ano, por turno), direcionada para o crescente setor dos chocolates finos. E também a sonhada figura do grande plantador verticalizado em "fazenda de massa" ou mesmo "fazenda de chocolate". A empresa já tem seis projetos *turn-key* em execução; o investimento total para uma unidade toda integrada de 300 t/ano de chocolates finos seria da ordem de $ 3 MM. Na fabricação do chocolate, da mesma maneira que na produção de vinho, a

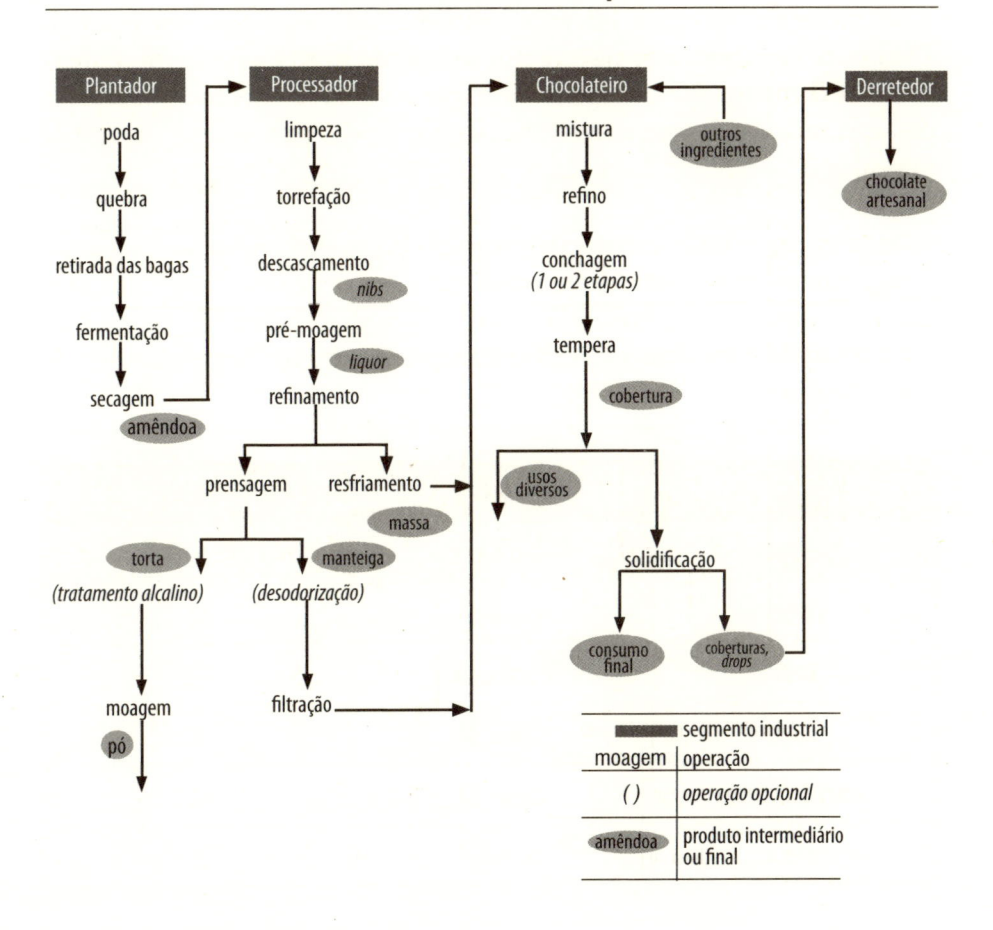

Cacau-chocolate: fluxo típico

175

qualidade começa nas operações de campo. Os frutos precisam ser colhidos o mais próximo possível da maturidade. Depois de quebrado o fruto, as amêndoas devem ser liberadas, manualmente, para maximizar sua superfície de exposição. A fermentação, que serve para primeiro converter em álcool os 10%-12% de açúcares contidos na polpa se dá em quatro etapas (com frequentes reviradas), e deve ser interrompida a tempo de evitar a extensão do processo para a geração de aminas e outros compostos malcheirosos. A secagem, fase na qual é eliminado o álcool remanescente, se faz de preferência ao sol – mais trabalhoso –, para não introduzir resíduos estranhos, ou aromas de fumaça.

Existe uma discussão em curso quanto à viabilidade de transferir para dentro das esmagadoras as etapas de fermentação e secagem. As possíveis vantagens são conhecidas, as objeções também. O grande atrativo seria a redução do teor de umidade e de ácido acético da amêndoa seca.

A indústria de processamento compreende três níveis:

1) Os esmagadores, a fase mais capital-intensiva do fluxograma. As grandes etapas desse estágio são:

- separar a casca do restante (perda: ~20%);

- torrar o material descascado. É nessa fase que surgem os principais aromas do cacau, graças sobretudo à formação de aldeídos e de pirazinas (reação de Maillard);

- tratamento alcalino (que também pode ser aplicado apenas mais adiante, ao pó) para eliminar ácidos de cadeia curta (formados durante a fermentação) e promover reações, tais como a aldolização, que também geram compostos aromatizantes;

- a moagem do material torrado, que dá lugar a um produto intermediário, a massa ou *liquor*. Esse material é usado tal qual na produção de chocolate, ou então prensado dando dois componentes: manteiga, a fração gordurosa; e uma torta, que ainda contém uns 10%-12% de gorduras. A manteiga é usada como tal para fazer chocolate;

- a torta é moída, dando o pó de cacau usado na formulação de bebidas achocolatadas, e também biscoitos, recheios etc.;

- os chocolateiros, que produzem chocolate em forma sólida e líquida;

- a primeira etapa é a mistura de sólidos de cacau e de outros produtos: açúcar, diversos tipos de leite em pó (integral, desnatado, modificado com gorduras não láticas, pó de creme de leite...) e sucedâneos da manteiga de cacau. E ainda, baunilha como aromatizante (0,05%-0,10%), e lecitina como emulsionante (0,5%);

• segue-se o refino da mistura em moinhos de bola ou, para um refinado mais homogêneo e partículas de menor diâmetro (18-20m), em moinhos de rolo.

2) A etapa-chave, conhecida como conchagem, efetuada a quente (60-85°C), é aquela na qual se busca obter diversos efeitos ao mesmo tempo: redução de conteúdo de ácidos de cadeia curta (formados ainda no campo), do teor de umidade, da viscosidade, e emulsificação. A conchagem pode levar de 12 a 72 horas, conforme a qualidade que se busca, e exigir mais de uma etapa.

• finalmente, o líquido é submetido alternadamente a calor, frio e calor, para que cristais formados ao longo da conchagem aflorem no produto final de gordura.

O líquido obtido, conhecido como "cobertura", é solidificado em forma de tabletes para consumo final ou para os profissionais do chocolate; ou vendido como tal para recobrir bolos, doces etc.

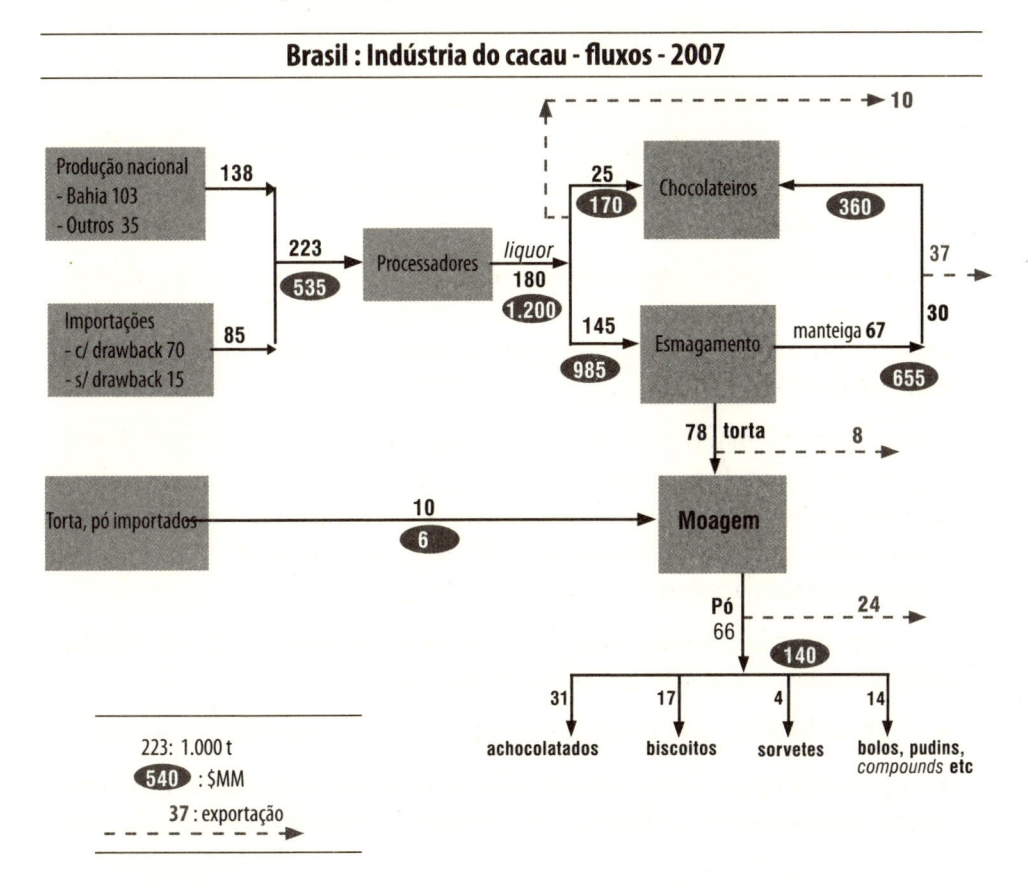

Brasil : Indústria do cacau - fluxos - 2007

223: 1.000 t
540 : $MM
37 : exportação

O terceiro nível é o dos derretedores, que partem de tabletes (ou pastilhas conhecidas como *drops*, de manipulação mais fácil) para elaborar suas criações.

O fluxograma econômico mostra que em 2007 a indústria brasileira consumiu um total de 126 mil t/ano de derivados de cacau, no valor de cerca de $ 665 MM. Esse é o mercado do qual o segmento fino gostaria de capturar uma parte com os seus frutos, produtos intermediários e chocolates.

A produção atual no país de cacaus finos não vai além de 100-150 t/ano, mas o potencial dos produtores que já passaram pelo processo de qualificação (tanto da plantação quanto da mão de obra) já representa umas 3 mil t/ano, o que asseguraria aos finos do Brasil um lugar ao sol nesse mercado em expansão, no qual os preços alcançados são bem mais atraentes.■

Caindo do Céu

Faleceu recentemente Donald Othmer, conhecido de todos como coeditor da famosa Enciclopédia de Tecnologia Química, o dito Kirk & Othmer. Quando se soube que havia legado parte de sua fortuna ao Chemical Heritage Foundation ninguém deu muita bola; afinal, quanto é que poderiam ter rendido os direitos autoriais da Enciclopédia?

Daí a surpresa geral quando se soube que a fortuna deixada por aquele professor de hábitos morigerados era algo da ordem de $ 500 MM. Acontece que Othmer era amigo de juventude do arquifamoso Warren Buffet, que um dia o convenceu a fazer uma fezinha de uns $ 25.000 em sua empresa, a *holding* Berkshire Hathaway. Buffet em 40 anos multiplicou o investimento inicial – seu e dos amigos – por 18.000. É só fazer as contas.

A CHF é uma simpática instituição localizada, na conservadora cidade de Filadélfia, num prédio histórico atualmente em meio a uma profunda reforma. Com uma grana dessas caindo do céu (literalmente), também pudera. Trata-se de uma espécie de Academia Brasileira de Letras só que de químicos, reunindo gente da indústria, do mundo acadêmico e também, cada vez mais, do mercado de capitais. Possui excelente biblioteca, onde entre outras coisas costumam fazer suas pesquisas os acadêmicos que se dedicam à história da ciência e da tecnologia, campos em plena expansão.

A Fundação também pretende usar uma parte dos fundos para ressuscitar o Chemists Club, venerável instituição novaiorquina da rua 41, perto da estação Grand Central. Além de ponto de encontro obrigatório de químicos do país e do mundo, o clube tinha bar, restaurante, uma biblioteca atualizadíssima e até alguns quartos de uma simplicidade franciscana, mas que quebravam o galho de muita gente em época de compressão de despesas.

O Clube andava meio desativado, provavelmente por causa do êxodo das grandes companhias químicas que, nos bons tempos, tinham suas sedes em Manhattan. Dizem também que a diretoria do clube, talvez em resposta a esse processo de lenta decadência, teria passado a se dedicar a um interesse excessivo pela química do álcool etílico, versão potável. Seja como for, o dinheiro do falecido professor Othmer deverá permitir a reativação também dessa instituição histórica. ∎

Propeno Mais Caro

A demanda mundial de propeno cresce cerca de 5% ao ano, contra 3% a 3,5% para o eteno. Resultado: tendência a uma demanda em desequilíbrio, pois nas centrais petroquímicas a proporção C_2^-/C_3^- produzida é da ordem, mais ou menos fixa, de 0.60. Consequência: necessidade de mobilizar fontes alternativas (*ver quadro*).

Fontes de Propeno	
Processo	*Comentário*
Coproduto de centrais (cargas líquidas)	Relação: cerca de 0.60 da produção de eteno.
Propeno contido em gases de FCC ou RFCC	Para ser econômica, a separação requer processamento de mais de uma só fonte (uma refinaria de 200 mil bbl/dia gera cerca de 120 mil t/ano de propeno). Com os novos catalisadores para craqueamento de cargas mais pesadas (RFCC), os teores de C_3^- nos gases sobem bastante e o fracionamento faz mais sentido.
Metátese (C_2^-+C_4^-)	Em geral, faltam economias de escala. Mas pode servir como unidade de balanceamento C_2^-/C_3^- dentro de um complexo petroquímico.
Desidrogenação do propano	Ao contrário do etano, que em certas regiões (por exemplo, Arábia Saudita e vizinhança) tem valor alternativo nulo, o propano sempre vale como "GLP FOB". Processo caro, mas a disponibilidade de carga permite atingir escalas significativas.
Gas-to-olefins	Requer gás natural a valores simbólicos.
Methanol-to-olefins	Unidade de metanol (no caso do MTO) teria de ser "megamega", e ainda assim...
Craqueamento de (outras) olefinas	Ferramenta para uso em centrais petroquímicas. Investimentos modestos, porém escalas idem. Baixo rendimento.

Primeiro foram usados os gases de refinaria, uma fonte relativamente barata por serem meros subprodutos de FCC, mas o custo de processamento exige uma escala maior que o potencial representado por uma única refinaria. Serve para regiões como o Golfo do México, ou para o continente europeu, onde existe uma concentração geográfica de refinarias, ligadas a redes de gasodutos.

A partir de 1990 começou-se a investir em processos bem mais complicados para gerar mais propeno, com base em cargas tais como:

- eteno
- outras olefinas
- propano
- metanol
- gás de síntese

Esses processos juntos representam quase 30% da capacidade mundial adicional de propeno a dar partida até 2010. Cada vez mais, irão desempenhar um papel de "guarda-chuva econômico" para o propeno das centrais e refinarias. O que levará a um propeno cada vez mais (relativamente) caro.

Os materiais concorrentes do polipropileno serão os principais beneficiados desse *cost creep*. Nas aplicações de moldagem por injeção, os maiores ganhadores deverão ser os plásticos de engenharia da primeira geração, como poliamidas e policarbonatos. No segmento filmes, será o BOPET, em detrimento gradativo do BOPP. ■

PVD: Ampliando o Escopo

Após quase 25 anos de utilização em escala industrial, a tecnologia de aplicação sobre peças metálicas de camadas extremamente finas de materiais extremamente duros, conhecida como PVD, parece ter entrado em um novo estágio de sua curva de aprendizado, o que permite imaginar uma ampla extensão de sua gama de usos.

O PVD – *Physical Vapor Deposition* – consiste em produzir, sob condições apropriadas de temperatura e alto vácuo, uma névoa de material altamente refratário e depositar essas partículas na superfície de uma peça metálica, aumentando sua resistência à abrasão e à corrosão e prolongando assim sua vida útil. O material mais frequentemente usado até hoje é o nitreto de titânio, mas estão sempre surgindo novos compostos e novas combinações de camadas, permitindo aplicar a técnica a um leque de substratos cada vez mais amplo.

O pequeno mundo do PVD no Brasil tem sido agitado pela chegada de novos *players*, motivados pela evolução do mercado brasileiro. Essa evolução se deve a diversos fatores:

- crescimento da indústria automobilística;

- surgimento de novos materiais, novas combinações de materiais, e novas técnicas de deposição multicamadas;

- extensão dos campos de aplicação, inicialmente circunscritos aos setores de ferramentas de corte e de deformação.

A técnica da deposição física consiste em fazer incidir sobre um substrato, previamente submetido a uma intensa sequência de operações de limpeza, um vapor obtido pela evaporação, sob alto vácuo, de um material-fonte (por exemplo, metal titânio). A câmara contém gases – como o nitrogênio – que se tornam reativos nas condições pressão/temperatura encontradas no forno, reagindo com os vapores do catodo-fonte. No caso descrito, o produto seria o nitreto de titânio, mas já se trabalha com diversos outros compostos e combinações de compostos. A espessura da camada obtida é tipicamente da ordem de 2-3m.

O principal objetivo do PVD é o aumento de resistência à abrasão da peça. A vida útil de uma dada peça pode ser multiplicada por dez, a um acréscimo de custo que, para um substrato nobre, pode não passar de alguns poucos pontos percentuais.

Isso explica a disseminação do processo, sobretudo no beneficiamento de ferramentas de corte: brocas e fresas. Uma grande aplicação é o revestimento de cortadores tipo Fellows (fresas caracol), empregados na fabricação de engrenagens. No caso das brocas, o emprego já se estendeu até o mercado DIY, pois o público consumidor aprendeu que "aquelas douradinhas duram mais".

PVD: Indústria Brasileira				
Empresa	Origem	Instalações	Número de Fornos	Comentários
Oerlikon/ Balzers	Suíça	Jundiaí-SP (2); Curitiba-PR e Caxias do Sul-RS	8	Matriz situada em Lichtenstein; líder mundial.
Brasimet/ Eifeler	Brasil/ Alemanha	São Paulo; Joinville-SC	4	Pioneira no Brasil. Desde 1985 associou-se à Eifeler (AL) equipamentos.
Platit (grupo BCI)	Suíça	São José dos Pinhais-PR	1	Grupo tecnologicamente avançado (uso de catodos rotativos cilíndricos etc.).
HEF (Techniques/ Surface)	França	São José dos Pinhais-PR	2	Emanação de um laboratório de pesquisa (Centre Stéphanois de Recherche Mécanique, perto de St. Etienne).
Gühring	Alemanha	São Paulo	1	Fabricante de ferramentas de corte. PVD para uso próprio, e para terceiros quando a demanda interna permite.
Ionbond	Suíça	Sorocaba	1	Partida em maio de 2006, espera ter três linhas em funcionamento até o fim de 2007.

Outra área de aplicação é a das ferramentas para deformação, principalmente estampos, moldes e pinos extratores para injeção de alumínio. Mas o crescimento da demanda pelo PVD virá de aplicações que, sobretudo no Brasil, ainda se encontram na sua infância:

• aplicação em substratos sujeitos à corrosão, nos quais o desgaste mecânico não é o principal inimigo, a exemplo de peças para equipamentos cirúrgicos e odontológicos; ou componentes de equipamentos para as indústrias farma e alimentar;

PVD: Propriedades de Alguns Revestimentos						
Arquitetura da Camada	Dureza (HV 0,025)	Espessura da Camada (mm)	Coeficiente de Atrito	Temperatura de Revestimentos (°C)	Máxima Temperatura de Útilização (°C)	Principal Aplicação
TiN	2500	1 – 6	0,4	200 / 500	550	Aços em geral
TiN / TiN multicamada	3000	1 – 5	0,4	500	400	Alternativa para aços alta liga
CrN	2000	1 – 10	0,4	200 / 500	700	Cobre
AlTiN	3300	1 – 5	0,4	500	800	Ferros fundidos
AlTiCN (nano estruturada)	3500	1 – 5	0,2	500	600	Condições severas (em geral)

- situações em que o alvo principal é a redução de coeficiente de atrito;

- aplicação em peças seriadas, sobretudo na indústria automobilística;

- revestimentos decorativos em peças metálicas. Por exemplo, metais sanitários de luxo.

Até há uns 10-15 anos coexistiam no mercado centros de serviço independentes, operando com equipamento comprado com aqueles filiados a fabricantes de equipamento/fontes de tecnologia. Hoje, o modelo predominante é este último, o que acabou levando a Brasimet, pioneira do setor no Brasil, a constituir uma filial conjunta com a especialista alemã Eifeler (Düsseldorf), que opera no mundo cerca de 15 centros de serviço, além de fabricar equipamentos e desenvolver novos materiais e técnicas de deposição. O *quadro1* mostra propriedades típicas de alguns dos revestimentos PVD mais empregados.

Difícil é estimar o valor total dos serviços de PVD no Brasil. Fica aqui um *educated guess* de uns $ 30-35 MM/ano (2006). O *quadro 2* relaciona as empresas que atuam nesse mercado. ■

BARATOS

Aposentou-se recentemente da Universidade de Clemson, o professor de química John Huffman, que se notabilizou por ter sintetizado ao longo de sua carreira quase 500 análogos e metabólitos do THC (tetraidrocanabinol), principal ativo da maconha.

O mais conhecido desses compostos, batizado pelo seu inventor de JWH-018, é disponível comercialmente a preços que começam (para 300 g) em \$ 25/g. Também se encontra o JWH-250, no qual o grupo naftoila é substituído por um metoxifenila, e o JWH-073, menos potente, que tem um radical n-butila no átomo de N em lugar do n-pentila.

JWH-018

O uso mais conhecido desses produtos é em misturas para incenso, vendidos como Spice, K2 Summit ou Serenity Now. Parece que os custos variáveis – mistura herbal de base, princípio ativo e um pouco de solvente – não passam de \$ 1,00/g, e que o preço de venda é de uns \$ 10/g.

HU-210

Outros pesquisadores também estão ativos nessa área. Na Universidade Hebraica (Israel) foi descoberto o HU-210, verdadeiro arranca-toco de estrutura parecida com a do THC, e também já disponível comercialmente. ∎

Carvão Ativado: Passado e Perspectivas

Para se entender o estado a que chegou a indústria brasileira de carvão ativado, é preciso partir do começo.

Uma grande diversidade de matérias-primas carbonáceas ou então vegetais, que precisam primeiro passar por uma etapa de decomposição térmica, podem ser transformadas em substâncias de elevada porosidade (consegue-se superfícies internas de até 2.000 m^2/g), que são usadas para reter, por adsorção física ou química, substâncias (em geral, por algum motivo indesejáveis) contidas em correntes líquidas ou gasosas: são os carvões ditos **ativados**.

Para se ter uma ideia da complexidade da indústria do carvão ativado, considere-se que ela envolve:

• uma meia dúzia de matérias-primas importantes, e mais uma dezena de outras menos conhecidas ou até folclóricas;

• mais de 200 tipos de produtos, entre materiais pulverizados, granulares e especialidades obtidas por uma variedade de operações de beneficiamento *downstream*: impregnação, compactação dando blocos ou *pellets*, transformação em fibras e tecidos. Esses produtos tipo "valor agregado" talvez não representem muito em peso, mas dado seu preço sua contribuição ao desempenho econômico é significativa;

• mais de 5.000 aplicações, desde as grandes tonelagens de pó empregadas no controle de toxinas malcheirosas que aparecem na nossa água potável durante os meses de calor, até aplicações altamente exigentes como, por exemplo, a segurança de centrais nucleares.

O carvão ativado é um produto de densidade aparente abaixo de 0.5; por conseguinte, "viaja mal" – o que confere ao produtor local, pelo menos para os tipos menos diferenciados, uma certa proteção econômica natural contra os gigantes globais. No outro extremo, existem aplicações que são totalmente dominadas globalmente por apenas um ou dois fabricantes.

De maneira geral, os tipos pulverulentos (15-25m) apresentam baixas superfícies internas, poros acima de 50 nm, e pouca dureza, inversamente, os granulados (0.3-3.0 nm) são de alta dureza e superfície interna, e seus poros muito menores (os microporos se situam abaixo de 2 nm). Em diversas aplicações, os dois tipos coexistem: pode-se optar pelo pó, solução tipo "pouco equipamento, custos variáveis elevados", ou pelo uso de granulados, em que o binômio é o inverso. Nas aplicações em que existe essa coexistência, a tendência do mercado mundial favorece os granulados; são produtos de maior dureza, portanto mais resistentes à formação de poeira, que resultaria em entupimento do equipamento, ou aumento gradativo de perda de carga quando a corrente tratada for gasosa. Costuma-se exigir de um granulado um tempo de campanha de pelo menos 1-2 anos, e às vezes bem mais. O material usado pode ser incinerado, ou regenerado – conforme o que tiver sido adsorvido em seus poros. Existe toda uma indústria de regeneração, em parte independente dos produtores integrados.

Existem duas grandes famílias de processos de ativação. A ativação física, única a ser utilizada no Brasil, emprega vapor a temperaturas que vão até 1.000°C, em pequenas retortas verticais (caso dos produtores brasileiros) ou em fornos rotativos. Os rendimentos são da ordem de 10%-15%. O método alternativo é a ativação química, usando um sistema de ácido fosfórico e de um ácido de Lewis, geralmente, cloreto de zinco a cerca de 500°C que resulta em rendimentos de até 50%.

Os *pellets* concorrem em dureza com os granulados, mas são feitos com um pó, que é extrudado junto com um ligante e em seguida ativado; ou então de carvão já ativado, em seguida extrudado junto com um ligante. Existem também produtos em forma de blocos. Estima-se a produção total mundial dessas formas em 30.000 T/ano.

Completando essa multiplicidade de matérias-primas, rotas para a ativação e beneficiamento posterior, existe toda uma população de pequenas (e até mesmo minúsculas) empresas que vivem de atividades complementares: moagem/peneiramento não integrado, misturas especiais, beneficiamento de vários tipos, revenda, regeneração ou revenda de material usado, assessoria ambiental, ou até em uma certa especialização na participação em concorrências públicas...

A trajetória da indústria brasileira de carvão ativado está ligada ao pinheiro do Paraná. No tempo em que a indústria de celulose regional tinha nesse recurso nativo sua principal fonte de matéria-prima, sobrava também uma abundância de nó de pinho, matéria-prima barata e que, pela sua dureza, servia para fazer carvão ativado de boa qualidade, tanto pulverizado quanto granulado. Baseada nesse recurso floresceu durante algumas décadas um verdadeiro polo da indústria de carvão ativado localizado em torno de Guarapuava, PR. Mas, com a progressiva extinção do pinheiro do Paraná nativo, passou-se a fazer celulose com *pinus* de reflorestamento – e idem para o carvão ativado, mas agora limitado à forma de pó. Dados os baixos rendimentos ponderais, e um consumo de vapor da ordem de 10 kg/kg de produto, os *economics* da indústria brasileira foram descambando para uma situação de inviabilidade; seguiu-se uma fase de guerras de preço sanguinárias, que culminou com o fechamento de várias fábricas e a falência de empresas.

A situação atual da indústria pode ser assim resumida, em que pese uma certa falta de transparência:

• Brascarbo, adquirida pelo grupo mexicano Clarimex, com capacidade própria em Guarapuava (PR) de umas 800 T/mês complementada, quando os picos estivais de demanda exigem, pela produção, *à façon*, de uma penca de pequenos produtores locais;

• Alphacarbo (400 T/mês) e Madecarbo (300 T/mês), ambos em Guara-puava, os dois outros sobreviventes da chacina econômica.

Isso quanto à produção a partir de madeira. Existem também algumas pequenas operações com cascas de coco:

• EIB (Bacabal, MA) e Tobasa (produtora de óleos vegetais de Tocanti-nópolis, TO) produzem em conjunto 100-120 T/mês de carvão ativado com casca de babaçu;

• Bahiacarbon (Valença, BA, nominais 100 T/mês, ligada acionariamente a um dos ex-produtores de Guarapuava) e Carbomar/Pellegrini (Simões Fº, BA, outro tanto), que produzem a partir do coco de dendê;

• FBC (Contenda, PR), que produz umas 1.000 T/ano de granulados com cascas de coco trazidas do Norte já carbonizadas.

Entre os produtores do passado estão a pioneira Carvonit, Carbomafra, Brasilac e uma unidade da Activ Bras de 2.000 T/ano baseada nos resíduos de madeira do polo moveleiro de Caçador, SC.

Existe também uma atividade de regeneração. Guaramex, ligada ao grupo Clarimex, recupera umas 1.000 T/ano, e existem outras (inclusive usuários, apenas para uso próprio).

Cerca de 60% (em peso) do consumo brasileiro de carvão ativado está de alguma maneira ligado ao tratamento de água:

• água potável: durante os 3-4 meses quentes do ano costumam surgir algas, que emitem toxinas malcheirosas. Essas podem ser eliminadas por adsorção em carvão ativado em pó, mas existem estratégias alternativas – e em alguns casos criticadas pela medicina – que consistem em matar as algas no nascedouro;

• Esse mercado é sazonal e irregular de ano para ano. Os grandes usuários são em primeiro lugar a SABESP (em torno de 3.000 T/ano) seguida de duas ou três congêneres de bom tamanho e outras menores;

• efluentes: existe uma tendência a cobrar dos usuários de recursos hídricos não só pela água captada, como também pelo volume retornado ao sistema após o tratamento. Essa prática (já adotada em São Paulo, por exemplo, em duas das 22 unidades de gerenciamento de recursos hídricos – UGRHI – nos quais o estado é dividido) cria um incentivo ao reúso da água, o que por sua vez obriga o usuário a acrescentar uma etapa de "polimento" à sua ETE. Existem estratégias mais luxuosas, como a osmose reversa ou a ultrafiltração, mas a escolha mais frequente recai sobre o carvão ativado. Esse mercado parece promissor;

• filtros residenciais: fabricado por diversas empresas como Filtros Europa, Filtros Everest. Contém em média 200 g de carvão ativado em granulado, peletizado ou em blocos. Existem também filtros maiores (~2.5 kg) para água de entrada de conjuntos e condomínios;

• água de poço: para eliminar odores e sabores;

• água de processo: cervejarias, etc.;

• água de alimentação de caldeiras de alta pressão: plantas de celulose, por exemplo.

Outras aplicações:

• descoloração de açúcares em solução, em geral, complementando a função de resinas de troca iônica:

◢engarrafadoras de refrigerantes que fazem seu próprio xarope com açúcar sólido (hoje em dia, o caso mais frequente);

◢usinas de açúcar que produzem xaropes de açúcar líquido invertido;

◢purificação de glucose de milho;

◢purificação de glicerina, inclusive em algumas das plantas de biodiesel.

Esse grupo de usos representa umas 2.000 T/ano

• indústrias químicas: diversas indústrias químicas usam carvão ativado em pó (à razão média de 0.1%-0.15% do produto tratado) para descolorar o produto final
    ◢álcool neutro (vários)
    ◢ácido adípico (Rhodia)
    ◢plastificantes (Petrom, Elekeiroz)
    ◢MSG (Ajinomoto, CJ)

◢Ácido cítrico (Tate+Lyle)
◢H_2O_2 (Solvay)
◢etc.

Esse grupo de aplicações representa umas 800 T/ano

• remoção de cátions pesados, de efluentes líquidos

◢resíduos de galvanoplastia
◢algumas aplicações em metalurgia de não-ferrosos

Na remoção de cátions metálicos, e também na descoloração de efluentes coloridos, existe o uso de um material concorrente do carvão ativado – a farinha de osso ativada. Esse material é produzido pela Bonechar, em Maringá, PR. Com capacidade de 2.500 T/ano, exportando 90% da produção, é o segundo produtor do mundo desse material depois da firma escocesa Brismac com umas 5.000 T/ano.

• máscaras respiratórias: existem dois tipos. As máscaras descartáveis, dias "de conforto", são feitas com uma manta de poliéster impregnada com carvão ativado em pó (de babaçu) e cujo principal fabricante é Fabril Scavone (Itatiba, SP). As máscaras faciais de segurança são confeccionadas com carvão granulado de coco, importado. Um filtro típico contém umas 300 g de carvão, e o consumo anual no país é de umas 3 milhões de unidades. Os principais fabricantes no Brasil são: MSA (norte-americana), Dräger (alemã) e Air Safety;

• unidades Merox: a Petrobras opera uma meia dúzia de unidades Merox (conversão catalítica em dissulfetos das mercaptanas contidas no querosene de aviação). O coração do processo é um reator de leito fixo contendo o catalisador impregnado em carvão ativado granulado. Cada unidade contém umas 50 T de carvão;

• filtros de cigarro: demanda de 60-70 T/ano; já foi maior;

• suporte para catalisadores de hidrogenação à base de Pt ou Pd;

• recuperação de solventes: linhas de aplicação de adesivos em fitas ou etiquetas, grandes gráficas (por exemplo, Editora Abril) etc. Existem umas 30 dessas unidades no país, mercado de reposição de umas 300 T/ano. O processo concorre com a recuperação por condensação;

• hidrometalurgia do ouro, na qual se emprega cianeto de sódio para amarrar quimicamente o metal, usa-se o processo de adsorção/desorção conhecido como *carbon-in-pulp*. As perdas de carvão no circuito vão de 3-4 kg/kg ouro recuperado para minérios sulfetados, até umas quatro vezes mais para minérios oxidados. Dado o volume de material em circulação, alguns dos mineradores (são umas 10-12 plantas no Brasil) dispõem de fornos rotativos para regeneração do carvão;

• ECS: os filtros dos sistemas de controle de evaporação automotivos (ECS), conhecidos como *canisters*, contêm carvão ativado cuja função é evitar a passagem para a atmosfera do vapor de combustível. Todo veículo 0 km contém um canister; os maiores fabricantes são Mahle (VW, montadoras japonesas) e SOGEFI (Fiat);

• antibacterianos: na indústria de cosméticos, usa-se carvão ativado impregnado com prata, combinando as propriedades bactericidas de um com a elevada superfície específica do outro;

• purificação do ar: no mundo cresce velozmente, mas no Brasil é aplicação incipiente: churrascarias (cheiro), fábricas de material antifricção (formaldeído) são alguns segmentos;

• controle de emissões de mercúrio em centrais térmicas: aplicação que não existe no Brasil, mas vem crescendo muito nos EUA;

• remediação de solo: aplicação crescente no mundo, mas aqui no Brasil ainda pequena.

O mercado mundial de carvão ativado é da ordem de 750.000 T/ano. Cresce mais do que o PIB, empurrado por novas aplicações e preocupações ambientalistas. O quadro segmenta a produção global por matéria-prima de origem: 63% de materiais carbonáceos, 20% de cascas de coco, e 17% de madeira e materiais vegetais mais exóticos. Em termos de valor, a demanda mundial representa cerca de $1.0 bi/ano, dos quais:

• 55% pulverulentos
• 40% granulados
• 5% compactados e especiais

Cinco grupos de âmbito mundial se destacam:

• Norit / Clarimex (PB, EUA, México)
• Calgon Carbon (EUA, Japão, Tailândia)
• Haycarb / Eurocarb (Sri Lanka, RU)
• Mead Westvaco (EUA)
• Kuraray (Japão, China, Filipinas)

Carvão ativado: Mercado Brasileiro – 2008 - T			
	Consumo	Pó	Granulado
Água potável	6.000	✓	
Tratamento efluentes	1.200	✓	
Filtros residenciais, água de poço	700	✓	✓
Indústria química	1.000	✓	✓
Soluções de açúcar etc.	2.000	✓	✓
Indústrias alimentícias	800	✓	✓
Unidades Merox	300		✓
Hidrometalurgia do ouro	500		✓
Recuperação solventes	300		✓
Canisters (automotivos)	700		✓
Máscaras de segurança	900		✓
Diversos	1.200	✓	✓
Total	15.600		

O mercado brasileiro pode ser estimado em quase 16.000 T/ano, o que inclui 2.500 T/ano de importações (sem contar as quantidades que entram no país já incorporadas em filtros etc.). Em valor, a demanda brasileira representa uns $ 40 MM/ano.

Quanto à produção brasileira, encontra-se limitada por fatores naturais: a ausência de matérias-primas carbonáceas, e as dimensões modestas de sua produção de coco de dendê, quando comparada com o Sudeste asiático. Novas perspectivas poderiam vir de outros materiais abundantes, baratos e renováveis, como palhas, bagaços ou outras sobras agrícolas.

Por outro lado, corre que a exploração de turfa pelo grupo nos P.B. estaria na alça da mira de medidas ambientalistas. ■

Carvão Ativado – Capacidade Mundial, por Matéria-Prima – 1.000 T/ano - 2008			
Matérias Primas	*País*	*M T/ano*	*Principais Produtores*
Carbonáceas			
Antracita	EUA	180	Calgon, Norit
	Japão, Austrália,	40	Kuraray, ACT
Carvão bituminoso	China	350	~500 produtores (~30 grandes)
Turfa	P.Baixos	40	Norit***
		~610	
Madeira (Pinho, etc.)	EUA	100	Mead Westvaco
	México/Brasil	35	Grupo Clarimex (49% Norit)
	Outros	15	Norit (Escócia), etc.
		~150	
Casca de Coco	"grandes" do APCC*		Haycarb (Sri Lanka), Gigantic /Calgon (Tailândia), Core,IGCL (Índia), PAC, Mapecon, PJAC (Filinas), Core na India Core, Intan (Indonésia)
		~180***	
Exóticos (bambu, serragem e sobras de serraria, caroços de amêndoas, pêssego ou de azeitona, palhas e bagassos, resíduos de quebracho, cascas de amendoim...)			Diversos
		~30	
Total geral		*~970*	

* APCC = Asian-Pacific Coconut Community: Filipinas, Indonésia, Sri Lanka, Tailândia, India
** Inclui carbono ativado feito a partir de casca de coco carbonizada importada dos países membros do APCC.
*** O grupo Norit planeja construir mais duas plantas nos EUA, ambas a partir de materiais carbonáceos.

Refratários: Mais "Químicos"

Refratário, segundo definição da ABNT, é qualquer material capaz de suportar temperaturas de serviço acima de 1.435°C. O Brasil produz umas 600 mil t/ano desses materiais.

Os refratários podem ser segmentados em:

- alcalinos vs. ácidos, segundo sua composição;

Ácidos	Neutros	Básicos
Zircônia (ZrO_2)	Alumina	Forsterita (Mg_2SiO_4)
Sílica (SiO_2)	Carbono	Dolomita ($CaMg(CO_3)_2$)
Semissílica silimanita ($Al_2O_3.SiO_2$)	Magnésia	Carbeto de silício (SiC)
Argila refratária mulita ($3Al_2O_3.2SiO_2$)	Magnésia-cromia	Cromia (Cr_2O_3)
	Cromia-alumina	
	Bauxita (Al_2O_3)	
	Cromia-magnésia	

- conformados (queimados, sinterizados, quimicamente ligados, eletrofundidos, impregnados), assentados no local, vs monolíticos, confeccionados *in situ* a partir de massas, concretos, argamassas etc.

Refratários – Produção Brasileira (2006 – est) – MT/ano			
	Conformados	Monolíticos	Total
Ácidos	145	105	250
Bases/Neutros	230	120	350
	375	225	600

Por valor, a demanda brasileira de refratários deve estar em torno de $ 600 MM/ano. Os preços dos refratários conformados vão de $ 600/T para um tijolo sílico-aluminoso, passando por $ 700-900/T para os magnesianos (preços balisados pela ameaça de importações da China, onde existe uma verdadeira cordilheira de magnesita de boa qualidade), e chegando a $ 3.400/T para um produto contendo 95% de alumina. Os materiais monolíticos, que não passam pelas etapas de prensagem e queima, são mais baratos do que os conformados de composição comparável.

O grosso – uns 70% em peso, entre manutenção e novas instalações – dos refratários é empregado pela indústria siderúrgica. Mas o crescimento desse setor não se refletiu na demanda de refratários: se por volta de 1980 o consumo médio por setor ainda estava acima dos 30 kg/T de aço, esse índice baixou para os 11 kg/T atuais. E no Japão, ponte de lança da tecnologia siderúrgica, chegou a 6-7 kg/T, o que também acabará acontecendo no Brasil.

Essa progressão é resultado de uma fuga maciça na direção do emprego de materiais mais nobres (i.e., de melhor desempenho, e mais caros por usarem matérias-primas mais nobres, de maior pureza), e específicos para cada uso. As formulações se tornaram mais complexas com a crescente inclusão de componentes na mistura, os quais podem agir sobre essa ou aquela propriedade física ou química. Um produtor diversificado terá em seu catálogo uns 300 materiais monolíticos soltos ou ensacados, e conformados de umas 400 composições diferentes, cada uma disponível em diversos formatos e dimensões. Um dado tipo de forno ou equipamento chega a conter 10-12 materiais diferentes em seu revestimento refratário.

Com isso a proporção de materiais ditos "sintéticos", isto é, aqueles não derivados de argilas caoliníticas e gibbsíticas – que ainda em 1975 era de apenas 20% do total –, cresceu até atingir os atuais 60%. Essas argilas são beneficiadas por centrifugação a fim de reduzir seu teor de sílica, e em seguida calcinadas até atingir uma estrutura cristalina conhecida como mulita ou chamote, estável até $1810^\circ C$.

Existem seis produtores desse material nopaís: os três maiores produtores de refratários (para uso próprio) e mais três não cativos.

A essa quantidade de chamote corresponde o uso de umas 35 mil t/ano de argilas ligantes, não calcinadas.

O grupo seguinte, caminhando no sentido ácido®básico, é o das várias formas de alumina:

• bauxita calcinada: importada da China, pois a bauxita atualmente minerada no Brasil contém teores excessivos de ferro e sílica. O material chega já classificado; apenas a Magnesita opera uma moagem própria;

Chamote – Produtos Brasileiros M T/ano - 2006	
Uso cativo	140
Magnesita	70
IBAR	50
Togni	20
Não cativo	60
Curimbaba	35*
Mineração Varginha	15
Buriti Azul	10
	200

*inclui produção de um forno arrendado.

- alumina (processo Bayer) calcinada: produzida por Alcoa e Novellis (ex-Alcan);

- eletrofundidos (90-99% Al_2O_3): existem dois tipos. A partir de bauxita se obtém o material conhecido como "alumarrom"; e, da alumina, um produto branco. O maior produtor brasileiro, Elfusa, exporta boa parte de sua produção; da demanda nacional, uns 40% vão para a fabricação de lixas e rebolos, e os 60% restantes para refratários.

Finalmente, os básicos. A Magnesita domina completamente esse segmento graças a uma jazida enorme em Brumado (BA), de excelente qualidade. A IBAR também explora uma jazida em Brumado, mas a Magnesita representa mais de 90% do segmento básico. Uma subsidiária, Refratec, produz cerca de 10 mil t/ano de MgO eletrofundido, para uso cativo.

Além desses materiais de base, são usadas diversas especialidades:

- carbeto de silício: dois produtores no país, St. Gobain (Barbacena-MG) e Treibacher. Muito empregado em siderurgia por sua resistência à abrasão (canal de alto forno etc.);

- grafite: extraída pela Cia. Nacional de Grafite, usada em composições como Al_2O_3/C, $Al_2O_3/MgO/C$ e MgO/C;

- zirconita: a fonte brasileira é subproduto da mina de ilmenita da Lyondell, no RN; boa parte é importada. Usada em materiais para fornos de vidro;

- sílica: areia beneficiada, produzida sobretudo na região de Descalvado-SP (Mineração Jundu, e outros);

- metais em pó (Mg, Al, Si): retardam a oxidação do grafite;

- cromita: usada em fornos de cimento; importada da RSA e das Filipinas.

Existem uns 40 produtores de materiais refratários no Brasil. Os principais aparecem na tabela 6, os demais são pequenos fabricantes de refratários sílico-aluminosos, para os mercados regionais de caldeiras e pequenos fornos.

A demanda de materiais refratários é essencialmente um mercado de reposição. *Ver tabela.*

Bauxita e Alumina Eletrofundidas - Produtores Brasileiros M T/ano (2006)				
Produtores	Localização	Marrom (Bauxita)	Branca (Alumina)	Total
Elfusa	S. João Boa Vista, SP	60	80	80
Treibacher	Salto, SP	15	10	25
Beka	B. Horizonte, MG	5	(peq.)	25
		80	30	110

Algumas tendências:

• progressão relativa dos monolíticos, em boa parte resultado da crescente escassez de pedreiros especializados no assentamento de produtos conformados. E sem prejuízo das propriedades do revestimento – às vezes, antes pelo contrário.

• a introdução de melhorias operacionais voltadas para a extensão de vida útil. Na indústria de aço um exemplo é o processo *slag splashing* nos con-

Refratários: Outras Matérias-Primas - Demanda, M T/ano (2006)	
Sílica	8
Grafite	8
CSi	10
Metais	5
Cromita, zirconita etc.	4
total	*35*

Brasil-Refratários: Uso de Matérias-Primas - Resumo M T/ano (2006)	
Argilas	230
Chamote	200
Ligantes	30
Aluminas	100
Bauxita calcinada	45
Alumina calcinada	15
Bauxita/alumina eletrofundidas	40
Magnésia	235
Calcinada	225
Eletrofundida	10
Especialidades	35
Total	*600*

versores, que confere melhor proteção ao revestimento refratário. Melhorias incrementais deste tipo estão sempre acontecendo.

Outra tendência, sutil, porém significativa, é a evolução da relação entre cliente e fornecedor: de mero "controle e recebimento", passando por regimes como "aceitação de laudo" e "garantia-desempenho", até atingir uma parceria do tipo *systems management,* parecido com o que sempre existiu em diversas outras áreas tais como tratamento de água ou lamas de perfuração. Essa forma de relacionamento já rege a manutenção de 30%-40% dos fornos e conversores, patamar que por analogia com outras regiões do mundo poderá continuar a subir, agregando valor aos fornecimentos dos refrataristas.

Finalmente, há a esperada expansão da base industrial. Embora 75% do mercado de refratários seja de reposição, os novos investimentos

Plasma no Mundo				
Região	% Plasma Total Coletado	% Fracionado do Total Mundial	% Mercado de Derivados	
		% por plasmaférese		Tendência
América do Norte	53	(~80)	29	35	
Europa	27	(~33)	46	29	-
Ásia	17	(~73)	19	28	-
Outros	3	(~15)	6	8	

Lentes: Propriedades dos Polímeros (ranking) e Mercados Mundiais				
Propriedade	Polímero			Total
	CR-39	PC	PA	
IR	2	1	2	
Dispersão	1	3	2	
Transmissão	1	2	3	
Leveza	2	1	1	
Impacto	3	1	2	
Consumo mundial, M T /ano	17	10	peq.	~27
Vernizes, M L/ano	200-250	100-150		~300-400
Valor, $ MM/ano	30-40	15-20		~50-60[*]

[*]não inclui os vernizes para lentes PU – mercado emergente, mas com preços bem superiores (~$300/l)

Brasil – Principais Fabricantes de Materiais Refratários			
Produtor	Localização	Produção, M T/ano	Comentários
Magnesita	Contagem, MG	245	Cresceu a partir da susbstituição dos fornos de aço Siemens Martin pelos conversores LD (revestimentos básicos). Contratos de manutenção integrados em aciarias como Usiminas e CST, donde também uma elevada participação no segmento redução.
IBAR	Poá, SP	100	Criada em 1942 pelo grupo Votorantim para fabricar refratários usados nos fornos de cimento e cal do grupo. Separou-se do grupo e associou-se à Refratários Brasil, também na Zona Leste de São Paulo. Continua sendo uma força no mercado de cimento, atuando em não ferrosos, fundição e na indústria petroquímica.
Togni	Poços de Caldas, MG	35	Produção própria de chamote. Só não atua no mercado de cimento.
St. Gobain	Vinhedo, SP	30	Sobretudo produtos para siderurgia (CSi) e vidro/fritas. Importa tijolos eletrofundidos para fornos de vidro.
Vesuvius	Rio de Janeiro, RJ	20	Especializada em algumas aplicações bem específicas do processo de lingotamento contínuo.
Saffran Linco	Quitauna, MG	25	Material para fornos de reaquecimento (siderúrgicas), fornos para refinarias etc.

pesam: uma siderurgia *grass-roots* de 5 milhões t/ano contém 150 -200 M T de material refratário, e só a coqueria da CST consumiu umas 100 M T – das quais a metade de tijolos de sílica pura, que não se produzem no Brasil. ■

O Couro Como Metáfora

A indústria brasileira do couro e seus derivados pode muito bem servir como uma espécie de metáfora para descrever as consequências da política econômica e cambial dos últimos anos.

O Brasil tem, como é conhecido, o segundo maior plantel de gado do mundo. A taxa de desfrute, historicamente uma das mais baixas, tem progredido de maneira notável e, com ela, obviamente, a disponibilidade de couros crus. Expressivas melhorias têm sido conseguidas também na qualidade desses couros: cercas elétricas, combate aos bernes e carrapatos etc. Tudo, enfim, para que as indústrias de curtição e calçados apresentassem um saudável crescimento em paralelo.

Mas o que se verificou foi precisamente o inverso – basta, com o olhar de químico, observar o que aconteceu com a demanda de corantes para couro, que em poucos anos caiu de uns 20% para as atuais 4.500 T/ano. Primeiro foi a indústria de calçados que perdeu sua competitividade de exportador. Os curtumes procuraram reagir exportando couro acabado, mas logo, por sua vez, também se tornaram não competitivos e passaram a aumentar suas exportações, primeiro de *wet blue*, estágio anterior do processo de curtição, e em seguida de couros salgados. O aumento de produtividade da pecuária acabou beneficiando não a indústria brasileira, e sim a de países como Itália e outros, que importam matéria-prima do Brasil e a transformam naquilo que, até há alguns anos, se exportava: couro acabado e calçados.

Está certo que o novo *accepted wisdom* do discurso neoliberal pelo menos teve o mérito de varrer do mapa da teoria econômica a ladainha cepaliana do imediato pós-guerra, que aliás nutriu toda a nossa geração. Ficou claro, a grande custo, que a industrialização por meio de proteção *à outrance* da indústria nascente foi um gigantesco engano: culpados tanto aqueles que nos fizeram engolir esse conto do vigário quanto nós que não soubemos enxergar a tempo que a receita que havia dado certo para a Alemanha de Bismarck poderia não dar tão certo aqui. Mas a nova política econômica desencadeou um processo, inverso, de sucateamento – não só físico – das indústrias que vão se tornando obsoletas, mas também, e muito pior, do acervo de conhecimentos, de qualificação profissional, enfim, daquilo cujo somatório chama-se tecnologia, e que, bem ou mal, constitui a herança aproveitável que nos legou o desenvolvimentismo.

A indústria do couro serviu, para efeitos dessas constatações, apenas como símbolo. O mesmo se poderia dizer da química fina, dos escritórios de engenharia, de diversos segmentos da indústria de bens de capital. Já não seria politicamente viável retornar aos *good old days* da economia fechada, malgrado os acessos de nostalgia pontual que levam o governo a ocasionais gestos para favorecer esse ou aquele setor que tenha o poder de berrar mais alto. Mas será que deixar que se alastre esse processo de gangrenação econômica é realmente a única alternativa? ■

BASES E CERAS

A demanda de óleos lubrificantes evolui lentamente. No caso do Brasil, cresceu de 950 MT em 1987 para 1.100 MT/ano em 2002, crescimento de 1%/ano. A demanda mundial, de umas 20 MM T/ano também não aumenta muito, consequência, pelo menos nos países ricos, de maiores intervalos entre trocas de óleo, menores volumes de óleo no cárter de automóveis e caminhões, e um inexorável progresso na qualidade dos óleos base. Nos EUA, por exemplo, ao longo dos últimos 20-30 anos o consumo per capita de lubrificantes caiu de 50 l/ano para 25 l/ano.

Essa melhoria de qualidade dos produtos finais reflete uma evolução constante, no desempenho dos aditivos e no nível de aditivação. Mas reflete sobretudo a adoção de novas tecnologias de refino para a obtenção das bases. Pouco a pouco, a partir dos anos 70, a desparafinação tradicional com solventes foi sendo substituída pela eliminação de parafinas por via química, numa busca constante de maiores índices de viscosidade (VI) e pontos de fluidez mais baixos. A primeira etapa dessa evolução foi a da isomerização das parafinas, dando hidrocarbonetos ramificados e por conseguinte mais solúveis. O estado atual da arte consiste de processos tais como o Isodewaxing$^\circ$ da Chevron, pioneira nesta área, que combinam hidrocraqueamento (HDC) – quebra das moléculas n-parafínicas – com isomerização. As bases convencionais, que nos EUA ainda representam 55% da produção total, são conhecidas como Grupo I; as obtidas por hidrocraqueamento, conforme a pressão de processo (e, por conseguinte, do grau de saturação do produto final) são classificadas em Grupo II ou Grupo III. Na Europa predomina o Grupo III, de custo mais elevado para o refinador, mas que torna possível atingir o desempenho desejado no produto formulado através de *blends* com bases de Grupo I.

As duas principais unidades de lubrificantes da Petrobras produzem bases parafínicas Grupo I.

A maior delas é a da REDUC, que remove as parafinas por extração com MIBK. A de Mataripe, que refina cru baiano, é quase uma produtora de parafinas que gera óleos base como subproduto: faz umas 95.000 T/ano de parafinas, contra apenas 30.000 T/ano na REDUC. Quanto à LUBNOR, em Fortaleza, nasceu como ASFOR – unidade produtora de asfalto e combustíveis a partir de crus naftênicos, tais como o Bachaquero venezuelano – e foi em seguida dotada de um hidroprocessamento severo, a 130 kg/cm^2, para eliminação das parafinas, tornando-se assim a única fonte nacional de bases naftênicas. Em virtude de seu baixo PF, os óleos naftênicos têm aplicações bem específicas: óleo de corte, compressores de refrigerador e graxas, mercado esse

Bases Lubrificantes – Mercado Brasileiro – M T (2002)		
Produção nacional – bases virgens		*830*
REDUC	650	
RLAM	120	
LUBNOR	60	
Rerefino		120
Importações		*200*
Petrobras	~100	
Petroleiras	~100	
(Menos: exportações)		*(50)*
Consumo aparente		*1100**

* existe também um comércio exterior de óleos acabados, de 20.000 T/ano em cada sentido.

que representa uns 15% da demanda brasileira de lubrificantes industriais.

Há uns 20 anos se esperava muito da ideia de bases lubrificantes totalmente sintéticas: polialfaolefinas (PAO), ésteres (por exemplo: do ácido n-C_7 com trimetilolpropano); alquilbenzenos pesados (2-3 mols de olefina por mol de benzeno); ou ésteres fosfóricos. Mas essas bases costumam custar 3-4 vezes mais do que os melhores produtos obtidos do refino, o que limitou sua penetração a certos nichos de mercado: aviação civil e militar, lubrificantes obrigatoriamente não-hidrocarbonetos (indústrias alimentícias/ farmacêuticas), óleos à base de ésteres fosfóricos resistentes ao fogo etc. Em algumas aplicações industriais os sintéticos ganham espaço das bases convencionais, graças a melhores relações custo/desempenho: mancais de moenda: compressores (para frio, recíprocos de alta pressão, fechados em geral); máquinas de papel; calandras para borracha; engrenagens de elevadores; sistemas de circulação (sobretudo em siderurgia: mancais, sistemas hidráulicos). E existe, bem entendido, um pequeno mercado para lubrificantes sintéticos em carros de alto luxo.

Mas, com tudo isso, as bases sintéticas não progrediram como se esperava: apenas cerca de 2% do total (em peso) nos EUA, 7.000-8.000 T/ano (ou 0.7%) no Brasil, 5% (em valor) na Europa.

Com a substituição das unidades de extração das parafinas com solventes pela sua destruição via hidrocraqueamento, iniciou-se no mundo um processo de substituição das ceras de petróleo por ceras sintéticas. Antigamente a Alemanha dispunha de excedentes exportáveis; hoje o único país com folga é a China. O mercado mundial de ceras oriundas do refino é da ordem de 1.80 MM T/ano, e a oferta estagnou nesse nível. Mas a produção de ceras sintéticas já anda beirando as 250 M T/ano, e cresce a 6%/ano.

Lubrificantes – Mercado Brasileiro - %		
Automotivos		*63*
Motores: gasolina/álcool	26	
Diesel	60.5	
Engrenagens	10	
Molas etc.	3.5	
	100	
Industriais		*37*
Óleos hidráulicos	19.5	
Graxas	14.5	
Lubrificação geral	13	
Corte (solúveis minerais)	11	
Óleos antiferrugem	10.5	
Motores estacionários	8.5	
Engrenagens fechadas	7.5	
Outros	11	
(turbina e circulação, engrenagens abertas, mancais pesados, barramentos/guias, compressores)		
Diversos	4.5	
	100	100

Do ponto de vista do processo de sua obtenção, existem três grandes famílias de ceras sintéticas:

• ceras Fischer-Tropsch. O pioneiro desse grupo foi a Sasol (África do Sul), que parte da gaseificação de carvão; mas no futuro deverão adquirir importância como produtores de ceras os vários projetos GTL (*gas-to-liquids*), tais como o da Shell, em Bintulu, na Malásia.

• subprodutos de outros processos petroquímicos: polimerizações de olefinas, μ-olefinas de cadeia longa, fundos de tanque.

Produção intencional: é o segmento que cresce. Vide a intenção de entrada nesse mercado recentemente anunciada pela Dow.

Até o final da década o crescimento da demanda interna de lubrificantes deverá empurrar o déficit da oferta de óleos-base para umas 300 M T/ano, o que poderá induzir a Petrobras a investir em expansão de capacidade, possivelmente utilizando a desparafinação por hidrocraqueamento. As bases lubrificantes já representam para a empresa um faturamento de mais de $ 300 MM anuais, e a $ 400-450/T para bases Grupo I – (ou seja, $ 200-250/T acima, no Brasil assim como no mundo todo, do preço do cru) –, sempre foram bom negócio para o refinador. ■

OFERTA DE SAL PODE CRESCER

F oi aprovado um projeto de reforma do porto-ilha de Areia Branca-RN. Nesse terminal o sal produzido no Rio Grande do Norte é carregado em navios a granel e transportado para os consumidores industriais da Região Sul, ou exportado.

A capacidade atual do porto-ilha, pouco alterada nos seus trinta anos de funcionamento, é de umas 2,5 milhões de t/ano de sal a granel, das quais 0,80 milhão está sendo exportada (Europa, EUA, África) e o resto encaminhado para o Centro-Sul. A primeira etapa de expansão custará $ 10 MM. Numa segunda será ampliada a zona de descarga das barcaças e a capacidade de estocagem, para que o tempo de carregamento dos graneleiros não seja afetado.

O projeto será implantado em duas etapas. Na primeira será reforçado o sistema de atracação, e serão acrescentados dois novos *dolfins* de carregamento, para complementar os três existentes. Essa infraestrutura adicional permitirá a atracação de navios até 75 mil toneladas, comparado com o limite atual de 35 mil. O sal do Rio Grande do Norte passará então a ser competitivo com o da enorme (6,5 a 7,0 milhões de t/ano) mina a céu aberto de Punta de Lobos, no Chile, hoje controlada pela Kali + Salz, e que consegue colocar o produto em Santos a $ 28/t. Aliás, a Kali + Salz se tornou com essa aquisição de quase $ 500 MM, a maior produtora de sal no mundo, com uma produção de cerca de 13 milhões de t/ano. No Brasil (*ver quadro 1*) a empresa controla o terceiro maior produtor, Diamante Branco, situado em Galinhos, algo a leste das principais concentrações de produtores (Mossoró, Macau).

A produção anual de sal no Brasil é de 6,45 milhões de toneladas, das quais quase 80% é sal marinho; e desse, 95% vem das salinas do Rio Grande do Norte. Dado um crescimento da demanda que não passa de uns 2% ao ano, essa estrutura da oferta permanece inalterada há décadas. Falou-se um pouco nos direitos minerários para a exploração do sal-gema descoberto pela Petrobras no Espírito Santo, mas antes mesmo que o Rio Grande do Norte se levantasse em armas – como fez, com sucesso total, no tempo do projeto Salgema, em Alagoas – uma conta rápida concluiu que, aos preços atuais da energia térmica, extrair salmoura da terra e recuperar o sal contido por evaporação simplesmente não seria negócio. A ideia morreu, de morte morrida.

Resta ir pouco a pouco expandindo as salinas do Nordeste. O RN, em matéria de sal, é um lugar abençoado pela natureza: invernos curtos, o que permite um longo período de estocagem do produto com reflexos favoráveis sobre os teores de Ca^{++} e Mg^{++}; um solo impermeável, o que reduz as perdas por infiltração, e com uma resistência que permite o emprego de pesadas máquinas de coleta do sal e uma relação evaporação/precipitação inigua-lável – muito sol, muito vento, pouca chuva. Para arrematar, as principais salinas de Mossoró são alimentadas, não por água do oceano, e sim por um

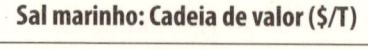

Sal marinho: Cadeia de valor ($/T)

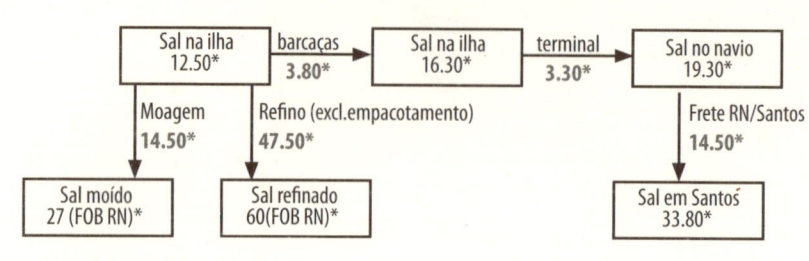

*valor
*valor agregado

Quadro 1 –Brasil – Produtores de Sal em 2005			
Sal Marinho (RN)	Controle Acionário	Produção (10^6 t)		Salinas
Salinor	(grupo JMM)	2.20		Mossoró (2) Macau (1)
Henrique Lage	(espólio Catão)	0.80		Macau
Diamante Branco	(Kali + Salz)	0.50		Galinhos
Norsal		0.35		Areia Branca
F. Souto		0.35		Mossoró (2)
			4.20	
Sal Terrestre			0.90	
RN etc. (NE)		0.60		
Cabo Frio		0.30		
Total, Sal Marinho			5.10	
Sal-Gema (salmoura)			1.35	
Dow		0.55		
Braskem		0.80		
Total Geral			6.45	
(-) exportações			- 0.75	
(+) importações			0.30	
Demanda interna			6.00	

Quadro 3 – Sal marinho – 2005 – Por Forma de Escoamento		
1.000 t		
Exportações		750
Cabotagem		1.750
Indústria química	1.020	
Soda-cloro	600	
Barrilha	400	
Outros (clorato de sódio etc.)	20	
Sal mineral (moagem própria)	150	
Moageiros/refinadores	500	
(não-integrados)		
Outros	70	
Terrestre		2.600
Sal moído	1.500	
Sal refinado	1.000	
Sal grosso	100	
Total		5.100

braço de mar ao longo do qual essa carga vai se concentrando, chegando nos primeiros evaporadores da salina já no estado conhecido no jargão local como "água de grau" – referência à escala Baumé, usada no pequeno mundo do sal para exprimir densidade (e daí, teor de sal) de soluções salinas.

O *quadro 3* resume os destinos e usos do sal marinho por forma de escoamento.

Indústria química

• O total para o item soda-cloro não inclui cerca de 200 mil t/ano importadas do Chile pela Carbocloro.

• Os três maiores produtores de soda-cloro do país são: Carbocloro (Cubatão-SP), Solvay (Ribeirão Pires-SP) e Canexus, empresa canadense que adquiriu a unidade cativa da Aracruz. Outros menores são as unidades anexas da Riocell (RS) e da Jari Celulose (PA), e a Pan-Americana (RJ).

• O único produtor de barrilha é a Cia. Nacional de Álcalis, agora controlada pelos funcionários, após doação das ações pelo antigo grupo controlador (Fragoso Pires).

• A Eka opera uma unidade de clorato de sódio perto de São Paulo e outra na Bahia. Essa última recebe sal por via terrestre.

Sal mineral

• O grosso do sal para pecuária, aditivado ou não, passa pela indústria de moagem. Alguns grandes (Tortuga e meia dúzia de outros) dispõem de moagem própria, e recebem sal grosso.

• Alguns moageiros não integrados, sobretudo na Região Sul (Azevedo Bento, Romani, Imbasal, Salsul etc.), em níveis (entre 100 e 200 mil t/ano) que permitem acesso ao sal a granel.

• O principal emprego do sal moído é a pecuária, e uma parte preponderante da moagem é integrada e se encontra no Nordeste. Parte do material moído passa pelas cooperativas rurais, outra por aqueles produtores de sal aditivado que não possuem moagem própria.

• O sal moído também é consumido em certos segmentos industriais pouco exigentes, como os curtumes, a produção de charque etc.

• A indústria de refino de sal se dirige a três grandes segmentos: ao consumo humano direto, à indústria alimentícia, e a alguns outros setores industriais (têxtil, detergentes, tratamento de água etc.). O consumo humano, direto ou por meio da indústria alimentícia, é da ordem de 550 mil t/ano, e o dos demais setores de 300 mil t/ano. O rendimento típico da operação de refino é de uns 85%.

Quase todo o sal refinado é obtido por um processo conhecido como KD, em quatro etapas:

• lavagem (redução final do teor de Mg)
• secagem
• moagem (mais fina do que para o sal apenas moído)
• aditivação (cerca de 40 ppm de iodo; anti-humectante)

A exceção é a RNS (Sal Cisne), em Cabo Frio-RJ, que obtém sal refinado por precipitação, acrescentando sal do RN a uma salmoura (virgem) local. Este sal se diferencia por uma distribuição granulométrica mais estreita, e maior grau de pureza (até isenção de sílica, exigida em algumas aplicações bem particulares). Essas características técnicas, acrescidas de um marketing imbatível, explicam a liderança absoluta da marca no mercado de sal doméstico. Existem pelo país afora um número enorme de marcas de sal, grandes, locais e privadas; algumas salinas como Salinor e Norsal também estão presentes nas prateleiras dos supermercados.

O crescimento lento do consumo de sal tem mantido os salineiros a salvo de grandes descontinuidades quanto à necessidade de aumentar a oferta. Uma pancada nesse sentido talvez venha do setor químico. Fala-se numa nova unidade de soda-cloro da Braskem, a ser localizada em Aratu, na Bahia, e que, por conseguinte, teria de partir de sal marinho – o que colocaria pressão na oferta nacional.

O sal é um ramo em que o produto é barato e as margens pequenas, o que no passado gerava frequentemente um ambiente de truculência recíproca entre empresários e trabalhadores. Vários fatores andaram contribuindo ao longo dos últimos trinta anos para maior transparência e para a elevação do nível de consciência sócio-ambiental: o próprio porto-ilha inaugurado em 1974; a progressiva mecanização nas salinas de maior porte; a chegada de multinacionais; e as soluções satisfatórias encontradas para casos societários complexos.

A repotencialização do porto-ilha será mais uma etapa no processo de fortalecimento empresarial da indústria salineira do Rio Grande do Norte. ■

INEOS: VENDENDO AS SÍLICAS

O grupo Ineos, cujas principais atividades são a produção de alguns grandes intermediários orgânicos e seus derivados – fenol/acetona, MMA, óxido de eteno, VCM/PVC – acaba de colocar à venda sua unidade Ineos Sílicas. Essa unidade foi originalmente adquirida da ICI (antiga Crosfield) junto com alguns outros ativos, numa transação que marcou o nascimento do grupo.

Aqui no Brasil a Ineos Sílicas opera duas plantas, uma em São Paulo, no bairro do Jaçanã, e a outra em Rio Claro-SP. A fábrica do Jaçanã produz silicato de sódio propriamente dito a partir do qual a de Rio Claro faz sílica gel e sílicas precipitadas (sobretudo para creme dental).

O *quadro 1* relaciona os fabricantes nacionais de silicato de sódio. A Diatom, agora também com uma unidade no Rio de Janeiro que supre a vizinha Fábrica Carioca de Catalisadores, é o maior produtor da América Latina, pois também opera uma unidade de 100 mil t/ano no México. Ineos é o outro *major*. Os produtores regionais menores (a cerca de $250/t, o silicato de sódio é um desses produtos que "viaja mal") completam o quadro. O maior deles é o grupo Una-Prosil, seguido de Manchester (que atende sobretudo as indústrias cerâmicas e têxteis do Sul) e Perquímica, atuando no Nordeste.

quadro 2 - Silicato de Sódio – Mercado Brasileiro (2004-2005) MT/ano	
Detergência	140
Ligantes para cerâmicas e refratários	40
Branqueamento (celulose, têxtil), fundição, colas para papel, etc.	30
Sílicas precipitadas	185
	395

Quadro 1 - Silicato de Sódio: Produtores e Capacidades		
Produtor	*Localização*	*Capacidade, 1.000 t/ano*
Diatom	Mogi das Cruzes, SP	} 180
	Rio de Janeiro	
Ineos	São Paulo	180
Una-Prosil	Cajamar, SP	100
	Rio de Janeiro	
Perquímica	PE	20-25
Manchester	SC	20-25
Rhodia	Paulínia, SP	55-60
		~ 565-580

Os silicatos de sódio – $Na_2O.nSiO_2$, onde **n** vai de 0.5 a 3.5 – são produzidos a partir de areia e de uma fonte de Na_2O:

- barrilha, por fusão a 1.200°C em forno

- soda cáustica, por reação hidrotérmica.

A opção por um ou outro dos dois processos é uma questão de custos comparativos do Na_2O contido.

O *quadro 2* segmenta o atual mercado interno. O maior emprego dos silicatos enquanto tal é na formulação de produtos de limpeza. O momento é bom, pois com os preços da cadeia petróleo-petroquímica lá em cima os formuladores optam por reduzir os teores dos vários princípios ativos em seus produtos, em proveito das cargas minerais: STPP, sulfato de sódio, silicato de sódio.

Seguem-se os usos como ligante na indústria cerâmica, na estabilização do peróxido de hidrogênio usado em branqueamento, e como ligante em areia de fundição, aplicação que já foi maior mas andou perdendo terreno em proveito de ligantes poliméricos.

Na categoria das sílicas precipitadas estão incluídas:

- sílicas precipitadas para borracha (pneus, solas de tênis, etc.), produção no Brasil de umas 40-45 M T/ano. O principal produtor é a Rhodia (Paulínia, SP), a partir de silicato de sódio cativo. Paulínia é mais ou menos auto-suficiente em silicato de sódio. A Rhodia produz umas 250 mil t/ano desses pigmentos no mundo, inclusive 20 mil t/ano na Venezuela. O outro produtor nacional é a Diatom, com capacidade de 6 mil t/ano em Mogi das Cruzes-SP.

- abrasivo para creme dental, onde a sílica concorre com fosfatos e com carbonato de cálcio precipitado. Mercado total de umas 18 mil t/ano, das quais a sílica precipitada representa 30%;

- sílica-gel micronizada, produzida pela Grace (Sorocaba-SP). No exterior, a empresa também produz dois derivados do gel: uma versão granulada, e um produto contendo íons Ca^{2+}, obtido por troca iônica. Total de sílica-gel produzido no país: umas 8 M T/ano. São produtos obtidos por precipitação da sílica com um ácido, lavagem do gel obtido, secagem até um teor de umidade residual que pode ir de 3 a 60%, moagem e micronização. As principais aplicações são fosqueamento de tintas, absorção de proteína residual em cerveja, como agente antiblocante em filmes plásticos, e em óleos comestíveis;

- sílica coloidal, usada como agente de retenção e drenagem na produção de certos tipos de papel (umas 5-6 M T/ano). Produzido no país pela Nalco em sua planta de Suzano-SP. O processo envolve a separação do óxido de sódio da sílica por troca iônica, seguida de concentração.

• o silicato de sódio é uma das três principais matérias-primas para a produção de catalisadores para craqueamento catalítico (as duas outras são caulim e uma mistura de óxidos de terras raras). O produtor brasileiro FCC, está em vias de expansão para 40 mil t/ano;

• metassilicato de sódio, do qual se usam umas 10 mil t/ano sobretudo em formulações detergentes.

Ainda falando em silicatos, a Hergrand (Rio Claro-SP) ampliou para 1.500 t/ano a capacidade de sua unidade de silicato de etila. Há uns 25 anos, ainda existia em Campinas-SP a unidade da antiga Stauffer, que foi vendida à AKZO por volta de 1987. Quando a AKZO resolveu se desfazer dessa atividade, nasceu a Silbond (Weston, MI) como herdeira da planta norte-americana, a maior do mundo. A daqui foi sucateada, mas quando o pessoal da Hergrand um dia encontrou num ferro-velho a coluna de fracionamento – a alma do processo – que havia sido da Stauffer, resolveu investir na geração de tecnologia própria e na construção de uma planta.

Existem dois processos para a produção do $Si(C_2H_5O)_4$:

• reação catalítica de silício metálico micronizado com etanol, com desprendimento de hidrogênio. É o processo Stauffer, originalmente patenteado pela GE (1946) e mais tarde pela Union Carbide (1963). O produto obtido por essa rota tem a vantagem de ser isento de cloro e o Brasil é um bom lugar para o uso desse processo por ser grande produtor, tanto de etanol quanto de Si metálico.

• reação de etanol com $SiCl_4$. Este processo é usado pelo outro produtor de peso, a Wacker, que dispõe desse intermediário por ser também o precursor das suas sílicas pirógenas.

O principal emprego do silicato de etila é, de longe, como ligante dos pigmentos de zinco usado em tintas marinhas. Assim, a demanda é altamente dependente das atividades de construção e reparos navais. Alguns outros empregos menores também se destacam:

• sendo um fluído capaz de ser purificado por fracionamento, o silicato de etila é usado como precursor de sílicas precipitadas com 99.99% de pureza, especiais para semicondutores.

• o isolante Aerogel, empregado em naves espaciais, é obtido por hidrólise sob pressão do silicato de etila, dando um gel de elevada pureza, purificado por evaporação do etanol em condições supercríticas.

- aplicações mais convencionais são na reticulação de borrachas silicone, e como impermeabilizante de pisos de granito ou cimento (com o tempo a molécula vai se transformando em silicato de cálcio dentro das frestas do piso). Junto com a Universidade de São Carlos, está sendo desenvolvido um processo para a proteção de estruturas de concreto submersas. Outra aplicação importante é nos moldes cerâmicos para o processo de fundição, conhecido como *investment casting*, usado para fundir peças pequenas e de alta precisão.

O mercado mundial de silicato de etila é da ordem de 24 M T/ano. O produto vale uns $2.50/kg. ■

Silicato de Etila – Produtores Mundiais (2005) – 1.000 t/ano		
Silbond	Weston, MI	11.0
Wacker	Burghausen, AL	7.0
Hergrand	Rio Claro, SP	1.5
Tama	Japão	
Delchem	Índia	}6.5
Chineses		
		~25.0

Morrendo Pelas Narinas

Os feromônios são compostos semióticos (do grego *semeion*, sinal) que por meio do seu odor provocam certas reações fisiológicas – em particular, as de reconhecimento e atração sexual. Essa propriedade dos feromônios, que começaram a ser identificados de uns cinquenta anos para cá, é a base para combater uma variedade de insetos que prejudicam a agricultura. Existem três estratégias para o emprego desses compostos:

1 - monitoramento da presença do inseto visando a sua quantificação, permitindo orientar e otimizar a estratégia de combate à praga por meios agroquímicos – o dito *integrated crop management*. Para tanto empregam-se armadilhas, cada uma contendo o feromônio em quantidades da ordem do miligrama, porém de alta pureza, para provocar o devido entusiasmo por parte do macho. Essa estratégia tem possibilitado a redução do uso de inseticidas em numerosas culturas, por exemplo na região do Mediterrâneo ou, no caso do Brasil, no controle do bicudo do algodão.

2 - coleta massal, que visa uma diminuição direta da população. Apresenta o inconveniente de só permitir a destruição dos machos, uma vez que existem poucos exemplos na natureza de feromônios unissex.

3 - confusão sexual, que consiste em perturbar os hábitos de acasalamento dos machos limitando sua capacidade de localizar as fêmeas e interrompendo assim o processo reprodutivo. Esse método exige o emprego, conforme o caso, de algo como 100-200 g/ha de princípio ativo, ou às vezes menos, se houver um método adequado para sua liberação controlada.

A cadeia tecnológica de emprego comercial dos feromônios compreende quatro elos:

1 - pesquisa entomológica e identificação química dos feromônios secretados pelas pragas-alvo. No Brasil existem centros como a ESALQ e a Universidade Federal de Viçosa, além de algumas unidades da EMBRAPA.

2 - síntese dos princípios ativos. Existem algumas centenas de moléculas em uso, algumas em forma de enantiômeros ou estereoisômeros puros. Grande parte consiste de álcoois, aldeídos e ésteres de cadeia longa, contendo até três duplas ligações. Muitos dos compostos existem, portanto, na forma de 2, 4 ou mesmo 8 estereoisômeros diferentes, e conforme a aplicação torna-se desejável isolar um deles. Idem para os que existem em mais de uma forma enantiomérica, o que pode exigir separações complexas, ou sínteses quirais.

No Brasil, o laboratório do prof. Paulo Zarbin, na Universidade Federal do Paraná, é o principal centro de pesquisa da química e síntese desses compostos.

3 - formulação do princípio ativo, sobretudo no caso do monitoramento, quando é preciso reproduzir o cheiro da fêmea com a máxima fidelidade.

4 - desenvolvimento da tecnologia específica de uso final para cada binômio inseto/feromônio: projeto conceitual de iscas e armadilhas, métodos de liberação do feromônio...

Dado que o uso de feromônios constitui uma estratégia de controle relativamente cara (da ordem de $ 100/ha no caso da modalidade "confusão sexual", por exemplo), justifica-se apenas em relação a determinadas situações e culturas. A aplicação de maior importância comercial no mundo é o combate à mariposa *Cydia pomsonella* em pomares de macieiras, já que as normas que regem a presença de resíduos químicos no fruto tornariam impraticável o uso de qualquer agrotóxico. O composto usado é o 8,10-dodecadienol-1, do qual o maior produtor do mundo, a japonesa Shin Etsu, produz umas 50 t/ano. Em seguida, vem o 7,8-epoxi-2-metiloctadecano, conhecido pela alcunha de "disparlure", por ser utilizado em silvicultura contra os estragos provocados por outra mariposa, *Lymantria díspar*. O grande produtor é a norte-americana ISP, que faz umas 5 T/ano do racêmico desse composto; outro produtor é a Isca, na Califórnia, que faz um estereoisômero puro. O principal mercado é a proteção de florestas de propriedade do Ministério da Agricultura norte-americano.

Umas 120 empresas no mundo atuam no setor do controle biológico. Apenas algumas poucas estão envolvidas na síntese propriamente dita dos feromônios:

- Shin Etsu, maior produtor mundial de "álcool das folhas" (cis-3-hexen-1-ol), usado em fragrâncias e precursor do 8,10 dodecanodiol. O álcool das folhas é obtido por uma rota envolvendo uma sucessão de etapas altamente perigosas:

$$C_2H_2 + Na^{\oplus}HC^{\circ}CNa \xrightarrow{C_2H_5Cl} HCCC_2H_5 \xrightarrow{+\text{óxido de eteno}}$$

$$\text{3-hexinol} \xrightarrow{H_2 \text{ estereoseletiva}} \text{álcool das folhas}$$

- ISP, ex-GAF, até 1940 braço norte-americano da I.G. Farben e herdeira tecnológica de sua química do acetileno. Sua síntese do *disparlure* racêmico parte do álcool propargílico; e a rota compreende etapas em que se utiliza butil lítio, e temperaturas de -100°C.

• Bedoukian, empresa familiar norte-americana do setor de produtos para aromas e fragrâncias de estrutura química bastante parecida com a dos feromônios

Empresas de controle biológico que se integraram. Exemplos: SEDQ (Barcelona), Isca (empresa californiana que tem um presidente brasileiro e uma afiliada em Vacaria-RS) e sobretudo a Chem Tica (Costa Rica), comandada pelo dr. Cam Oelschlager, veterana figura icônica desse pequeno mundo.

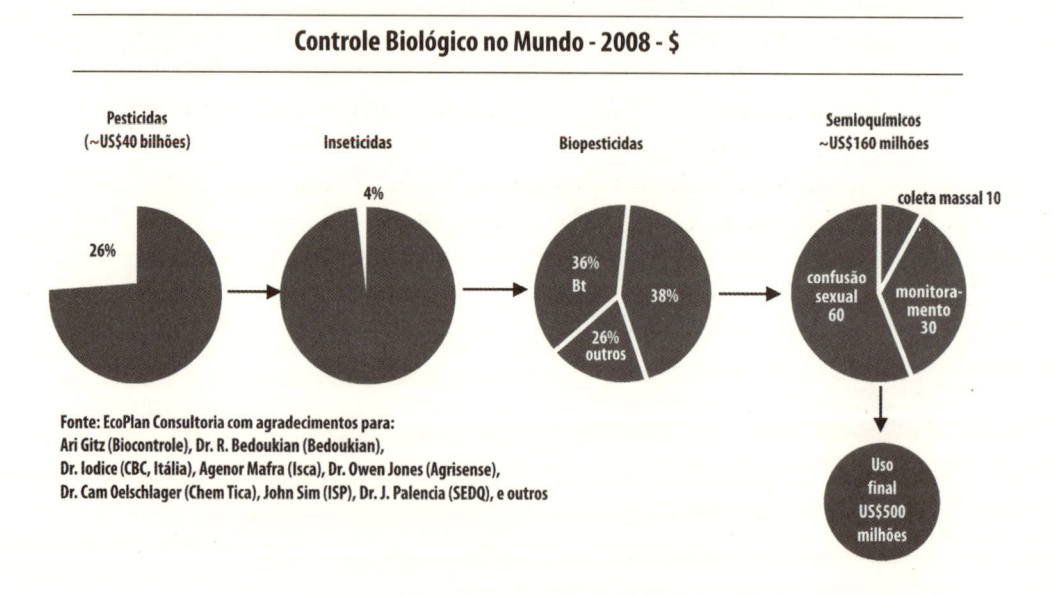

Controle Biológico no Mundo - 2008 - $

Fonte: EcoPlan Consultoria com agradecimentos para:
Ari Gitz (Biocontrole), Dr. R. Bedoukian (Bedoukian),
Dr. Iodice (CBC, Itália), Agenor Mafra (Isca), Dr. Owen Jones (Agrisense),
Dr. Cam Oelschlager (Chem Tica), John Sim (ISP), Dr. J. Palencia (SEDQ), e outros

Grupos de síntese ligados a institutos de pesquisa agronômica. Os mais conhecidos são Pherobank (PB) e o Plant Protection Institute húngaro, ambos capazes de fornecer pequenas quantidades de uma extensa gama de compostos e formulações.

A esse seleto grupo vem juntar-se a Interacta, por ora ainda hóspede da incubadora alagoana Incubal. A empresa sintetiza o rincoforol, usado no combate ao besouro *Rhynchophorus palmarium*, praga dos coqueirais do Nordeste.

O composto pode ser obtido, por exemplo, por uma síntese de Grignard:

$$RMgBr + R_1R_2CO \longrightarrow R_1-\underset{\underset{R}{\overset{\overset{R_2}{|}}{|}}{C}}-OH$$

onde **R**= *radical alila, e a carbonila provém do valeraldeido.*

No mundo os feromônios estão sendo usados para tratar por confusão sexual uns 650 mil ha, e por destruição massal outros 250 mil ha. Esses números vêm crescendo a taxas bem superiores às do uso de inseticidas convencionais. Em termos de volume físico, isso corresponde a 80-90 T/ano de princípios ativos, valendo em torno de $160 MM/ano.

Segundo outra estimativa, ao nível de seu uso final os feromônios representam um valor de prateleira de uns $ 500 MM/ano. Além da agricultura propriamente dita, existem aplicações correlatas em saúde pública e proteção de produtos armazenados. Os compostos em si também têm outros mercados: domissanitários mosca/barata, fragrâncias, e até certas especialidades comercializadas via *sex shops*. ■

FOIE GRAS EM DECADÊNCIA

O *foie gras* é componente incontornável de qualquer ceia de Natal ou réveillon parisiense. Há uns 50 anos ainda significava fígado de ganso (em alemão, por exemplo, até hoje se diz *Gänseleber*), mas hoje mais de 95% da produção francesa – por sua vez, 80% do que se produz no mundo – é de pato. Essa substituição foi um dos resultados do lento processo de encolhimento numérico do campesinato francês. Os gansos eram, na realidade, a fonte de renda discricionária da mulher do campo que, pessoalmente, engordava para o fim de ano meia dúzia de bichos que muitas vezes ficam dormindo debaixo da cama. Com o dinheiro apurado, pagava a conta do armarinho.

O desaparecimento do camponês tradicional como entidade econômica provocou a substituição do ganso pelo pato. Mais fácil de criar e manejar, mais resistente, diferente mas nem por isso inferior em matéria de sabor, e propiciando consideráveis economias de escala.

Encontrando-me na França neste último fim de ano, fiz como os romanos: comprei dois fígados crus para prepará-los pessoalmente. A técnica é simples: tiram-se as veias, usando faca de ponta; tempera-se com sal grosso e pimenta, e deixa-se o fígado na geladeira durante uma noite com um peso por cima. No dia seguinte o fígado é lavado e seco, acomodado na terrina, e essa colocada numa panela de água fria. Liga-se o fogo, e quando a água chegar à ebulição deixa-se fervilhar durante cerca de 17 minutos – o tempo de residência exato vai depender do peso – passados os quais se desliga o fogo. A terrina fica resfriando dentro da própria panela, em seguida depois passa uma noite na geladeira e pronto.

Mas dessa vez foi uma decepção. Resultou em massa meio pastosa, com cara e gosto de algo para ser passado em assadura de criança. Resolvi conferir em dois restaurantes estrelados. E mesma decepção.

Decidi então consultar o amigo Eugène Lautecaze, agricultor polivalente na pequena comuna de Cosledàa, região produtora do vinho tinto Madiran. Quando primeiro o conheci, Eugène engordava patos em lotes de exatos 208, num galpão onde ficavam as máquinas de "gavar" (empanturrar). A comida era um mingau de milho (de plantação própria) preparado diariamente numa autoclave de uns 500 l. Duas vezes por dia, ao ouvir o ranger da porta do galpão, os bichos iam logo enfiando o pescoço cada um na sua máquina, ávidos à espera da gororoba. Toda a arte consistia em levar os patos até as portas da morte por esteatose – mas só até as portas, pois fígado de bicho morto de morte natural adquire uma coloração avermelhada que o desqualifica no ato.

O fígado, na época pesando tipicamente 600-700 g, representava 60% do valor da ave; o restante provinha do chamado *paletot*, de onde saíam a banha (ótima para fritar batata), a penugem, os *confits* e presuntos de pato. Aliás, na antiguidade, o fígado é que era subproduto da engorda. Para os judeus, por exemplo, o ganso era sobretudo uma fonte de banha, sem o inconveniente de estar violando os códigos alimentares. Isso explica a tradição do *foie gras* na Alsácia com sua concentração, já na Idade Média, de judeus asquenazi, e mais tarde, no sudoeste, onde foi parar parte dos sefaradim expulsos da Espanha em 1492.

Lautecaze representava apenas o elo derradeiro de uma cadeia formada pelo criador dos patinhos, o recriador que levava os bichos ao estágio conhecido como PAG – "*prêt à gaver*" – e o "gavador" propriamente dito. Dizia ser aquela uma operação altamente sensível economicamente, pois bastavam algumas poucas mortes morridas para inviabilizar o lote. No dia certo, após um período de engorda intensiva de quatro a cinco semanas, os bichos eram degolados e as carcaças levadas à fábrica de conservas da Labeyrie, marca das mais conceituadas da França. Num dia de canícula estival cheguei a fazer a viagem de entrega de uns 30 km no furgão do Eugène, em meio a uma fedentina nauseante cuja memória guardo para sempre.

Nesse meio tempo, contou-me então o meu amigo, havia ocorrido uma mudança tecnológica que explicaria a piora de sabor e textura, e também a redução do tamanho médio dos fígados para 500-550 g. Algum *expert* em nutrição animal havia descoberto que era possível empanturrar os bichos projetando-lhes goela abaixo granulados de ração, transportados por uma rede de ar comprimido. Donde, investimentos em compressores, dutos, novas máquinas de "gavar", um novo galpão para acomodar o novo lote econômico – segundo suas contas, por volta de 850 pensionistas. E no fim, tudo isso para obter um *foie gras* com sabor de frango de bandejão.

Eugène largou o ramo, e hoje se limita a produzir, à moda antiga, alguns poucos fígados, transformados em terrinas e conservas por sua esposa, a admirável Noëlle, e comercializados na porteira. Eugène continua com suas culturas – milho, sorgo –, mas desconfio que sua principal ocupação seja preencher os formulários exigidos por Bruxelas para o pagamento de seus subsídios, cortesia da Política Agrária Comum.

Aliás, contou-me um dono de restaurante, que é justamente essa degradação da matéria-prima que explica a moda atual do "*foie gras poêlé*". Cauterizado em chapa quente, afogado em compotas e *coulis*, não sobressai tanto o sabor de ração do fígado cru. ■

ISOLANTES TÉRMICOS

Quatro famílias de materiais disputam o mercado brasileiro de isolantes térmicos não criogênicos: lã de vidro, lã de rocha, silicato de cálcio e fibras cerâmicas. Mas logo também deverá começar no país a produção de lã de escória. Cada um desses materiais se concentra em determinados segmentos de mercado.

Mercado brasileiro de Isolantes Térmicos - *por material*

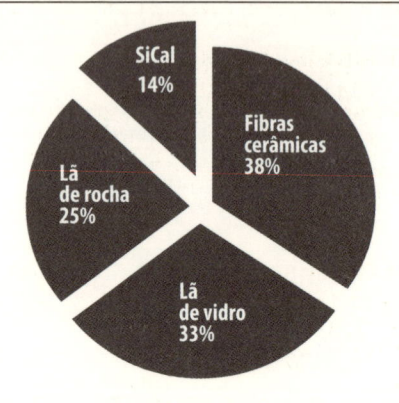

Lã de rocha

No Brasil, não existe a rocha vulcânica com baixo teor de ferro, a partir da qual se faz lã de rocha na Europa. Os produtores brasileiros partem de uma rocha basáltica que pode conter até 15% de Fe_2O_3, o qual age como fundente e resulta em temperaturas de serviço relativamente baixas, além de ser um agente promotor de oxidação em algumas aplicações.

Os produtores de lã de rocha são: Rockfibras, com uma unidade em Guararema-SP (isolamento industrial) e outra, menor, em Boituva-SP (demais aplicações); e Larocha (grupo Ibar), que pôs em marcha recentemente uma planta em Descalvado-SP, provavelmente de olho no crescente mercado álcool-açucareiro.

A lã de rocha é usada sobretudo naquelas indústrias de processo em que a manutenção é feita todo ano – em particular o setor açúcar-álcool, responsável por uns 70% da demanda. Também tem aplicações na construção civil, como isolante acústico, e em escapamentos de automóveis.

Lá de vidro

Isover (grupo St. Gobain), único produtor de lá de vidro no Brasil, parte de uma mistura de cacos especiais, gerados internamente em outras unidades do grupo, e de matérias-primas convencionais, tais como areia e barrilha. A lá de vidro também é usada em indústrias de processo, as quais representam 20%-25% da demanda desse material.

Outras aplicações da lá de vidro:

- fogões: cerca de 40% dos quase 4 milhões de unidades anuais produzidas são dotados de isolamento, para fins tanto de proteção quanto de economia térmica;

- construção civil: *dry walls*, coberturas, isolamento acústico;

- dutos para ar-condicionado, incluindo aqueles de fibra de vidro a 100%;

- componentes automotivos: escapamentos, pastilhas de freio, motor;

naval/*off-shore.*

- Silicato de cálcio

Material fabricado com sílica cristalina e cal. Três produtores no oaís: Calorisol (antiga Johns Mansville, Paulínia-SP), TST Isolantes Térmicos (Cosmópolis-SP) e Rockfibras.

As desvantagens da elevada condutividade térmica comparada a outros isolantes, sensibilidade à umidade, e preço do material são compensadas pelas propriedades mecânicas e uma vida útil praticamente ilimitada. É amplamente usado pelo sistema Petrobras, pois permite ao operador caminhar pela tubulação – considerado importante, por conta da grande diversidade de implantações do grupo, e do fator risco. Também usado como respaldo de revestimentos refratários.

Fibras cerâmicas

Presentes no mercado mundial há 35 anos, dominam o mercado representado pelas temperaturas de serviço entre 850°C e 1.450°C. Existem quatro tipos:

- alumina/sílica (1.260°C);
- alumina/sílica, mas com teor de alumina mais baixo (850°C);
- alumina/sílica/zircônia (1.400°C);
- fibra solúvel (SiO_2/CaO/MgO) para temperaturas de até 1.100°C,

recentemente lançada pela Morganite, (batizada "SW", de *special wool*).

- Unifrax prevê o lançamento de um produto análogo, porém para temperaturas de serviço limitadas a 1.200°C.

A principal vantagem das fibras solúveis é o fato de poderem ser lançadas em aterros sanitários – ao contrário das fibras cerâmicas convencionais, que exigem aterros especiais. Acredita-se que os novos materiais possam competir em 85% das aplicações, ficando os outros 15% por conta daquelas mais exigentes em termos de temperatura de serviço.

O processo de produção das fibras cerâmicas começa com a eletrofusão dos ingredientes. A corrente de material fundido é enviada, através de um duto de ítrio, à operação que a converte em fibras. O método convencional é por sopro, o que dá uma fibra de ótima condutividade térmica, porém de baixa resistência mecânica. Outro processo é por centrifugação, dando uma fibra de excelente resistência mecânica. A Morganite (São Bernardo do Campo-SP, filial do grupo inglês Morgan) recentemente pôs em marcha uma linha por centrifugação, onde o líquido fundido impinge sobre um par de rolos rotativos.

Em ambos os casos, as fibras são em seguida depositadas numa esteira sujeita à sucção por baixo, e convertidas em manta por uma operação de agulhamento. A Unifrax implantou uma nova linha, equipada para ambos os processos, com capacidade de 10 mil t/ano.

Lã de escória

A CSN desenvolveu um processo para a produção desse material diretamente com a escória fundida do alto forno. Está em projeto uma planta comercial, joint venture entre CSN e Unifrax. Até que esta nova planta entre em marcha, a nova linha da Unifrax será parcialmente usada para produzir lã de escória com material solidificado, vindo de Volta Redonda.

O novo projeto tem em vista o mercado de média temperatura, hoje atendido pela lã de rocha e de vidro, e o material apresentará baixo teor de Fe_2O_3. A futura planta terá além disso a vantagem de partir diretamente de uma matéria-prima líquida, donde grande economia de energia.

O mercado brasileiro de isolantes térmicos pode ser estimado em cerca de $165 MM /ano, sem contar o valor adicionado correspondente à transformação das várias matérias-primas – pelas próprias fábricas – em produtos de maior valor agregado, tais como:

- moldados;
- cimentos isolantes;
- dutos para ar-condicionado e outros componentes para construção civil.

Alguns derivados mais sofisticados das fibras cerâmicas, como cordas, tecidos e papéis, ainda não são produzidos no país. O volume das fibras primárias transformadas pelos próprios fabricantes varia de material para material: no caso das fibras cerâmicas é estimado em 40%-45% do total.

O mercado das indústrias de processos – petróleo/petroquímico, celulose, açúcar/álcool – deve representar uns 25% do faturamento total. Os principais fatores que influenciam essa demanda são:

- novos investimentos nas indústrias de processo – siderurgia, celulose, açúcar/álcool;

- obrigatoriedade do isolamento para proteção pessoal (acima de 70°C);

- encarecimento relativo das fontes primárias de energia – até mesmo do bagaço de cana;

- políticas de conservação de energia, a exemplo do Procel (Programa Nacional de Conservação de Energia Elétrica). ■

Brasil – Produção de Materiais Isolantes			
Material	*Produtor*	*Localização*	*Capacidade T/ano*
Silicato de cálcio	Calorisol	Paulínia, SP	3.500
	TST	Cosmópolis, SP	2.000
	Rockfibras	Guararema, SP	1.000
Lã de vidro	Isover (ST. Gobain)	São Paulo, SP	13.000-15.000
Lã de rocha	Rockfibras		13.000-15.000
		Guararema, SP	
		Boituva, SP	
	Larocha (IBAR)	Descalvado, SP	5.000
Fibras cerâmicas	Morganite	S. Bernardo, SP	5.000
	Unifrax	Vinhedo, SP	10.000(*)
	IBAR	Suzano, SP	1.000
Lã de escória	CSN/Unifrax	Volta Redonda, RJ	40-50.000(**)

(*) *start-up* de uma nova unidade, prev. 7/07. Atualmente, 4.000 T/ano.
(**) a ser definida; partida estimada para após 2008.

Isolantes Térmicos – Algumas Características			
	Temperatura de Serviços, °C	Condutividade Térmica (índice)	Preço relativo
Silicato de cálcio	750	100	100
Lã de vidro	550	88	80
Lã de rocha	750	94	60
Lã de escória	750	80	50
Fibras cerâmicas	850-1.400+	74-83	75-125

Metais Refratários

A Bayer anuncia que colocou à venda sua divisão H.C. Starck, líder mundial da produção de metais refratários, o que vem evocar algumas recordações.

A empresa foi fundada em 1920 por Hermann C. Starck, primeiro como *trading* de metais, e em seguida como pioneira mundial em tecnologias de redução, ao estado metálico, de nióbio, tântalo, tungstênio e molibdênio. Com exceção do tântalo, obtido por redução com Na metálico de seu fluoreto, esses metais são obtidos por redução com hidrogênio, sob temperaturas elevadas, dos respectivos óxidos – o que talvez explique a perenidade da liderança mundial do setor ostentada pela empresa. Hoje a divisão fatura $ 1,2 bilhão/ano e emprega 3.400 pessoas. Seu único concorrente sério é a Cabot Corp., que há duas ou três décadas incorporou as atividades bem menos diversificadas nesse setor da também norte-americana Kawecki.

Conheci H. C. Starck pessoalmente poucos anos depois da Guerra, recém-retornado de alguma prisão soviética. Contavam seus admiradores que, saindo a pé da estação de Düsseldorf, onde havia desembarcado do trem de repatriados, ele parou primeiro no escritório, de onde telefonou para a mulher, a quem fazia oito anos que não via, pedindo para servir o almoço um pouco mais tarde. Os Starck moravam num belo *brownstone* no centro velho de Düsseldorf, cujos três primeiros andares abrigavam os escritórios e o último, o apartamento do casal. Todos os dias os principais executivos subiam, ritualmente, para almoçar em família com o chefe e sua mulher. Discutia-se metais, mas também artes e política. HC, como era conhecido, possuía uma notável coleção de arte judaica – sua mulher era húngara e judia, mas ainda assim conseguiu passar toda a Guerra escondida na Alemanha – e era um militante da reunificação alemã, simbolizada pelo *button* representando o Portão de Brandemburgo que usava na lapela. Acendia um cubano no outro, e quando um dia lhe perguntei a que ele atribuía seu sucesso na vida, me respondeu: "Negócio, mesmo, só faço com fumantes de charuto."

Tanto HC como Da. Klári morreram relativamente cedo, talvez desgastados fisicamente (mas nunca em seu bom humor) por tudo que enfrentaram. Em 1986 a empresa acabou sendo vendida à Bayer pelos filhos, e agora retoma sua condição de empresa independente da grande química, sob a égide do Carlyle Group. ■

Mais Resinas de Petróleo

Existem duas grandes famílias de resinas de petróleo:

• resinas C_9, produzidas com uma corrente de carga que, em princípio, poderia ser retirada da gasolina de pirólise de qualquer vapocraqueador que processe cargas líquidas. No Brasil, é o caso das resinas Unilene, produzidas no complexo petroquímico de Mauá.

• resinas C_5, obtidas de diciclopentadieno e piperilenos, monômeros contidos na fração C_5 dos mesmos vapocraqueadores. Para tornar essa corrente utilizável na produção de resinas, é preciso primeiro remover o isopreno contido. A Braskem (Camaçari, BA) opera uma unidade desse tipo, e dispõe por conseguinte de matérias-primas para resinas C_5, hoje quase totalmente exportadas.

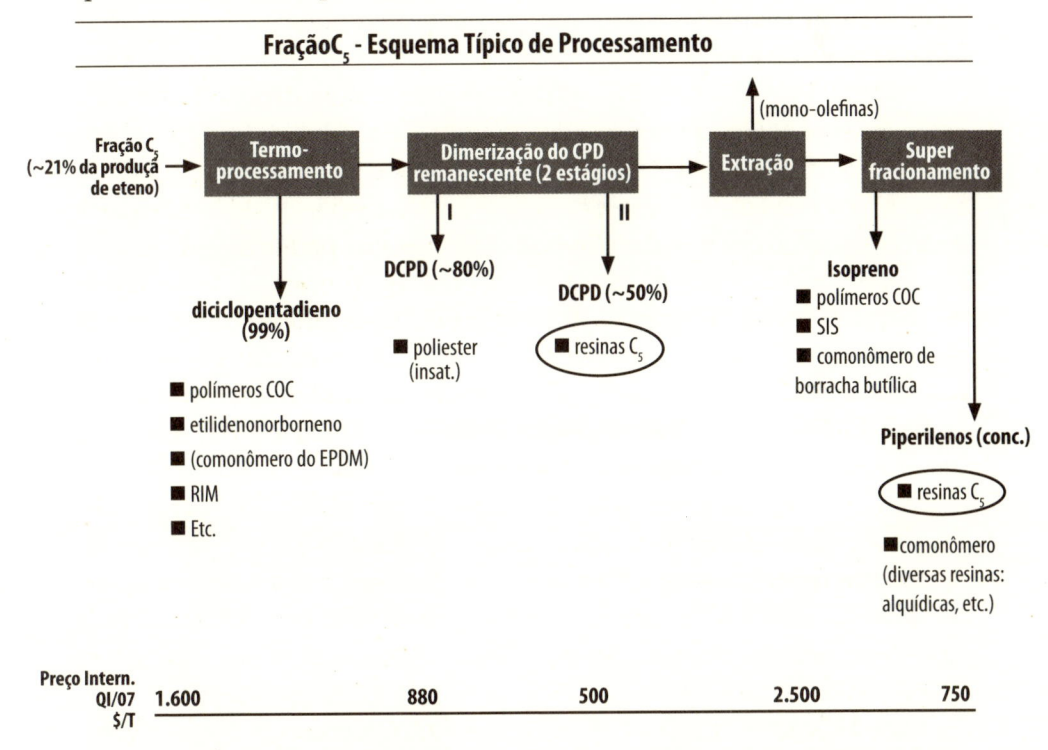

Fração C_5 - Esquema Típico de Processamento

A unidade de Mauá, construída há quase trinta anos com tecnologia da então CdF, Chimie francesa, nasceu com uma capacidade de 10 mil t/ ano. Graças ao *capacity creep* – resultado de pequenos desgargalamentos e de maior domínio do processo ao longo do tempo – a unidade hoje. Deve produzir 17 mil t/ano. Com a recente instalação de uma nova pastilhadeira, a capacidade deverá eventualmente chegar a 22 mil t/ano, quando certamente aparecerão novos gargalos a serem removidos. Pensa-se também numa duplicação pura e simples por rebatimento da unidade inicial, o que talvez venha a esbarrar em problemas de carga, pois a nova etapa de expansão da central será baseada em correntes gasosas – as quais não geram gasolina de pirólise.

A demanda interna de resinas C_9, de 8,5 mil t/ano, se segmenta em partes mais ou menos iguais entre três campos de aplicação:

- borracha;
- tintas (à base de alumínio, para madeira etc.);
- adesivos (*hot melts*, colas à base de solventes).

O restante é exportado. A unidade de Mauá produz essencialmente alguns *grades* básicos, comercializados em proporção crescente pelo mecanismo do *global sourcing* adotado por grandes clientes, tais como os produtores de pneumáticos. Já os *majors* (como a Eastman, com a sua aquisição da Hércules) procuram segmentar esses mercados tradicionais pela introdução de novos *grades* – modificação com outros comonômeros –, resultado de programas de pesquisa ao longo do tempo. Por outro lado, o recente fechamento de duas centrais petroquímicas que forneciam cargas C_9 para a Eastman e para a Total, respectivamente, serviu para consolidar a posição comercial do produtor nacional. Idem para a ausência, nos últimos dez anos pelo menos, de novos investimentos nesse setor, causada em boa

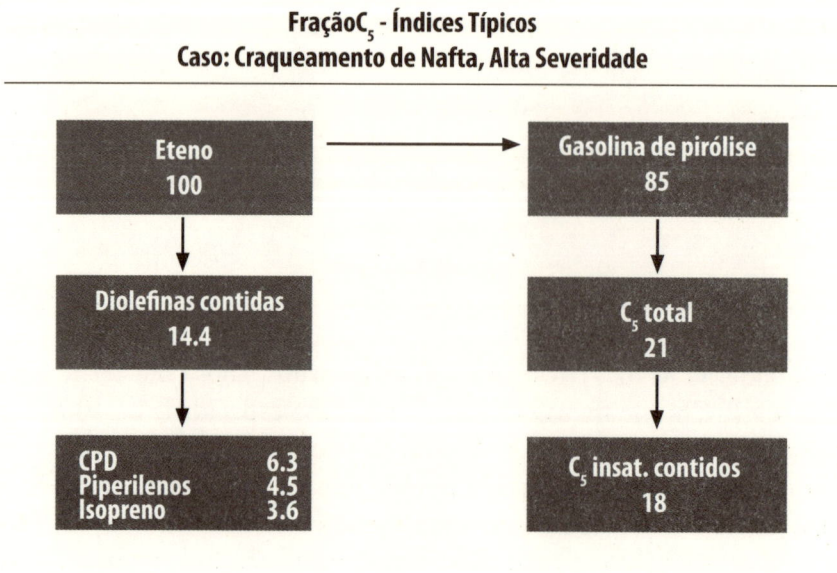

Fração C_5 - Índices Típicos
Caso: Craqueamento de Nafta, Alta Severidade

parte pela perda gradativa de participação das cargas líquidas na produção mundial de olefinas.

A demanda mundial de resinas C_5 é da ordem de 85% da de C_9, o que corresponderia no Brasil a uma demanda interna de umas 6,5 mil t/ano. São usadas em adesivos, naquelas aplicações onde cor é a principal exigência: *hot melts* para produtos higiênicos, laminação de filmes, rótulos e fitas adesivas etc. São segmentos que crescem mais do que os que consomem as C_9, e onde a oferta mundial de matéria-prima anda emperrada pela ausência de novos projetos para extração de isopreno, cujos usos pouco têm crescido.

Assim sendo, não seria surpresa se a Braskem decidisse produzir essas resinas, em lugar de continuar a vender matérias-primas. Camaçari acaba de adicionar 8 mil t/ano de capacidade à sua unidade de isopreno. Vencidos alguns problemas de partida, esta nova unidade ampliada terá capacidade total de 27 mil t/ano, o que daria, só de piperilenos com base na proporção indicada na tabela (4,5:3,6), perto de 34 mil t/ano, o suficiente para alimentar uma planta de resinas C_5 de escala mundial. ∎

Adípico Verde

R ennovia, empresa californiana fundada por dois cientistas egressos da Symyx (especialista na aplicação de análise combinatória a toda sorte de técnicas de experimentação – químicas e outras), desenvolve um projeto para produzir ácido adípico a partir de glucose.
A rota consiste de duas etapas:

• oxidação catalítica de glucose com ar, dando ácido glucárico (um dos intermediários verdes identificados pelo USDoE como sendo os 12 mais promissores de uma lista inicial de 300)

ácido glucárico

• hidrogenação (4 mols H_2/mol de ácido) do ácido glucárico em adípico.

A empresa acena com *economics* de fechar o comércio. A demanda mundial de adípico é da ordem de 2.0-2.2 MM T/ano, das quais mais de 50% vai, via náilon 66, para filamentos sintéticos. Resta ver se a versão verde também poderá ser utilizada para este fim, ou se ficará circunscrita às demais utilizações: compostos de náilon 66, polióis, plastificantes...

"Adípico sem nítrico" é um dos poucos exemplos remanescentes de "Santo Graal" da química orgânica pesada. Há quase 50 anos um grupo de pesquisadores da Rhodia (Paulínia) chegou a oxidar cicloexanol com ar, dando rendimentos economicamente promissores de ácido adípico. Mas o polímero produzido a partir desse material "não fiava direito" – resultava em excessivas quebras na estiragem. A culpa era de certas impurezas ao nível dos ppm presentes – e outras ausentes – no adípico verde: da euforia ao desânimo. E o projeto foi engavetado.

Outra incubada norte-americana, a Rivertop Renewables, fundada no estado de Montana por uma dupla de químicos pai e filho, também anda pesquisando a oxidação de glucose em glucárico. A rota consiste de oxidação com uma mistura de ar e "um pouco" de ácido nítrico, e o objetivo é produzir um glucárico a um custo que permita sua ocorrência até com citratos, e outros substitutos do STPP, na formulação de detergentes. ■

Bioacrilatos

Com um olho na escassez mundial do ácido acrílico, e outro na abundante oferta de glicerina subproduto da produção de biodiesel, dois dos maiores produtores da cadeia acrílica – a francesa Arkema e a japonesa Nippon Shokubai – estão desenvolvendo processos para a obtenção de ácido acrílico, partindo de glicerina em lugar de propeno petroquímico.

Na rota clássica, o propeno é primeiro oxidado dando acroleína, intermediário tóxico e volátil que também tem grande importância como ponto de partida para a produção de metionina. Uma segunda etapa de oxidação converte a acroleína em ácido acrílico.

A Arkema, como resultado de um programa de avaliação realizado em conjunto com a empresa alemã HTE (acrônimo de *high throughput experimentation*), dispõe de dois catalisadores: um para conversão de glicerina em acroleína, outro para ir diretamente ao ácido acrílico.

Cada uma dessas duas vias tem seus méritos. A conversão em acroleína permitiria produzir esse intermediário em pequenas quantidades como ponto de partida de sínteses em química fina, eliminando os atuais problemas de transporte e estocagem do produto. A francesa PCAS, por exemplo, já opera perto dos Pirineus uma plataforma que produz uma árvore de compostos, partindo de acroleína. Com a possível futura interdição do transporte rodoviário de acroleína, a Arkema vê nesse processo uma viabilidade econômica para "geradores" do produto a partir de uma capacidade de menos de 1.000 T/ano.

Já a conversão direta em ácido acrílico permitiria a instalação de unidades anexas às atuais plantas petroquímicas (como a de Carling), que funcionariam como fonte complementar, se e quando a demanda e custos variáveis permitirem.

Com a introdução do diesel B5, a produção brasileira de biodiesel de 2010 corresponde a umas 220 M T de glicerina bruta coproduto. Na Europa, serão quase 1.0 MM T/ano. ∎

O Bisabolol da Floresta

C om a entrada em funcionamento, em meados de 2005, da planta industrial da Atina - Ativos Naturais S.A, em Pouso Alegre-MG, são agora três os produtores brasileiros de alfa-bisabolol, princípio ativo bastante usado pela indústria de cosméticos, por suas propriedades de anti-inflamatório e biocida. Em dosagens que vão de 0,05% a 0,5%, o alfa-bisabolol é usado sobretudo em apresentações cremosas para pele irritada, como pós-barba, pós-sol, assaduras e acne. Os dois outros produtores, ambos em Torrinha-SP (perto da represa de Barra Bonita) são Citróleo - Óleos Essenciais e Puritta - Óleos Essenciais. A capacidade de cada um dos três produtores é da ordem de 40 t/ano.

Existem no mundo três fontes de alfa-bisabolol:

- por extração a partir da camomila alemã, talvez ainda praticada, porém em pequena escala;

- por extração do óleo de candeia (*Eremanthus erythropappus*), árvore nativa do Brasil, comum na Serra da Mantiqueira e do Espinhaço;

- por síntese, o que dá um racêmico cujo grau de atividade é uns 50% do isômero ótico puro obtido por extração. A síntese provavelmente parte de linalool, intermediário na rota de produção de vitaminas empregadas pela Basf. A partir do linalool obtém-se o nerolidol, numa etapa que também envolve a química do acetileno - especialidade da Basf. A partir do nerolidol é possível obter-se o alfa-bisabolol. Já surgiu no mercado material sintético de origem chinesa, de origem química desconhecida (do Posto de Escuta, i.e.).

A demanda mundial de alfa-bisabolol gira em torno de 250-300 t/ano, das quais uns 30%-35% representados pelo material brasileiro (parte do qual é vendido na forma de óleo bruto, contendo 80% de princípio ativo). A Symrise é de longe o maior fornecedor do produto para a indústria cosmética, comercializando tanto o produto sintético quanto o natural.

Os preços do alfa-bisabolol vêm caindo, em parte por causa da chegada do material sintético chinês a preços inacreditáveis, contra (e ainda assim pouco satisfatórios) cerca de $ 50/kg para o natural.

Partindo da madeira recebida em toras com casca, o fluxograma do processo compreende as seguintes etapas:

- redução das toras a cavacos;
- extração com vapor a 2 kg/cm^2;
- condensação;
- separação das fases;

- secagem da fase orgânica, dando óleo cru a 80%, já um produto comercializável;

- fracionamento em bateladas equivalentes a cerca de uma semana de produção, resultando no princípio ativo a 95%.

Cerca de 30% dos cavacos retirados das dornas são usados para gerar o vapor de arraste. O restante é vendido como biomassa para caldeiras. Na planta da Atina, a fase aquosa da separação é tratada e reutilizada.

As necessidades de madeira são da ordem de 1,5mil m³/t de princípio ativo, o que corresponde a uma demanda total de madeira de 13 mil m³/ano. Se tudo isso proviesse de candeias de reflorestamento seriam necessários uns 10 mil hectares plantados, mas o grosso ainda vem da exploração de florestas nativas. Há graves problemas de ilegalidade de ordem ambiental, fiscal e trabalhista na exploração dessa espécie.

Assegurar uma chegada regular de matéria-prima é um problema crucial e multifacetado: oscilações de teor e de composição, em função tanto da origem geográfica quanto de fatores sazonais; transitabilidade de estradas de terra, e até a disponibilidade de mulas e tropeiros.

A Atina, em particular, dá grande importância ao papel da empresa como agente de regularização fundiária e de transparência da exploração florestal, o que envolve mudanças culturais de proprietários rurais e de agentes públicos de fiscalização. É a única empresa que atinge os exigentes padrões socioambientais de certificação do FSC - Forest Stewardship Council, Assim, tornou-se a primeira empresa no Brasil a ser certificada pelo FSC para exploração de madeira na Mata Atlântica.

Como o próprio nome da empresa sugere, a Atina se vê menos como simples produtor de óleos essenciais e mais como um elo entre a biodiversidade brasileira – nativa ou cultivada – e a química fina, dentro do espírito dos trabalhos de grandes pesquisadores dos recursos botânicos brasileiros, como Otto Gottlieb. Já há outros projetos no *pipeline* da empresa.

O controle acionário da Atina é hoje dividido em partes iguais entre três grupos: o dos fundadores Eduardo Roxo, biólogo, e Cristina Saiani, agrônoma formada pela Esalq; Philippe Reichstuhl, ex-presidente da Petrobras e um associado; e a família Klabin, representada por três filhos do atual patriarca Israel, que já teve longa experiência no Nordeste com projetos de extração de moléculas a partir de cultivo de espécies nativas. Um tripé de respeito. ■

LOGÍSTICA CRIATIVA

A indústria da química fina (segmento alcaloides) do Afeganistão é obrigada a escoar boa parte de sua produção através dos mais de 1.000 km de deserto iraniano que separam sua fronteira de Teerã.

Com o objetivo de reduzir o componente mão de obra do custo desse transporte – feito em lombo de camelo – os tropeiros aprenderam uma técnica para viciar os bichos em cocaina. Os "navios do deserto" passaram a poder singrar inteiramente desacompanhados os vastos areais, ansiosos por chegar ao próximo posto de reabastecimento, onde os espera água, comida – e uma boa calibrada. ■

Ilustração: Martinez

Novas Esferas

Correu a notícia de que a St. Gobain-ZIRPRO estaria lançando uma nova geração de corpos moedores esféricos à base de zircônia (ZrO_2), a quarta desde o primeiro aparecimento desses produtos.

O mundo dos corpos moedores pode ser segmentado em dois grandes campos:

- moagens pesadas, de produtos relativamente baratos, que empregam corpos moedores custando entre $ 250 e $ 1.500 por tonelada. Os principais membros deste grupo são:

▴bolas de aço contendo 12%-30% de cromo, usadas para moer carga para fornos de cimento, *clinker*, minérios em geral, ou na preparação de carga para granulação de fertilizantes;

▴*cylpebs*, corpos moedores de ferro gusa em forma de troncos de cone, usados sobretudo na preparação de carga para peletização de minério de ferro. Existem também *cylpebs* mais nobres, ligados, que concorrem com as bolas de aço cromado na moagem de calcáreo e cimento, e em alguns casos com os *cylpebs* de gusa na moagem de minério de ferro;

▴bolas de porcelana, encontradas sobretudo na moagem de matérias-primas cerâmicas.

- moagens mais exigentes, que empregam corpos moedores custando entre $ 3 e $ 70 por quilo.

Os produtos desta família são:

▴esferas de aço cromo (1.5% Cr), usadas sobretudo na moagem de cacau (após a moagem, o produto passa por potentes ímãs para remoção das partículas de ferro);

▴esferas de vidro e de zircônia, que concorrem em termos de custo/desempenho na moagem de pigmentos para tintas e revestimentos (cerca de 70% da demanda), polímeros (por exemplo, na incorporação de TiO_2 em fibras sintéticas), defensivos agrícolas (pós molháveis), e minerais não-metálicos, tais como carbonato de cálcio ou caulim, quando processados em moinhos horizontais de alta rotação.

Até os anos 70, o produto clássico para essas moagens eram as esferas de vidro. Em 1972 a St. Gobain introduziu as primeiras microesferas de zircônia eletrofundido, cerca de 10 vezes mais caras, mas cujas vantagens lhes permitiram capturar cerca de 80% (em valor) desse grupo de aplicações:

- propriedades mecânicas que permitem operar a maiores velocidades tangenciais (~18 m/s, vs. no máximo ~10 m/s para as esferas de vidro). Essa característica faz com que as esferas de zircônia sejam preferidas para uso em moinhos horizontais de alta rotação e grandes diâmetros, hoje adotados de maneira geral pela indústria de tintas gráficas e de revestimento. A tendência à concentração econômica no setor também tem favorecido a substituição do vidro por zircônia. Há um interesse em utilizar esses moinhos em setores de tecnologia (até agora) mais conservadores, com a moagem de Ti_2O_2, o que promete abrir novas aplicações.

- melhor resistência à abrasão e à quebra, que se traduzem em uma durabilidade cerca de dez vezes superior. Assim em termos apenas de custo vs. durabilidade, as duas famílias de produto mais ou menos se equivalem.

As sucessivas gerações das esferas de zircônia (*fig. 1*) têm buscado melhorar características desses produtos tais como:

- índice de esfericidade média das partículas
- resistência à quebra e à abrasão
- estreiteza da curva de distribuição do diâmetro médio das partículas
- ausência de satélites e finos
- cor

Figura 1 – Evolução dos Corpos Moedores de Zircônia (ZrO_2)

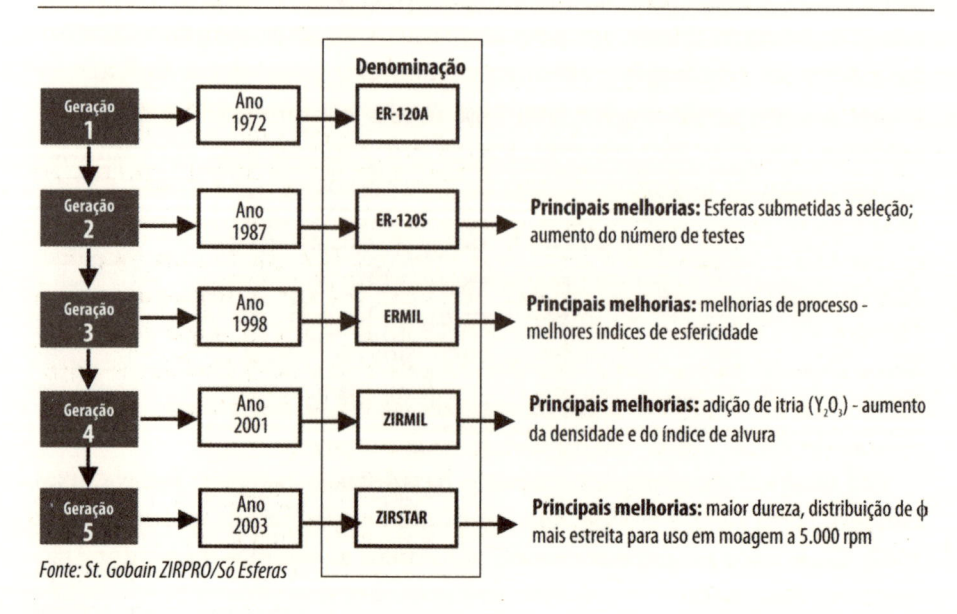

Fonte: St. Gobain ZIRPRO/Só Esferas

Essa última geração (Zirstar) irá oferecer melhores características mecânicas e uma curva de distribuição ainda mais estreita, o que permitirá à zircônia concorrer com as esferas de titânio, cerca de 3 vezes mais caras e produzidas por apenas uma empresa no mundo (Tosoh, no Japão).

Há dois processos de produção para microesferas de ZrO_2: eletrofusão a cerca de $2200°C$; e sinterização de zircônia moída e aglomerada. Dada a dureza da zircônia, a chave do processo está na moagem, que exige corpos moedores de titânio. Das 7 unidades de produção relacionadas no *Quadro 1*, apenas duas usam o processo de eletrofusão; a participação do grupo St. Gobain no mercado mundial, estimado em cerca de 1.000 T/ano, é maior do que as dos concorrentes reunidas.

Quadro 1 – Produção Mundial de Corpos de Moagem de ZrO_2				
Produtor	**País**	**Processo**		**Composição**
		Eletrofusão	Sinterização	
St. Gobain ZIRPRO	França	X	X	ZrO_2/Y_2O_3
Rami (grupo St. Gobain)	Israel		X	
Jyoti	India		X	ZrO_2/CeO_2
Proceram	Alemanha	X	X	ZrO_2/CeO_2
Toray	Japão		X	

Fonte: Só Esferas

O maior produtor, de longe, de esferas de vidro no mundo é a Potters, subsidiária da norte-americana PQ, que opera uma fábrica no Rio de Janeiro. A moagem é hoje um pequeno segmento: as principais aplicações das esferas são sinalização e jateamento. O maior concorrente da Potters é a austríaca Swarovski – a dos bichinhos de cristal –, que produz esferas de excelentes propriedades estéticas, porém bem mais caras.

Agora aparece no horizonte uma nova família de esferas à base de nitreto de silício, um material cerâmico. O único produtor atual (no Japão) dessas esferas oferece o produto a cerca de $ 480/kg. Mas a ProCeram (Weroth, AL) desenvolveu um processo que permitirá reduzir o preço para uns $ 180/kg, e a esse custo – e daqui uns 8-10 anos – o Si_3N_4 pode começar a deslocar parte do mercado conquistado pela zircônia. A ProCeram sintetiza ela mesmo o Si_3N_4, já em forma sinterizável. A sinterização se faz sob pressão de umas 3 atm, em atmosfera de gás inerte.

O *Quadro 2* mostra que o mercado brasileiro de corpos moedores movimenta cerca de $ 35 MM, dos quais a moagem pesada corresponde a 95%. Com exceção das esferas de ZrO_2, todas as famílias de produto são

Quadro 2 – Corpos Moedores – Mercado Brasileiro			
Produto	*Fabricantes*	*Consumo, T/ano*	*Valor, $ MM/ano*
Moagem pesada	Magotteaux (MG)		
Bolas de aço (12-30% Cr), fundidas ou forjadas	Forjas Brasileiras (RJ) Minaço (MG)	30-35 M	15
Cylpebs de gusa	Siderúrgica S. Sebastião Siderúrgica Alamo Matéria-Prima (todas em Divinópolis, MG)	60-70 M	15
Cylpebs de ferro ligado	Siderúrgica Betim	3.000	1
Bolas de porcelana (alto teor de Al_2O_3)	NGK (produção mecanizada) + alguns pequenos	2.500	3
			34
Moagem Fina			
Aço cromo (1.5% Cr), estampado a frio	INA (SP) FAG (SP)	100	.3
Vidro	Potters (RJ)	60	.2
Zircônia	(importadas)	40-50	1.0-1.2
Ti	(importadas)	0.2	desprezível

produzidas no país. No caso das bolas de aço existe concorrência por parte de importações, sobretudo da África do Sul e do Chile.

Os corpos de moagem da St. Gobain (zircônia) e da Potters (vidro) são vendidos por Só Esferas (São Paulo, SP), pequena empresa *sui generis* que se especializou na distribuição de produtos esféricos em geral: 60% do seu faturamento corresponde a corpos moedores, e o resto à demanda, altamente diversificada, da indústria mecânica de precisão. A Netzsch (Pomerode, SC) distribue as esferas da indiana Jyoti, incorporando-as como cargas iniciais em seus moinhos. ■

DR. GHARDA *STRIKES AGAIN*

Os fiéis do **Posto de Escuta** devem estar lembrados do Dr. Gharda. Dono da maior empresa não-multinacional de agroquímicos da Índia e químico dos mais inventivos, notabilizou-se através do desenvolvimento de rotas de síntese altamente originais para a obtenção de certos intermediários-chave, como foi o caso da 2, 4, 5-tricloroidroxipiridina usada na síntese do inseticida clorpirifos, molécula descoberta pela Dow.

Foi com alguma surpresa que deparei com um stand da Gharda Chemicals na K'2001, logo na prestigiosa Halle 5, dessa vez na qualidade de produtor de plásticos de alto desempenho – os PAD. Inclusive do mais caro deles todos, o PEEK (poliarileteretercetona).

O PEEK foi descoberto na ICI em 1978 e lançado comercialmente em 1981. Em 1987 foi inaugurada a planta de Thornton Cleveleys, no Lancashire, onde após diversas expansões o produto é feito até hoje, com uma capacidade de 2000 T/ano. Em 1993 os responsáveis pelo produto organizaram um MBO, e desde 1995 as ações da Victrex – nome da nova empresa bem como marca do seu produto – são cotadas na Bolsa de Londres.

O PEEK é feito com uma hidroquinona e de 4,4'-difluorobenzofenona, essa última fornecida por uma planta na época propriedade conjunta da Victrex e da hoje perdida Laporte. Manifestei minha surpresa, dado o caráter inacessível do intermediário-chave, diante da presença da Gharda como novo concorrente da Victrex. Me responderam apenas *New chemistry!* e pediram que voltasse no dia seguinte, para falar com o mestre em pessoa.

Quando contei a Dr. Gharda o título que pretendia dar a esse artigo ele riu bastante e me assegurou que, por uma questão de solidariedade terceiro-mundista, a Q&D seria a primeira revista no mundo a noticiar a nova rota. Então vamos lá.

A síntese da Gharda Chemicals parte de ácido fenoxifenoxibenzoico (ϕ-O-ϕ-O-ϕ-COOH (PPBA) – tudo, bem entendido, ligado pelas posições 4). Esse intermediário é obtido partindo de p-DCB, o qual reage primeiro com fenol e em seguida com p-cresol dando ϕ-O-ϕ-O-ϕ-CH$_3$. O grupo $-CH_3$ é em seguida oxidado – não perguntei como, mas imagino que seja por fotocloração – em $-CCl_3$ seguido de hidrólise. As matérias-primas são baratas as reações de substituição também, só a etapa de oxidação custaria um pouco mais. Produzido em grande escala, o intermediário da Gharda sai por $ 7-8/kg, contra um custo de matérias-primas de $ 15/kg para a via desenvolvida na época pela ICI e agora usada pela Victrex.

Olhando para a fórmula do PPBA, a gente ainda se pergunta como chegar dali ao polímero. A sacada da Gharda Chemicals foi que, na presença de um superácido – metanosulfônico, ou algo parecido – o PPBA polimeriza sozinho, dando [-ϕ-O-ϕ-O-ϕ-CO-]$_n$: o PEEK.

A inventividade da Gharda Chemicals no campo da química dos PAD não para aí. Produzem os monômeros para diversas polissulfonas que também já estão fazendo (PES, PSU, PPSU), inclusive fornecendo um deles para um de seus principais concorrentes. Desenvolveram um novo jeito de fazer bifenol (HO-ϕ-ϕ-OH, usado para fazer PPSU), partindo de difenila, hoje disponível por extração das frações pesadas, geradas em unidades de desalcoilação, tolueno[®] benzeno. O processo usado é uma variante limpa da tradicional (e poluente) rota sulfonação-fusão alcalina com KOH, variante que inclui o reciclo integral do potássio subproduto, obtido na forma de $KHSO_3$. Com isso, estão conseguindo fazer bifenol a \$ 5-6/kg, contra um preço de mercado algo como duas vezes maior.

A Gharda Chemicals em breve pretende passar das atuais 75 T/ano de PEEK para 120 T/ano, mas a etapa seguinte será uma nova planta de 500 T/ano, orçada (com base em custos indianos) em \$ 10 MM. Mesmo que fosse o dobro, dá para ver que Dr. Gharda está apostando num futuro PEEK abaixo de \$ 35/kg. A um preço desses, o mercado mundial (sobretudo com o desenvolvimento de blendas de PEEK com materiais de custo menor), poderia chegar, por volta de 2025, a 20.000 T/ano de resina.

No imediato, a Gharda Chemicals precisa primeiro vencer a batalha das homologações, que vêm sendo dificultadas pela cor ligeiramente amarelada de seu polímero. "E daí" – perguntei – "afinal, os compostos não costumam ser escuros?" "Preconceito", disse sorrindo o genial pesquisador-empresário, "sabe como é - pele parda, polímero pardo. Mas pode crer, o problema vai ser resolvido". ∎

Pimenta vs. Refresco

O aumento da violência no mundo pode ser pimenta nos olhos de uns, mas tem sido refresco para os produtores de fibras de altíssima tenacidade. São usadas (mas não apenas) em vestuário e equipamento de proteção pessoal, em blindagem, e outras aplicações associadas com a noção de segurança.

Essas fibras se dividem em dois grupos, ambas com excelentes propriedades mecânicas. As poliolefínicas (Dyneema, da DSM e Spectra, da Honeywell) são altamente resistentes à hidrólise, e por isso muito usadas em ambientes marinhos (cordas, linhas de pesca...). Já as aramidas – poliamidas de estrutura aromática – são preferidas onde se valorizam suas melhores propriedades térmicas; os produtores são: Invista (Kevlar, da ex-DuPont) e Teijin (Twaron, adquirida da AKZO Fibers).

Todos esses produtores estão expandindo a toque de caixa. A Teijin, que antes da compra da AKZO já tinha tecnologia própria (e também produz umas 3 mil t/ano de uma aramida diferente, meta-substituída), anunciou que pretende chegar a 25 mil t/ano da fibra substituída em *para*. A Invista, ainda tida como a maior das duas, vai acrescentar 3 mil-4 mil t/ano mediante um investimento de $ 70 MM. Quanto às poliolefínicas, a Honeywell anunciou uma expansão de $ 20 MM (provavelmente acrescentando umas 1 mil t/ano) e a líder DSM uma expansão para 4,5 mil t/ano e um investimento de $ 115 MM, o que parece incluir processos a jusante da fiação propriamente dita. Ambas as fibras são produzidas por *gel spinning* – fiação a partir de soluções altamente viscosas contendo elevados teores de sólidos. A AKZO, enquanto desenvolvia o Twaron, dizia que tinha havido uma "fertilização tecnológica" proveniente da produção de raion. Já as poliolefínicas são produzidas por um processo conhecido com *dry/wet* – uma etapa de evaporação do líquido em ar, seguida de resfriamento por passagem num banho. O mercado mundial é estimado numas 50 mil t/ano, mas cresce disparado – Iraque *oblige*.

Os poucos dados publicados permitem estimar esse mercado todo em perto de $1,0 bi/ano, e com um crescimento anual de 10%. ■

Catalisadores HDT

A Petrobras e a norte-americana Albermarle, os dois sócios da Fábrica Carioca de Catalisadores (FCC), anunciaram a assinatura de um memorando de entendimento referente a um projeto para a produção no Brasil de catalisadores para hidrotratamento (HDT) de frações de petróleo.

A demanda desses catalisadores no Brasil deve disparar ao longo da década em resposta a diversos fatores:

• expansão da capacidade de HDT das refinarias existentes (~700M bbl/dia de projetos em andamento, em particular para a produção de ULSD – diesel de baixíssimo teor de enxofre);

•construção de 4 novas refinarias, duas das quais voltadas para a exportação de derivados *Premium;*

• crescente severidade das especificações no Brasil e no mundo. A título de exemplo, o teor de S do diesel passou de 3.000 ppm em 1990 para os atuais 15 ppm nos USA, e para 10 ppm na Europa.

A nova planta também poderá atender à considerável demanda venezuelana.

Os catalisadores HDT são à base de Ni-Mo ou de Co-Mo; o teor metálico total é de 15%-20%, com o molibdênio representando o grosso. A seleção efetiva depende de um complexo de considerações: natureza de carga, teor final de S visado, pressão parcial do hidrogênio disponível, teor de N (contaminante indesejável) na carga – além de considerações operacionais e econômicas: com especificações dessas há pouca margem para erro. A evolução para baixo dos teores de S tem favorecido a opção Ni-Mo, que também apresenta melhor desempenho em relação à reação HDN. A produção de ULSD exige fontes de hidrogênio a pressões cada vez mais elevadas.

Catalisadores HDT - Principais Regeneradores		
Empresa	*Plantas*	*Comentários*
Eurecat	França, Índia, Arábia Saudita	50% Albermarle / 50% IFP
Porocel	USA, Luxemburgo, Cingapura	Independente; incorporou as unidades de regeneração da Shell (Criterion); #1 da revitalização (licenciado da Albermarle)
Tricat	Alemanha, USA	Independente

Esses catalisadores são fabricados a partir dos metais na forma de seus óxidos em meio aquoso ácido, por impregnação de um suporte de alumina seguida de secagem e extrusão.

Dado que na forma de seus óxidos os metais não apresentam atividade catalítica, o catalisador precisa ser pré-sulfetado na presença de H_2S e H_2, em reações do tipo:

$$MoO_3 + 2H_2S + H_2 \longrightarrow MoS_2 + 3H_2O$$

$$NiO + 2H_2S + H_2 \longrightarrow Ni_3S_2 + 3H_2O$$

Além de exigir uma fonte de hidrogênio, a operação se faz na presença de um composto sólido (conhecido como *kicker*) que se decompõe dando H_2S – por exemplo, o pentassulfeto de dioctila (DOPS). A água formada no processo precisa ser removida.

Por volta de 2005, quando os teores de S caíram para 50 ppm, foram introduzidos os catalisadores Tipo II, bem mais ativos em função de uma ausência completa de ligações Mo-O entre metal e suporte.

Essa diferenciação de estrutura superficial do catalisador exige uma operação adicional, sobre a qual pouco é divulgado exceto para dizer que se trata de uma "etapa química". Os sulfetos desses novos catalisadores ficam dispostos em camadas que lembram um pouco as lâminas de uma persiana. Esses catalisadores mais recentes diferem dos de Tipo I pela estrutura dos poros, a melhor dispersão dos metais, a maior seletividade, e por um grau de sulfetação perto de 100%, que se obtém por um processo em reator de leito ebuliente.

A vida útil de uma partida de catalisador virgem vai de 2 a 4 anos, após o que o produto pode ser regenerado. A operação consiste essencialmente de eliminar pela queima o carbono formado na superfície das partículas. Os rendimentos mecânicos são de 85%-90% (o restante consiste de finos e quebras), e a atividade do regenerado chega a 85%-90% da original. A partir daí, o produto ou parte para um processo de descida em cascata para serviços cada vez menos exigentes, ou vira um refugo que é enviado para recuperação dos metais contidos. A capacidade das grandes plantas de recuperação anda em torno de 20-30 T/dia de carga.

No caso do Brasil, onde o grosso do petróleo é produzido em alto-mar, o cru, em razão das normas de proteção ambiental, chega às refinarias contaminado com silício proveniente dos antiespumantes à base de silicones, que são acrescentados ao óleo à razão de 2-4 ppm, nas plataformas de produção. O Si se acumula nos catalisadores HDT e limita a uma só o número praticável de operações de regeneração – após a qual o produto é enviado à recuperação dos óxidos metálicos.

Além da simples regeneração, existem processos de revitalização (dos quais se revela muito pouco), mediante os quais se consegue também restaurar, em boa parte, as propriedades superficiais do catalisador e atingir níveis de atividade acima de 90% do original.

Com a expansão da capacidade de HDT no mundo, foram surgindo empresas independentes de regeneração, as quais jogam em diversos tabuleiros: prestação pura e simples de serviços, compra de catalisadores servidos e regeneração por conta própria para padronização e revenda, revitalização.

No Brasil, a Oxiteno começou em 1998, usando tecnologia própria, uma atividade de regeneração de catalisadores localizada em Mauá, SP. Inicialmente o foco era a regeneração do catalisador à base de prata usado nas duas unidades de óxido de eteno do grupo mas, de 2005 para cá, a operação foi estendida ao reprocessamento de catalisadores HDT da Petrobras. A empresa tem conseguido índices de atividade próximos do extremo superior da faixa internacional.

Quando concluídos os investimentos em andamento estima-se que o volume instalado de catalisadores HDT no Brasil chegue a 5.000 T, o que justifica o otimismo da Oxiteno, que pensa seriamente em ampliar sua capacidade, atualmente de algumas centenas de T/ano. Dada a natureza pirofórica dos catalisadores contaminados, e a legislação internacional baseada na Convenção de Basileia que regulamenta sua manipulação e transporte internacional, hoje existem sérios entraves burocráticos ao tratamento no Brasil de catalisadores originários de outros países sul-americanos – Venezuela, por exemplo. Mas espera-se que a lógica econômica acabe prevalecendo.

Catalisadores HDT : Produtores Mundiais (não-chineses)		
Empresa	*Comentários*	*Processo de revitalização*
Criterion	Grupo Shell	Encore
Albermarle	Tornou-se o maior produtor independente com a aquisição na década passada, da atividade catalisadores da Akzo (antiga Ketjen)	React
H. Topsoe	Mais focada em catalisadores para a cadeia gás de síntese/amônia, mas vem crescendo na atividade HDT	Refresh
Axens	Grupo IFP	
ART	Grupo Grace	

Não contando a China, a regeneração apenas para reúso movimenta no mundo algo como 30.000 T/ano e representa um valor agregado de uns $ 200 M/ano. O rejuvenescimento como operação separada representa umas 8.000 T/ano.

Quanto aos catalisadores virgens, segundo a consultoria norte--americana TCG (The Catalyst Group), a produção mundial pode ser estimada em 110-120 M T/ano incluindo a China, o que representaria um faturamento global da ordem de $ 2 bilhões. Estima-se a capacidade de uma planta competitiva em escala mundial em qualquer coisa como 10.000 T/ano. ■

Sangue Bom

Dado o espaço que anda ocupando na mídia o negócio de hemoderivados, o momento parece apropriado para se dar uma olhada nessa atividade enquanto indústria de processo. Até já se falou no grau de parecença entre fracionamento de sangue e refino de petróleo: de ambos se isolam produtos de interesse comercial, porém presentes em proporções diferentes dos respectivos níveis de demanda.

Sangue

O sangue é composto de duas frações: a das células (hemácias, leucócitos, plaquetas); e uma solução aquosa de proteínas – o plasma. As células do doador são separadas do plasma por criocentrifugação, e utilizadas em transfusões – é o domínio dos hemocentros e bancos de sangue da rede pública de saúde do país, e de alguns hospitais privados. O plasma, 40%-45% do volume de sangue, é a matéria-prima para a indústria de hemoderivados que dele extrai uma diversidade de produtos dos quais os mais importantes são:

- fatores anti-hemofílicos (Fator VIII, Fator IX);
- albumina, usado como extensor de plasma;
- imunoglobulinas (geralmente usadas na forma de concentrados polivalentes), empregadas no tratamento de um número crescente de infecções – nos EUA, por exemplo, na prática já são umas 100 indicações, contra apenas meia dúzia já aprovadas pela FDA.

O mundo coleta cerca de 70 MM l/ano de sangue, pouco para as necessidades sempre crescentes graças a aplicações tais como novas técnicas operativas, e às crescentes expectativas de vida, e pouco também para a demanda potencial de hemoderivados. Dado que a doação é quase sempre voluntária, e na maioria dos países gratuita, a escassez de sangue tornou-se um problema global. Mais ainda, boa parte dos ~25 MM l/ano de plasma processado no mundo provém da plasmaférese, técnica introduzida nos EUA durante a década de 1960 e que consiste em centrifugar *on line* o sangue retirado do doador e retornar ao seu organismo hemácias, leocócitos e plaquetas. Um indivíduo sadio pode submeter-se a esse procedimento umas 100 vezes por ano, contra meia dúzia para a doação de sangue inteiro.

Essa técnica se difundiu nos países que permitem a doação contra pagamento – os EUA, em primeiro lugar, mas também Alemanha e Austria. Inicialmente o uso da plasmaférese deu margem a abusos na forma de exploração predatória de doadores de cabresto – presos, indigentes, quimiodependentes – exploração essa que não era limitada ao terrritório norte-americano. De lá para cá esses abusos foram coibidos e a coleta moralizada, regulamentada e submetida a severas normas sanitárias, mas os EUA continuam sendo grandes exportadores de plasma congelado (sobretudo para a Europa).

Plasma no Mundo					
Região	% Plasma Total Coletado		% Fracionado do Total Mundial	% Mercado de Derivados	
	% total	% por plasmaférese	%	%	Tendência
América do Norte	53	(~80)	29	35	
Europa	27	(~33)	46	29	-
Ásia	17	(~73)	19	28	-
Outros	3	(~15)	6	8	

Fracionamento do Plasma

A indústria moderna de fracionamento do plasma dando hemoderivados de usos diferenciados nasceu em 1947, ano em que E. Cohn, de Harvard, publicou o método usado ainda hoje na grande maioria das plantas. Consiste de obter uma série de precipitados, acrescentando ao plasma (após uma etapa inicial em que se recupera um crioprecipitado) volumes crescentes de etanol, e fazendo variar o pH. Tornou-se assim possível administrar ao paciente apenas as proteínas necessárias ao seu tratamento, deixando de sobrecarregar seu organismo e fazendo o mesmo litro de plasma desempenhar múltiplas funções.

O diagrama de blocos da *figura 1* resume os principais passos da produção de hemoderivados, que podem ser agrupados em:

- separações
- etapas de elaboração

O plasma, estocado a -35°C, é descongelado em bateladas de 2.500 l e centrifugado para separar cerca de 12 kg de crioprecipitado do líquido sobrenadante. O precipitado é redissolvido, e dessa solução se obtém o Fator VIII. O sobrenadante (na medida das necessidades do mercado) pode ser fracionado por cromatografia de troca iônica, dando uma série de proteínas, entre elas o Fator IX. O grosso do sobrenadante é alimentado à sequência Cohn. A primeira precipitação com álcool dá origem a um novo sobrenadante, do qual, após nova etapa de precipitação, se obtém a albumina. Do precipitado da primeira etapa Cohn, após mais duas precipitações, obtém-se o concentrado de imunoglobulinas.

Todos os produtos são submetidos a múltiplas operações de purificação, securização e estabilização/acabamento:

- cromatografia (por troca iônica; de afinidade);

- inativação viral (tratamento solvente/detergente; tratamento térmico; nanofiltração). A nanofiltração é um método recente e caro (alto custo do equipamento, perdas de rendimento de ~15%), mas de excelente desempenho em termos de qualidade;

- filtração (filtração esterilizante, filtração profunda, ultrafiltração);

- purificação por proteólise;

- pasteurização (albumina);

- liofilização (os demais).

Uma variante do esquema de fracionamento consiste de começar por precipitar a albumina a temperaturas próximas do ambiente, em forma cristalina, pela adição de uma solução de sulfato de amônio (processo Rivanol).

Figura 1 – Sangue e Hemoderivados - Fluxograma de Blocos

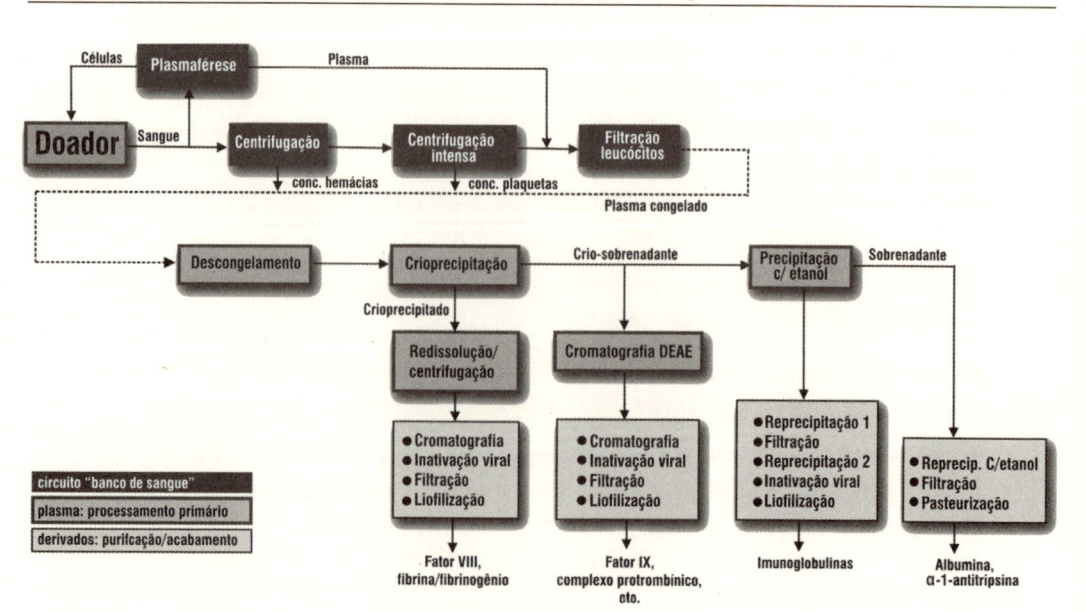

Tecnoeconomia

A rede pública brasileira de hemocentros e bancos de sangue coleta cerca de 1.2 MM l/ano de material, gerando em teoria uns 500.000 l/ano de plasma. A rede de hospitais privados representa outros 30% desses totais. A qualidade desse plasma ainda é bastante heterogênea, indo desde os materiais produzidos por hemocentros (Ribeirão Preto, Rio de Janeiro) acreditados pela American Association of Blood Banks até, no outro extremo, os inaceitáveis. O SUS paga ao sistema cerca de $ 35 por unidade de sangue (~450 ml) processada – contra $ 90 por procedimento análogo nos EUA, por exemplo. Mesmo levando em conta diferenças de salários e de PIB *per capita*, esse contraste é uma metáfora para o estado de subfinanciamento crônico em que subsiste toda a cadeia de saúde pública brasileira.

De 2003 para cá o Brasil envia cerca de 120M l/ano de plasma qualificado para ser transformado em hemoderivados *à façon* por dois fracionadores europeus: LFB (França) e Octapharma (em sua planta na Áustria). O preço pago pela ANVISA ($ 215/l) também inclui os custos, consideráveis, dos serviços de logística prestados pelas duas empresas. Os produtos devolvidos são escoados através da rede de atendimento do SUS. Diversos outros países europeus também recorrem à terceirização das operações de fracionamento, muitas vezes por motivos de escala.

Para viabilizar um projeto de fracionamento no Brasil será preciso provocar um aumento do número de doações de sangue, e talvez também recorrer à plasmaférese sob alguma forma socialmente aceitável. Há dois projetos em discussão. Em ambos os casos a capacidade seria de 300-400 M l/ano, bem próximo do mínimo econômico que hoje se situa por consenso em torno de 500 M l/ano. O primeiro, conhecido como Projeto Hemobrás, seria uma planta convencional utilizando o método Cohn. O segundo, proposto pelo Instituto Butantan e a ser bancado pelo Governo do Estado de São Paulo, seria baseado na precipitação pelo método Rivanol da albumina, a partir do plasma inteiro (i.e., dispensando a etapa de criopecipitação), seguida de uma série de separações por cromatografia. Reivindica-se para esse esquema uma série de vantagens:

- rendimentos de Fator VIII 40%-50% superiores às 135 UI/l que se costuma conseguir passando pela crioprecipitação;

- ao evitar a obtenção dos precipitados pelo método Cohn, elimina-se a formação dos agregados coloidais que costumam criar problemas de purificação a jusante;

- a ausência de grandes centrífugas refrigeradas, e a operação de toda a planta a temperaturas próximas do ambiente (18-20°C) reduziriam em até 40% o orçamento de uma planta convencional;

• redução drástica dos custos variáveis de operação (solvente, energia);

• separações mais nítidas, donde produtos de melhor qualidade, ou até a possibilidade de produzir outros mais difíceis de obter pelo processo Cohn;

• permitirá a obtenção, a partir do plasma de doadores hiperimunes, de imunoglobulinas específicas (raiva, tétano) que o Butantan até hoje obtém através das pessoas interpostas de seus famosos cavalos.

Mas o próprio pioneirismo do projeto levanta algumas perguntas: viabilidade técnica da cromatografia aplicada ao plasma inteiro, eventual necessidade de requalificar certos produtos (caro e demorado) em consequência da modificação do fluxograma.

Se tudo resultar como previsto, os *economics* do projeto Butantan apresentariam uma vantagem de uns $ 80/l com relação, por exemplo, a uma planta baseada no processo Cohn e situada na Europa. Uma planta moderna requer 400-600 funcionários de produção; a título de exemplo, a Octapharma consegue operar sua unidade da Viena (1.5 MM l/ano) com apenas 600 pessoas, mas isso, segundo a empresa, às custas de muito investimento em robótica.

O fracionamento no Brasil também eliminaria uma boa parcela dos atuais custos logísticos.

Uma planta para 300 M l/ano de plasma deverá:

• suprir as necessidades internas de albumina;

• poder produzir bem mais concentrado de imunoglobulinas do que os 500 kg/ano atualmente consumidos. As imunoglobulinas provenientes de doadores brasileiros são as que apresentam maior atividade contra as infecções mais difundidas no país; trata-se, portanto, do hemoderivado em relação ao qual a autossuficiência local tem maior importância estratégica para o SUS;

• produzir no máximo cerca de 50% da demanda de Fator VIII, mesmo levando em conta uma possível melhoria de rendimentos.

Em relação ao Fator VIII, coisa parecida se dá a nível mundial. As necessidades totais são estimadas em 12 bilhões de UI/ano, mas os 25 MM de l/ano de plasma fracionados rendem apenas 2 bilhões de UI/ano, pois nem todo o plasma processado é dirigido, ou adequado, para a produção desse derivado. A resposta da indústria foi desenvolver a produção de fatores anti-hemofílicos recombinantes. Disponíveis desde 1994, os fatores recombinantes representam hoje mais de 50% do mercado mundial. Em 2006, já foram 75%.

No Brasil essa tecnologia está sendo desenvolvida, no nível biológico, pelo Hemocentro de Ribeirão Preto (USP). A técnica consiste de inserir o gene responsável pela produção do Fator anti-hemofílico desejado em células retiradas do ovário de fêmea de *hamster* chinês as quais, num meio de fermentação adequado, passam a expressar a proteína desejada. Conseguem-se concentrações cerca de 2.5 vezes as do plasma humano, o que reduz consideravelmente o custo de extração. O plano é produzir as células GM em Ribeirão Preto, e realizar a produção industrial como parte de projeto Butantan. O Instituto, aliás, já acumulou experiência na produção de outros materiais recombinantes, porém a partir de células bacterianas que por terem um só cromossomo são mais fáceis de manipular. Estimou-se o custo de uma planta para a produção de fatores recombinantes dimensionada para atender o mercado brasileiro em cerca de $ 20 milhões, o que deve corresponder a uma capacidade de fermentação de uns 8.000 l.

A indústria mundial de hemoderivados representava em 2003 um faturamento anual de $ 8.0 bilhões, dos quais $ 2.3 bilhões devidos aos FAH VIII e IX recombinantes. Dos $ 5.7 bilhões provenientes de plasma, 76% correspondem aos quatro principais derivados – os dois FAH, concentrado de imunoglobulinas, albumina. O resto provém de outros produtos: cola de fibrina (uns $ 350 MM/ano), imunoglobulinas específicas (raiva, tétano), complexo protrombínico, α-antitripsina etc. O projeto Butantan deverá gerar inicialmente $ 225-250/l de derivados (dependendo dos preços internacionais do Fator VIII de plasma, que ultimamente andaram despencando). A título de comparação, alguns fracionadores pouco sofisticados (Leste Europeu, Ásia etc.) isolam pouco mais de $ 100/l de plasma; um segundo grupo fatura $ 180-190/l; e no outro extremo, as unidades mais

Hemoderivados – Rendimentos (físicos e econômicos)				
(4 principais derivados)	rend/l	$/un	$/l	%
Albumina	25-27	1.0-1.8	25-50	~20-15
Imunoglob. (conc. poliv.)	2.5-4.8	25-40	65-190	~50
Fator VIII	135 UI	18-65	25-85	~15-25
Fator IX	50 UI	30-90	15-45	~10-15
			130-370	100
(Outros derivados)			(0-120)	
Total			*~130-490*	

Hemoderivados – Mercado Mundial
Total: $ 8 bilhões

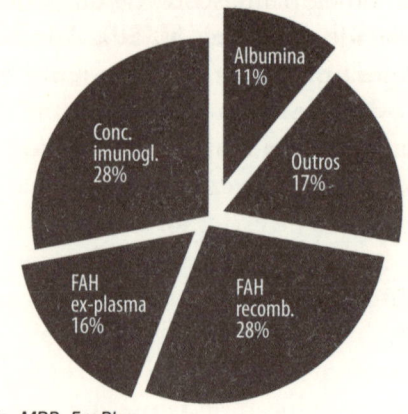

Fonte: MRB, EcoPlan

sofisticadas se situam na faixa de $ 300-500/l.

De 1980 para cá ocorreu um certo deslocamento geográfico dessa indústria. O número de plantas na Europa caiu quase 50%, em duas fases: primeiro (1980-1990) uma dúzia de unidades foram fechadas por não estarem adaptadas às novas normas de segurança (só na França foram sete);

Quadro 3 – Hemoderivados: Principais Players			
Empresa	*País*	*Capacidade procedimento (M l/ano)*	*Comentários*
CSL	Austrália	3100	Planta em Melbourne; adquiriu as operações da Cruz Vermelha Suíça e da Aventis (ex- Behring).
Baxter	EUA	2500	Adquiriu concorrentes americanos (Hyland) e europeus (Immuno). Líder da produção de Fator VIII recombinante.
Grifols	Espanha	2500	Prestadora de serviços de fracionamento para toda a Espanha, e alguns países do Leste europeu. Adquiriu a Alpha Lab., para ganhar acesso ao mercado norte-americano de imunoglobulinas.
Bayer	Alemanha	2200	Adquiriu Cutter Lab. (EUA); também produz Fator VIII recombinante. Toda a operação foi recentemente colocada à venda, e a Bayer já teria recebido duas ofertas em torno de $ 600 MM.
Octaphar-ma	Suíça	1800	Plantas na Áustria, França e Suécia (ex-Kabi). Processamento à façon para Eslovênia, Brasil, Bélgica etc.
LFB	França	600	Duas plantas (Lille, região parisiense). Fraciona por lei todo o plasma de origem francesa, e processa à façon para Brasil, Tunísia, Bélgica etc.
Wyeth	EUA		Produz Fator IX recombinante

Fonte: MRB/EcoPlan

seguiram-se (pós–1990) os fechamentos por razões econômicas, sobretudo com a queda dos preços da albumina e, mais adiante, do Fator VIII. Em compensação, o número de plantas asiáticas quase dobrou. Hoje operam no mundo umas 85 unidades, das quais 50% na Ásia e quase 40% na Europa. Os seis maiores grupos produtores respondem por 50% do fracionamento mundial.

Daqui a uns 10 anos, quem sabe esse grupo de ponta tenha mais um membro. ■

Do Brasil para o Loire

Muitos aqui ainda se lembram do Eric Recchia, francês criado no Brasil, engenheiro químico formado na Praia Vermelha, e dono até hoje de uma impecável dicção carioca. Depois de trabalhar vários anos na Bahia (onde foi também consul francês), veio para a Degussa em São Paulo e de lá foi ser diretor presidente da subsidiária francesa do grupo. Na Europa as pessoas costumam se aposentar a tempo de poder seguir uma nova vocação, e agora Recchia ostenta um cartão de visita que na França confere o maior respeito: "Fulano de Tal, viticultor".

Em 1999, comprou 6.5 hectares de vinhedo no médio Loire, plantado sobretudo de Sauvignon branco, a casta tradicional da região. O antigo dono vivia apenas da venda de sua colheita, e toda a mão de obra para os cuidados de campo era a dele mesmo. Recchia logo tornou-se um dos 30 cooperados da conhecida Confrérie des Vignerons d'Oisly et Thésée, que opera para os associados uma adega cooperativa com capacidade para uns 2.5 MM l/ano de vinho, predominantemente branco. E deu o que falar na vizinhança ao optar pela terceirização total dos trabalhos de campo, entregando cada fase a um especialista local. Passou assim à condição de produtor virtual; e logo em seguida tomou a ousada decisão de lançar sua própria garrafa. O vinhedo produz o equivalente de umas 40.000 garrafas/ano, das quais metade vendida com rótulo próprio (parte está sendo exportada para o Brasil) e o resto escoado através da CVOT, que comercializa vinho a granel para engarrafadores tais como comerciantes (o *négoce*), ou redes de supermercados para os seus *private labels*.

Nas proximidades do vinhedo Recchia também comprou uma propriedade rural, onde ainda sobram uns 20.000 m^2 de terreno para os quais está sendo formulado um novo projeto: fazer o primeiro vinho branco de grande qualidade daquele trecho do vale do Loire. A área é cercada de um muro de pedra, o que permitiria ao vinho ostentar no nome a qualificação de "Clos". Mais do que um simples chamariz comercial, esse termo sugere um melhor aproveitamento da energia solar recebida, e melhor proteção contra as incursões de javalis e outros predadores.

De uns 30 anos para cá os mercados dos vinhos regionais da França se transformaram. Desaparece pouco a pouco aquela clientela tradicional da popular "garrafa de litro" de vinho tinto de má qualidade, e ainda por cima cortado com vinho argelino. No seu lugar surge uma demanda por vinhos de qualidade melhor, produzidos em volumes menores, mediante uma redução intencional dos rendimentos. Hoje é comum se encontrar vinhos produzidos nas regiões que antigamente eram identificados com o mercado "colarinho azul" – o baixo Rhône, o Languedoc-Roussillon, o Sudoeste – nas boas cartas de vinho parisienses.

Agora essa tendência começa a se extender à produção de vinhos brancos. Proprietários como Gauby no Roussillon, ou Dagueneau no alto Loire, estão conseguindo garrafas de extraordinária qualidade, e de preços comparáveis com os dos grandes brancos da Borgonha.

Botar um bloco desses na avenida não é sopa: requer um *lead time* de 10 anos, e um investimento de € 100-200 mil entre campo e vinificação – pelo menos parte do processo terá que ser próprio, pois para um vinho com tais ambições não se pode pensar em terceirização integral. Esse período é o mínimo para se chegar a um grau de constância no tempo compatível com uma garrafa que, afinal, terá que ser comercializada pelo produtor a uns € 18, em contraste com os € 4-5 por garrafa do vinho atual.

Vinho bom é incompatível com terra fértil, e por conseguinte se faz com uvas de vinhas dotadas de raízes quanto mais profundas, melhor. E para chegar lá existem duas estratégias: plantar em terra ruim e ficar esperando pelo menos uma década, que é de longe a mais frequente; ou plantar em terra boa, mas aí é preciso esperar até 100 anos ou mais até que as raízes sejam finalmente obrigadas a se aprofundar – é o que acontece mais por engano do que por desígnio, em alguns vinhedos australianos famosos.

Será preciso definir logo de início um conjunto apropriado de estratégias agrícolas: escolha dos cavalos para o enxerto, espaçamento, orientação, tipo de poda. A técnica de vinificação também é importante, mas vinho bom se faz é no campo.

No Loire (como em muitas outras regiões produtoras) por motivos socioeconômicos óbvios hoje predomina a colheita mecânica, mas no caso - dada a área limitada disponível e a dificuldade de se entrar com máquinas – a opção será pela colheita manual. Essa técnica trará diversas vantagens: reduzir o risco de maceração (ou seja, da incorporação ao mosto de taninos, em geral menos desejáveis no caso de um vinho branco), evitar a fermentação prematura e os efeitos da oxidação, permitir a triagem e a eliminação de sujeira e corpos estranhos – embora as melhorias introduzidas a cada nova geração de colheitadeiras estejam diminuindo a distância de qualidade entre as duas técnicas. Uma vez feita a colheita, é melhor levar as uvas diretamente à prensagem pneumática? Ou seria preferível uma etapa anterior de esmagamento mecânico, o que aumentaria o contato das cascas com o mosto, mas também o rendimento em termos de vinho de primeira qualidade?

A tecnologia de fermentação alcoólica responsável pela obtenção dos aromas primários encontra-se em plena evolução. No passado as enzimas que catalisam essa etapa do processo eram aquelas presentes em permanência no ambiente da adega. Com as modernas práticas de higiene industrial, e a adoção generalizada dos fermentadores de inox, foi preciso recorrer ao auxílio de enzimas comerciais, prática hoje generalizada. Surge então a possibilidade de orientar a fermentação no sentido de favorecer a produção dos aromas mais desejáveis, ou ainda a de precursores dos importantíssimos aromas secundários que vão se formar mais tarde durante o envelhecimento. A seleção da temperatura ideal de fermentação (em geral, a mais baixa praticável) é outra decisão crucial. Controle do perfil térmico e seleção das enzimas acabam sendo as duas principais armas do arsenal à disposição do vinificador para promover a formação de aromas frutais, e reprimir a dos herbáceos e vegetais.

Outra decisão: promover ou não a fermentação malolática, bacteriana, a popular "malô"? A malô consiste em transformar o ácido málico (um diácido formado durante a fermentação alcoólica) em lático (um só grupo –COOH), o que faz subir o pH e confere ao vinho uma sensação de mais "redondo" e portanto mais em sintonia com a moda. Até há 10 ou 20 anos, vinho branco e malô eram considerados incompatíveis; hoje até na região de Chablis, tradicional produtora de vinhos que tinham na acidez sua principal imagem de marca (e também o principal fator de sua longevidade) muitos produtores aderiram à malô.

Na CVOT a maturação dos vinhos brancos se faz em tanques de inox, mas para o novo projeto a escolha talvez recaia sobre o envelhecimento (e talvez até a própria fermentação, prática que anda voltando à moda) em barricas de carvalho de 225 litros – eventualmente de segunda mão, para não mascarar os sabores refrescantes e estivais que se espera de um Sauvignon Blanc.

Além dessas opções fundamentais o produtor se defronta com muitas outras, talvez de menor impacto individual, mas cada qual com sua importância: começar ou não por remover o ingaço, resfriar e filtrar o vinho antes do engarrafamento ou então recorrer à clarificação assistida (com clara e ovo, por exemplo), como evitar a sempre indesejável pós-fermentação sem recorrer a conservantes; e tantas outras. O plantio deverá começar ainda durante esse ano agrícola, marcando a partida para o projeto.

E que daqui a uns 10 anos ainda estejamos todos aqui para degustar o resultado. ■

PINE CHEMICALS

A indústria papeleira no Brasil começou extrativa, transformando em celulose o pinho do Paraná nativo – a araucária. Mas a partir dos anos 70, com os investimentos em novas plantas de celulose e a expansão da demanda da época do "milagre", começou a faltar madeira no país. A resposta foi criar o IBDF (mais tarde IBAMA) e conceder incentivos para projetos de reflorestamento, baseados sobretudo em duas variedades de *pinus: p.elliotti*, mais apropriado para a região Sul e o leste de São Paulo; e *p. caribeae* (e outras variedades tropicais), que se adaptou melhor nas regiões mais quentes do interior de São Paulo e de Minas. Hoje deve haver uns 350-400 milhões de pés plantados, até agora ainda predominantemente de *p.elliotti,* mas com as variedades tropicais pouco a pouco aumentando sua participação desse total.

Junto com o *pinus*, surgiu a atividade de resinagem: as coníferas podem ser sangradas (como seringueira para a produção de borracha natural), recolhendo-se uma matéria resinosa – a goma-resina – que por sua vez pode ser destilada dando uns 70% de breu, e 15%-17% de terebentina (apenas 5%-10% no caso dos *pinus* tropicais): as duas matérias-primas de base da indústria de *pine chemicals*. O breu (Fig. 1) também pode ser obtido

Figura 1 - **Brasil - Derivados Florestais - Fluxos**
(em 1.000 t/ano Breu)

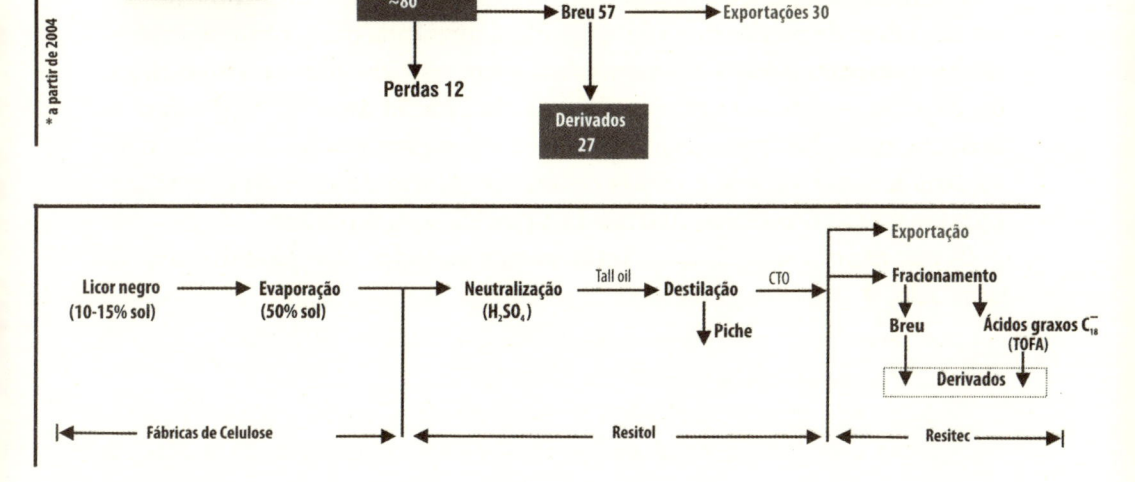

a partir do *tall oil* proveniente do licor negro das fábricas de celulose pelo processo *kraft*. Existe no Brasil uma única indústria usando esse processo (Resitol). Finalmente, a Hercules no estado da Geórgia ainda produz *pine chemicals* a partir de tocos de pinho, origem de uma conhecida linha de aditivos para concreto.

A expansão do plantio de *pinus* no Brasil coincidiu no tempo com acontecimentos históricos sem os quais talvez não tivesse florescido a produção de *pine chemicals* no Brasil: a Revolução dos Cravos de 1974 em Portugal, e a crescente escassez de mão de obra rural resultante da migração de trabalhadores portugueses em direção ao norte da Europa. Acontece que a resinagem de coníferas nativas era uma atividade econômica significativa em Portugal, atividade essa que começou a mostrar-se inviável justamente

Quadro 1 – Breu – Produção Mundial- 2002	
Origem	**em mil toneladas**
Goma resina	**700**
China	420
Indonésia	65
Brasil	**55**
P. elliotti	42
p. tropicais	13
Outros	160
Tall Oil	**350**
EUA	210
CE/Japão	140
Nós de pinho	**30**
EUA	30
	1.080

Fonte: ANIPIN   (~US$ 500 MM/ano)

no momento em que deslanchava o plantio de *pinus* no Brasil. E o Brasil, que sempre havia sido importador de breu, em poucos anos tornou-se primeiro autossuficiente, e em seguida terceiro produtor do mundo (*Quadro 1)*, e exportador. Cerca de 80% da indústria de *pine chemicals* continua concentrada em quatro grupos industriais portugueses *(Quadro 2)* que na época transferiram para cá suas atividades.

Mas a produção de breu no Brasil começa a encontrar obstáculos. Apenas 10% dos pés de *pinus* são resinados: são as plantações controladas, diretamente ou através de contratos de terceirização de longa duração, pelos destiladores. O restante pertence às indústrias de celulose (cerca de 20% da área plantada) ou de madeira (serrada, regenerada). Essas indústrias convivem mal com a resinagem – apesar do seu peso nos *economics* de conjunto de atividade florestal: medo de incêndio, hostilidade à ideia do convívio de seus trabalhadores com os dos resineiros, a inevitável perda de rendimento em termos de celulose. Assim sendo, hoje a atividade de resinagem parece ter atingido um teto, pois a área plantada com *pinus* estagnou, tendo até quem fale no perigo futuro de um "apagão florestal". Estima-se o abate anual atual em 600 Mha/ano, dos quais apenas um terço vem sendo reposto; o restante é plantado com eucalipto, ou vira pasto.

Reflexo dessa situação, nesses últimos tempos disparou o preço da madeira em pé no mercado *spot* (uma floresta de *pinus* madura vale hoje uns $

Quadro 2 – Brasil – Pine Chemicals – Empresas/Atividades – MT/ano			
Empresa	*Capacidades*		*Comentários*
	Breu	Derivados (Total)	
Grupo SOCER	60	18	Empresários portugueses. Quatro plantas, incl. ex-Eucatex (Salto), Respar, Resinas Brasil, Resinas Tropicais
Resitec	10*	28	Acionistas incluem Harima. Participa de Resinas Tropicais (Uberaba) com o grupo SOCER, e controla a Resitol (SC)
Harima	10	2.5	Controlada por Harima Chemicals (Japão)
Yser	12	12	Empresários portugueses
Habitasul	9		Grupo imobiliário/industrial (RS)
Campinus	16		Empresários portugueses. Maior destilador não-integrado em derivados
Roveda	6	2.5	Grupo Roveda (Caçador, SC)
Breuquímica	6		Único destilador não-integrado em resina própria
Hercules			Maior produtor de colas para papel
Brasresin			Principal produtor de resinas fumáricas (Cumbica, SP); fábrica nova em construção
Crios-Schenectady			Resinas e esteres
Resiral			Pequeno produtor de resinas fumáricas

*não inclui a capacidade da Resitol (SC), do mesmo grupo, que produz CTO (tall oil bruto) em parte convertido em derivados de breu pela Resitec (o grosso é exportado).

5.000/ha), o que tem levado as madeireiras a antecipar o abate, contribuindo para uma redução da área resinável.

Dos três grandes países produtores de breu, só no Brasil é que predomina esse modelo tipo *plantation*, empresarial, em que não há espaço para trabalho infantil ou escravizante. Na China e na Indonésia a resinagem é uma atividade difusa, extrativista, que tem mais a ver com (a título de exemplo) o babaçú do Maranhão do que com a hévea da Malásia. A produção anual nesses países resulta mais estável, embora o desenvolvimento industrial da China também já esteja começando a ameaçar a produção de goma resina.

Outro fator é que a partir dos anos 80 começaram a render resultados os anos de pesquisa com eucaliptos: melhores desempenhos e rendimentos florestais, crescente aceitação da celulose de fibras curtas pela indústria de papel. Consequência: estagnação do plantio de *pinus*, enquanto a do eucalipto disparava. Em resposta a essa defasagem tecnológica, foi costurada uma aliança entre o Instituto Florestal (SP), a ESALQ e a ARESB (a associação formada pelos resineiros) que tem como objetivo obter melhoramentos genéticos que repercutam favoravelmente sobre a atividade resineira.

Os resultados já estão ao alcance da mão. Já foram desenvolvidos variedades de *p.elliotti* de alto rendimento de resina, sendo agora uma questão de produzir mudas em quantidade suficiente e testar o comportamento dessas variedades quando plantadas em grandes extensões. Mas com base em dados gentilmente cedidos por José Arimatéia R. Machado[1], vê-se que os *economics* desses novos *p. elliotti* transformarão a goma resina no principal componente do valor presente de uma floresta.

Um dos casos avaliados – florestas constituídas de material genético melhorado (observado em plantios clonais, por enquanto ainda não disponível em quantidades comerciais), resinagem das árvores em 2 faces (rendendo 9.60 kg de goma-resina por ano-pé) ao longo de apenas 8 anos (do ano 8 ao 15) – resulta numa estimativa do valor presente não muito diferente daquele gerado pelas práticas atuais de manejo e resinagem, mas com um detalhe: atualmente a madeira representa 70% do valor presente do ciclo de operação, mas com as novas variedades essa proporção inverte. Existirá assim uma opção tecnológica inteiramente nova para os resineiros. Mas para tanto será preciso continuar pesquisando melhoramentos genéticos e técnicas de manejo, bem como obter dados sobre o comportamento a do longo prazo da floresta em regime de resinagem intensiva. A partir do final da década, os efeitos de mais esse *success story* da pesquisa agrícola deverão se fazer sentir,

1- *AVALIAÇÃO ECONÔMICA DE PROJETOS DE PLANTIO DE PINUS ELLIOTTII VAR. ELLIOTTII CONFORME A PRIORIDADE DA PRODUÇÃO: GOMA RESINA OU MADEIRA por José Arimatéia Rabelo Machado,Reinaldo Cardinali Romanelli, Instituto Florestal – Secretaria do Meio Ambiente do Estado de São Paulo*

boa notícia para uma atividade que, segundo a ANIPIN, dá emprego a 9.000 pessoas no país.

O breu (ácido abiético) é uma molécula de PM $\cong$ 300, que pode ser funcionalizada de diversas maneiras *(Quadro 3)*.

Quadro 3 – Química do Breu – Resumo		
Derivados	*Reações*	*Aplicações*
Breu desproporcionado	Isomerização (alteração da proporção dos vários isômeros óticos do ácido abiético); "fortificação" (Diels-Alder) com ácido fumárico; neutralização (K^+)	Emulsionante de polimerização (SBR, borracha sintética)
Colas para papel	Neutralização (Na^+), reação D/A com ácido fumárico	Impermeabilização interna do papel
	Líquidos a 50%-60%	Papel em meio ácido (pH = 4-4.5), sobretudo kraft para embalagem
	Emulsões a 35%	Papel para meio neutro (pH = 6-6.2)
Resinas fumáricas	D/A com ácido fumárico, esterificação parcial	Tintas flexo. Taquificante para ceras de assoalho
	+ neutralização (Ca^{++})	Tintas roto
Resinas maleicas	D/A com ácido maleico, esterificação parcial	Vernizes e seladores para madeira
Resinas fenólicas	Breu + resol	Tintas flexo
Ésteres	Breu + glicerol	Adesivos hot-melt (embalagem/ encadernação/ móveis/ autoadesivos). Bases para goma de mascar
	(+ emulsificação)	Refrigerantes
	Breu + pentaeritritol	Adesivos hot-melt (maior temperatura de amolecimento / menor tempo em aberto)
	(+ emulsificação)	Taquificante para adesivos aquosos

Nem todos os possíveis derivados são fabricados no Brasil; no começo os principais resineiros/destiladores estavam voltados para a produção e exportação de breu, e só mais tarde resolveram se integrar para baixo. Hoje também já enfrentam o mercado internacional de derivados. Já começam a incomodar os grandes, alguns desses, como AKZO e Arakawa, procuraram proteger suas atividades em *pine chemicals* construindo plantas na China, e diante da estagnação da oferta interna de breu a ideia de ir pelo mesmo caminho já começa a ser avaliada pelos grupos luso-brasileiros e nacionais.

O Quadro 4 apresenta a distribuição do mercado interno por tipo de derivado do consumo de breu.

Quadro 4 – Brasil – Derivados do Breu – Demanda			
	T/ano	Equivalente Breu	
		T/ano	%
Colas para papel		9.000	33
Emulsificantes para polimerização		4.500	17
Ésteres		6.700	25
Glicerol	5.900		
Adesivos	3.600		
Ind. Alimentícia	2.300		
Pentaeritritol	2.500		
	8.400		
Resinas		6.000	22
Maleicas	5.000		
Fumáricas	3.200		
Fenólicas etc.	300		
	8.500		
Usos como tal		800	3
		27.000	100

Algumas dessas aplicações já não crescem. Entre os elastômeros, o E-SBR vem perdendo mercados para os polímeros em solução. A produção de papel se pratica cada vez mais em meio alcalino, daí resultando que as colas de breu hoje detêm apenas um terço do mercado brasileiro (o resto se divide entre os anidridos alquenilsuccínicos (ASA), e os AKD da Hercules).

O consumo de resinas fumáricas para tintas gráficas vem crescendo rapidamente, o que explica uma certa proliferação de pequenos produtores. O mercado brasileiro de bases para gomas de mascar é potencialmente enorme, mas os maiores fabricantes já importam a matéria-prima formulada.

Na formulação de *hot-melts* há uma demanda crescente por produtos incolores, tais como as resinas C_5 de petróleo do tipo *water-white*. A resposta dos *pine chemicals* tem sido oferecer produtos de melhor qualidade, eventualmente utilizando processos mais dispendiosos tais como hidrogenação.

Quanto à terebentina, 80% da produção é exportada. O maior importador é a DRT, empresa do sudoeste da França grande produtora de derivados aromáticos a partir de pinenos. O conteúdo de pinenos da terebentina vai de 70% (*pinus* tropicais) a 85% (*p. elliotti*). Umas 2.000 T/ano são transformadas em óleo de pinho. Mas a partir de 2004 a SOCER estará produzindo em Salto, SP umas 3.000-4.000 T/ano de resinas terpênicas a partir de pinenos. Esse projeto – junto com a expansão relativa das florestas de variedades tropicais de *pinus* – fará diminuir os excedentes exportáveis.

O Quadro 5 resume a estrutura de preços da cadeia *pine chemicals* no Brasil:

- as diferenças dos preços entre os derivados obtidos das duas variedades de pinus refletem os respectivos teores e rendimentos;

- a margem bruta do destilador é algo como $ 100/T;

- os preços internos dos vários derivados são bastante inferiores aos internacionais.

Quadro 5 – Brasil – Pine Chemicals – Estrutura de Preço $/T	
Goma-resina	*250-300*
Breu	
p. elliotti	475
var. tropicais	450
Terebentina	
p. elliotti	550
var. tropicais	500
Derivados	
ésteres	820-980
resinas	750-800
resinatos Ca^{++}	1000-1200

Em resumo: os *pine chemicals* são produtos antigos, baratos, que a natureza já fez funcionalizados e que são fáceis de derivatizar. Assim, justificam os esforços de P&D em andamento no país, tanto no nível da silvicultura quanto a jusante pela indústria química. ■

Brasil na CPHI

ão se mexe em time que está ganhando. Na recente CPhI de Paris (3-5 de outubro 2006), a Abiquif repetiu sua fórmula consagrada nas anteriores, com um estande funcional e acolhedor que abrigava uma meia dúzia de empresas brasileiras. Isso além de um confortável "espaço hospitalidade", ponto de encontro obrigatório da comunidade química e farmacêutica brasileira e onde corria farto um excelente cafezinho (de coador!), como em outras CPhI passadas, cortesia dos diretores da Cristália (Itapira, SP).

Além dos associados da Abiquif, duas empresas brasileiras se apresentaram na CPhI voando com asas próprias. A farmacêutica EMS (Hortolândia, SP) que já dispõe de uma presença industrial na CE na forma da Germed, sua subsidiária portuguesa, acaba de anunciar acordo técnico-científico com a MonteResearch, empresa italiana de umas 30 pessoas, voltada inteiramente para o nicho tecnológico da inovação no setor dos genéricos.

A expectativa em relação ao acordo é gerar anualmente quatro novos "genéricos plus" – formulações inovadoras e patenteáveis, que exigem a realização de testes clínicos – a um custo médio provável de $10 MM; e cerca de 15 novos genéricos "extensão de linha", a um custo unitário (mais fácil de prever) de até $ 2 MM. A EMS espera dessa atividade não só uma ampliação de sua gama de genéricos, como também uma intensificação de seus negócios, envolvendo novas parcerias e acordos de licenciamento. Dado que o custo de botar na avenida uma nova entidade farmacêutica já anda acima de $ 1.0 bilhão, trata-se de uma estratégia que do ponto de vista de um fabricante de genéricos faz muito sentido.

Outra presença brasileira foi a da Extrasul, do grupo Kienast+Kretschmer que opera em diversas áreas envolvendo subprodutos de origem animal. Um deles é a produção do anticoagulante heparina, a partir de mucosa suína (ou bovina – ostracizada dos principais mercados importadores por conta do medo da doença da vaca louca, mas ainda exigida em certos países por motivos religiosos).

No nível da etapa de extração, pode-se estimar o mercado mundial de heparina em 8 bilhões de megaunidades anuais, no valor de uns $ 100 MM. O grande produtor é a China, por meio de um sistema capilar de coleta e extração envolvendo centenas de pequenas unidades. O maior produtor ocidental é a norte-americana SPL, também presente na CPhI. Quanto ao principal produto final – a heparina de baixo peso molecular, injetável – o mercado mundial é estimado em $

3.5 bilhões anuais, sendo os principais produtores mundiais algumas grandes multinacionais farma (Sanofi, GSK, Pfizer) e a dinamarquesa Leo, essa última integrada verticalmente.

Esperemos que em futuras CPhIs outras empresas brasileiras também consigam deixar o aconchego da asa materna, e criar forças para montar uma presença própria.∎

Parafinas e Ceras

B em poucos segmentos da indústria dita de "especialidades químicas" têm mais direito a essa apelação do que as atividades de moldar, formular, funcionar e emulsificar uma variedade de substâncias conhecidas como **parafinas**, quando provenientes da operação de desparafinação de bases lubrificantes de petróleo. Ou identificadas como **ceras**, quando se trata de uma grande variedade de substâncias, desde coprodutos de certos processos de polimerizações até matéria extraída de minérios como a lignita, ou de vegetais, e também de animais: quadrúpedes, cetáceos e até insetos. Quimicamente, nada do que acontece nessa indústria daria um Prêmio Nobel a quem quer que seja, mas salta aos olhos que só na Europa existem dez ou 12 empresas nesse setor, todas independentes, familiares, algumas centenárias, e que parecem fazer uma virtude do quase anonimato. Basta entrar no *site* da EWF (European Wax Federation). Intrigado pela complexidade desse pequeno mundo, o **Posto de Escuta** resolveu tentar desvendar seus mistérios, e descrever seus principais fluxos e mercados.

Matérias-Primas – Em tonelagem a produção de ceras e parafinas é quase sinônima de "ceras de petróleo", que representam uns 80% em peso (mas não em valor). Além disso entram:

• frações de baixo peso molecular recuperadas sobretudo da produção de PEAD pelo processo *slurry*, conhecidas pelo simpático apelido de *polpast* (de "polímero pastoso");

• materiais mais exóticos, dos quais três serão examinados um pouco mais detidamente: cera de carnaúba, cera de abelha e lanolina. Ficam de fora produtos que não existem no Brasil e dos quais apenas pequenas quantidades são importadas: ceras de ozoquerita, lignita (cera de Montana), palha de arroz, candelila etc.;

• produtos de importância crescente no resto do mundo, mas cuja hora ainda não chegou aqui no Brasil: ceras Fischer-Tropsch, ceras obtidas por polimerização intencional de diversos monômeros: olefinas de cadeia curta, alfaolefinas, monômeros acrílicos etc.;

• óleos, gorduras e ácidos graxos hidrogenados: produtos hoje mais baratos do que cera de parafina e que dessa forma constituem para o formulador opções do tipo preço-desempenho. Fazem parte desse universo o sebo hidrogenado, usado para baratear a parafina em velas e outras aplicações, e parte da produção de óleo de mamona hidrogenado.

Ceras de Parafina: Petrobras 1.000t/ano				
Refinaria	*Cru*	*Tipo*	*Capacidade*	
RLAM	baiano	macrocristalinas	100	120
		microcristalinas	<u>20</u>	
REDUC	árabe	Macrocristalinas		25
				145

Ceras de Petróleo – A Petrobras produz parafinas em duas refinarias:

• RLAM, em Mataripe-BA, com base em cru baiano e, por conseguinte, de excelente qualidade. A RLAM produz bases na faixa de *spindle oil*, que dão as ceras macrocristalinas, e também bases mais pesadas como *brightstock*, de onde saem as microcristalinas (de ponto de fusão em torno de 170°C);

• REDUC, em Duque de Caxias-RJ, com base em cru árabe; apenas macrocristalinas.

Ambas essas unidades de desparafinação têm algumas décadas nas costas, e por isso estão sujeitas a paradas nem sempre programadas. A Petrobras planeja a construção de uma unidade de desparafinação por hidrocraqueamento na REDUC, o que acabaria com sua produção de parafinas.

O comércio exterior de parafinas já foi importante, em parte por causa do medo da Petrobras de não poder fazer face a novos apagões. Hoje as exportações não passam de umas 5 mil t/ano, e as importações (de países vizinhos, como Argentina e Venezuela) de 1,5 mil t/ano. A China, até há algum tempo o grande coringa do mercado internacional, agora virou importadora. Os preços internacionais andam em torno de $ 1.000 T, e os internos, no nível da Petrobras, um pouco menos – por enquanto. O consumo interno em 2005 é estimado em 117 mil t/ano.

Consumo Interno de Ceras e Parafinas em 2004 (valores 1.000t e%)		
Parafina (petróleo)	117	80
Polpast	4	3
Vegetais/animais	4	3
"Massa de vela"	20	14
Total aproximado	145	100

Polpast

A produção de polímero pastoso de baixo peso molecular, subproduto das unidades de PEAD (processo *slurry*) da Braskem (BA e RS), atinge umas 4 mil t/ano. O consumo seria maior se houvesse mais oferta. Esses polímeros valem cerca de $ 700/t, mas os preços tendem a se aproximar mais das parafinas.

Cera de Carnaúba – A produção brasileira é de cerca de 16 mil a 17 mil t/ano, das quais 50% no Piauí e 45% no Ceará. Desse total, o consumo interno é de 2 mil t/ano.

Parte-se de um pó cerífero proveniente da palha da palma. A cera é isolada por extração com solvente seguida de filtragem e depois clareada com peróxido de hidrogênio. O produto é vendido sobretudo em escamas. Um dos refinadores (Brasil Ceras) produz cera em pó, por atomização. Outros refinadores do Piauí são a Tropical Ceras (Parnaíba, do grupo PVP), Ceras Piauí, Machado e Piauí Ceras, este último também com uma pequena unidade de formulação localizada na Zona Norte de São Paulo. No Ceará, os grandes refinadores são Ceras Johnson, CVC, Pontes e Rodolfo G. Moraes.

O tipo 3, mais comum, custa $ 2,00 a 2,10/kg. O tipo 1 representa 20% da demanda, e vale $ 4,50/kg. As grandes aplicações da carnaúba são ceras de assoalho e para polimento e a indústria de microfusão.

Cera de Abelha – O Brasil produz 40 mil t/ano de mel de abelha, o que corresponde a umas 1,5 t/ano de cera. Desse total, cerca de 60% é reciclado para a própria apicultura, e 600 t/ano vão para especialidades. Existem aproximadamente de 10 a 12 processadores de cera de abelha no Brasil, tais como a Zovaro, de São Paulo. A oferta vem crescendo, sobretudo no Nordeste. O produto vale em torno de $ 8.50/kg.

Lanolina – O único produtor no Brasil é a Croda, de Campinas-SP, que compra gordura proveniente da lavagem de lã (não só da tosa interna, que seria insuficiente) e produz cerca de 700 t/ano de lanolina. A propriedade que distingue esse material é a "emoliência" – a capacidade de absorção de água; custa de $ 10 a 12/kg, e vai como tal para as indústrias de cosméticos e farmacêutica. Parte é usada para transformação em derivados.

Hidrogenados – Alguns óleos e gorduras hidrogenados fazem parte do universo das ceras e parafinas, por serem usados para baratear o produto final, ou modificar suas propriedades.

A indústria de velas consome umas 18 mil t/ano de sebo hidrogenado ("massa de vela"); o maior produtor é Milano Agroindustrial (Itu-SP), com umas 8 mil t/ano. O material vale de $ 850 a 900/T.

A produção brasileira de óleo de mamona hidrogenado é de umas 5 mil t/

ano, das quais uma pequena fração faz parte do universo das ceras usadas para formulação de batons, velas (e outros produtos), *kosher*, massa de supositório etc. Mas o grosso é usado em lubrificação.

O Meio de Campo – Posicionadas entre as fontes de matéria-prima e o usuário final existem empresas de duas categorias:

- Os distribuidores da Petrobras. Essas empresas:

  ◢revendem parafina a granel;

  ◢convertem parafina líquida em outras formas físicas: tabletes, lentilhas, pó. A margem bruta dessas operações é da ordem de $ 350 a 400/t;

  ◢produzem misturas de parafinas para uma variedade de aplicações;

  ◢produzem emulsões de parafina, para as indústrias de madeira reconstituída (aglomerado, MDF, OSB) e outras aplicações (caixas de ovo etc.).

Além da BR, cuja atividade principal é a revenda a granel, estão nesse grupo:

- Gequímica (São Paulo): o maior em tonelagem. Número um no atendimento à indústria de velas; formula ceras antiozonantes para borracha, ceras estruturais para papelão ondulado etc; produtor no Paraná de emulsões para madeira aglomerada através da afiliada Brasceras;

- Isogama (São José dos Pinhais-PR): segundo maior em tonelagem total, mas líder na produção de emulsões para madeira, chegando a exportar para os países vizinhos. Também atende parte da demanda dos "veleiros.";

- Guanabara (São José dos Pinhais-PR): maior produtor de velas do país, sobretudo depois de adquirir alguns concorrentes regionais. Compra parafina sobretudo para uso próprio, mas também revende para o ramo.

  Os fabricantes de especialidades:

- Megh (São Paulo)

- Comarplast (São Paulo)

- CHO (Guarulhos-SP).

  A Megh, maior das três, pratica (ou é capaz de praticar) uma série de operações físicas e químicas possibilitando a produção de uma série de ceras especiais, tais como:

- micronização (para dispersão de pigmentos em concentrados de plástico, tintas etc.)

- blendagem

- oxidação (funcionalização) de ceras de polietileno. Os materiais oxidados são incorporados a parafinas, e dessa mistura se fazem emulsões para uma grande variedade de aplicações, ou vendidos como tal para outros fabricantes de emulsões.

- *grafting* de substratos hidrocarbonetos com anidrido maleico, outra estratégia química de funcionalização

A Comarplast fabrica uma gama de especialidades semelhantes, e também opera uma unidade de hidrogenação de sebo.

A CHO, a menor das três, se concentra na formulação de ceras exóticas; também produz uma linha de estearatos metálicos e orgânicos.

Somados, esses três especialistas processam um total de umas 12 mil t/ano de ceras e parafinas, das quais a Megh representa mais de 60%.

Mercados – Para melhor organizar os pensamentos, os mercados das ceras e parafinas foram agrupados em quatro categorias:

- velas: representam um consumo de 70 mil t/ano só de parafinas.
- emulsões usadas na produção de madeiras reconstituídas.
- os diversos mercados de parafinas atendidos diretamente pelos distribuidores.
- emulsões, misturas, pós e outros, fabricados pelos especialistas.

Entre esses dois últimos grupos existe uma área de superposição. Ainda há um quinto nível, o dos "especialistas setoriais" que, por exemplo, compram ceras oxidadas para fazer suas próprias emulsões, caso de algumas empresas de auxiliares têxteis, que oferecem toda uma gama de especialidades, ou de produtores de pacotes de aditivos para lubrificantes.

Velas predominam – Existem uns 600 produtores de velas no Brasil dos, quais um – Guanabara e suas coligadas – representa de 20% a 25%. O consumo brasileiro é cerca de 25% do norte-americano, o que dá uma ideia da pujança do setor. Outro indício: o Brasil chega a exportar máquinas para a produção de velas (por exemplo: Mecânica Roberdoni). Isso tudo apesar de um lento declínio ao longo dos anos, causado por dois fatores: a eletrificação do interior; e a proliferação crescente, companhia à de outras crenças das seitas evangélicas, cujos membros não queimam velas. Mas a favor temos o crescimento de novos mercados (velas decorativas, réveillon na praia, o apelo mais amplo dos vários ritos afro-brasileiros etc). Parece que ainda hoje 50% da produção global vai para iluminação – incluindo aí as compras por medo de apagão – em que pese a concorrência da lamparina de querosene; os outros 50% ficam por conta de mercados religiosos ou festivos.

A localização das principais fábricas de velas fornece pistas quanto à especialização mercadológica de cada uma.

As velas brasileiras costumam conter uma certa porcentagem de sebo

Velas: Principais Fabricantes	
Guanabara	PR, SP
Rubi	AM
São Domingos	SP (interior)
Karam	BA
Incovel	PB
19 de Julho	RJ

hidrogenado, de 20% a 40%, o que barateia a matéria. Mas também afeta as características de queima, e a escolha do pavio.

Emulsões para madeira – Essa é uma especialidade *commodity*. Os grandes volumes e as margens reduzidas restringem a prática desse mercado a duas empresas, Isogama e Brasceras (Gequímica), que adquirem suas parafinas diretamente. São emulsões de alto teor de sólidos – 60% a 70%.

Outros segmentos – Entre eles destacam-se:

• ceras antiozonantes: misturas de parafinas de diversos pontos de fusão (macro/micro).

• óleos de proteção temporária: mercado de 35 mil t/ano e que não tem crescido, resultado de métodos eletrostáticos, mais econômicos, de aplicação em chapas pelas siderúrgicas, e do uso em componentes automotivos e de metais mais resistentes à corrosão.

Principais produtores: Tirreno (SP), Fuchs (SP), Castrol (RJ). Conteúdo médio: 6% a 7% de parafinas.

• fósforos: para transferência da chama ao longo do palito; a Swedish Match representa 50% do mercado brasileiro.

• explosivos.

• vaselina: mistura de parafina e óleo branco. Os principais fabricantes são: Favab (Aratu, BA) e Sidepal (Guarulhos, SP). Entre usos farmacêuticos e industriais, o consumo brasileiro é de 3 mil t/ano; o conteúdo de parafinas (macro e micro) vai de 10% a 70%; média, 20%.

• ceras: a produção de ceras de polimento (assoalho, automotivas etc.) consome 5 mil t/ano de ceras e parafinas; as parafinas de petróleo representam uns 30%. Hoje 95% das ceras de assoalho são emulsões em que entram acrilatos e ceras.

- concentrados (*masterbatch*, tingimento): adiciona-se cerca de 1,5% de cera na extrusão.

- aditivos PVC: consumo passa pelos especialistas: Bärlocher, Miracema--Nuodex, Inbra etc.

Especialidades – Finalmente chega-se aos especialistas. Principais áreas de atuação:

- indústria têxtil (auxiliares para fiação, acabamento de jeans etc.). Atuação comercial geralmente indireta.

- revestimentos para frutas de exportação. Aplicação que vai se extendendo a outras frutas, flores etc.

- emulsões para ceras e polimentos.

- massas para lápis de cor, lápis de cera (forte da Comarplast).

- misturas para produtos de beleza.

- ceras micronizadas (para dispersões em meio solvente etc.). Sobretudo para tintas de impressão.

- emulsões para: construção, couro, produtos celulósicos etc.

- ceras para microfusão ("cera perdida"). Cerca de 20 fundições no país empregam esse processo.

Esse segmento é difícil de quantificar, mas somando produtos sólidos e líquidos (emulsões) deve representar por volta de 15 mil t/ano, e um faturamento da ordem de $ 25 milhões anuais.

E o futuro? – É mais do que sabido que as parafinas de petróleo estão "com os dias contados" – só que ninguém sabe direito se em anos ou em décadas.

O fato é que as coisas vão evoluir, e sobretudo dentro da categoria das "sintéticas". Boa parte do consumo atual é subproduto de unidades de

Mundo – Consumo de Parafinas e Ceras - 1.000 t e % - (2004)		
	1.000 t/ano	%
Parafinas petróleo	1700	86
Sintéticas*	240	12
Animais/vegetais	35	2
	1975	100

*inclui: ceras FT, polpast e polímeros intencionais

poliolefinas que empregam processos ultrapassados. A oferta desses "polímeros pastosos", portanto, não cresce mais. Por outro lado, qualquer dos megaprojetos em discussão para a produção de líquidos a partir de gás natural (GTL) que for concretizado resultará na geração de produtos cerosos que poderão disputar uma boa fatia do mercado. E as ceras FT possuem excelentes propriedades físico-químicas. Para a produção intencional de ceras sintéticas, apolares ou funcionalizadas, concorrem diversas estratégias químicas, cada uma com seus apologistas. O quadro a seguir resume as linhas gerais de alguns deles:

Alguns apostam na copolimerização (processo caro) de eteno (com ácido acrílico, por exemplo). Outros no *grafting* (caro) de anidrido maleico em

Ceras – Novos Caminhos		
Estratégia Química	Matérias-Primas	Características
Copolímeros	C_2^- + ácido insaturado (AA etc)	alta pressão/alta escala
PAO	olefinas lineares	baixa pressão/média escala
Funcionalização graft	parafinas etc. com anidrido maleico	média pressão/ pequena escala
FT	gás natural ® gás de síntese	alta pressão/ escala mega

cima de um produto de petróleo ou polímero coproduto (ambos baratos). Outra possibilidade é partir de um oligômero linear (digamos, C_{20}) de eteno e multiplicar seu peso molecular por três ou quatro (processo barato, matéria-prima cara). E no outro extremo, parte-se de gás natural (o mais barato dos hidrocarbonetos), convertido em líquidos (e ceras como subprodutos) passando por gás de síntese e pelo processo Fischer-Tropsch.

No fim, todos provavelmente acabarão coexistindo, cada um com seus nichos aplicativos e seus clientes. ■

FLUXANTES EM FLUXO

O uso de fluxantes nas indústrias processadoras de metais fundidos é antigo. Suas funções são múltiplas. Controlar a velocidade e o perfil de resfriamento, agir como desmoldante, proteger da oxidação atmosférica a superfície exposta, seriam as mais importantes. Esses produtos são usados rotineiramente tanto na indústria siderúrgica quanto em fundição.

Esse segmento sofreu uma profunda mutação com o surgimento do processo de lingotamento contínuo em aciaria. Uma linha dessas hoje em dia fica por uns $ 150 MM, o que impõe um grau muito superior de uniformidade do produto e regularidade do processo. Daí uma metamorfose nos tipos de fluxantes: os produtos toscos usados no tempo das lingoteiras cederam espaço a produtos altamente sofisticados, cada vez mais na forma de partículas atomizadas, esféricas, e de análise e dimensões estritamente homogêneas. A Europa ainda usa mais de 40% de seus fluxantes na forma de pó; mas, no Brasil, nos EUA e no Japão, lingotamento contínuo é quase sinônimo de fluxantes granulados.

Hoje em dia o lingotamento contínuo representa 80% do aço vazado no mundo (e 90% no Brasil). À razão de umas 500 g/tonelada, trata-se de um mercado global estimado em cerca de 280 M T/ano, no valor de uns $ 215 MM anuais. Note-se que nem todas as linhas contínuas usam granulados: existem produtores que ainda se contentam com óleos ou produtos em pó, sobretudo para linhas dedicadas à produção de aço de construção.

No Brasil há onze usuários de pós fluxantes, dos quais oito usam produto granulado. Há umas 20 fórmulas em uso. O mercado nacional é de umas 12 M T/ano de fluxante para lingotamento contínuo. Os produtores são:

- Stollberg, que pertencia à SKW e hoje faz parte da Evonik. Em fins de 2001 inauguraram uma unidade em Guaratinguetá, a mais recente e atualizada do grupo, dimensionada para 10M T/ano e com a missão de servir de plataforma para toda a América do Sul.

- Carboox, em Resende, RJ, firma nacional fundada em 1960. Emprega tecnologia da Nippon Thermochemical. Capacidade total, 18M T/ano de granulados

- Foseco, líder mundial em auxiliares para fundição porém de menor expressão nesse segmento.

Até o ano passado, 70% da demanda brasileira era satisfeita por importações, por imposição das empresas internacionais de engenharia: Concast, Voest-Alpine, Daniel, Demag. Foi o que motivou a decisão da Stollberg de se implantar no país.

As formulações têm por base (50%-60% do peso total) um silicato de cálcio. Uma das formas preferidas de silicato de cálcio é a wollastonita, importada sobretudo dos EUA, China ou México; outra possibilidade são determinadas escórias. Com o tempo a Stollberg pretende nacionalizar a base de suas formulações, como já é em boa parte o caso da Carboox. Adicionam-se os diversos fluxos – borato de sódio, carbonatos de lítio e de sódio, além de dispersantes e ligantes. As cargas são moídas até uma finura de 200 malhas (170μ), formuladas, umedecidas e atomizadas, dando grânulos isentos de poeira de 500μ de diâmetro. Por razões de higiene industrial, na fábrica de Guará a Stollberg recebe suas matérias-primas já moídas quer pelo fornecedor, quer por um prestador de serviços. A atomização é feita *in house*. Já a Foseco atomiza fora. A Carboox opera dois atomizadores de construção recente.

Com cerca de 30% do mercado mundial e fábricas na região do Ruhr, Coreia, Índia, na Alsácia e nos Estados Unidos, a Stollberg é a líder da especialidade. Seguem-se Metallurgica, outra firma alemã, com 40M T/ ano (15%); a Foseco, que tem duas torres de granulação nos EUA (cerca de um terço do mercado) e produz ao todo de 20 - 25 M T/ano de fluxante granulado, incluindo terceirizações no Brasil e na Europa; produtores japoneses, como a Nippon Thermochemical, que detém cerca de um terço de um mercado nacional estimado em mais de 40 M T/ano; e produtores locais independentes, como a Carboox no Brasil. ∎

Fosfinas e Derivados

Os grandes vetores da química orgânica do fósforo elementar (P_4) são o PCl_3 e seu principal derivado, o $POCl_3$ – conhecidos na intimidade como *Pickle and Pockle* (v. fig. 1). A maioria das aplicações desses intermediários já entraram em estagnação ou declínio – com exceção do herbicida glifosato, que continua garantindo um crescimento constante da demanda de PCl_3. Mas existe um segmento, pequeno em tonelagem, porém representando uma demanda mundial de \$ 150-200 MM /ano que segue crescendo a 10% por ano – a família das fosfinas (R_x/ $A_x PH_{3-x}$) e seus derivados.

Existem duas grandes vertentes dessa química:

- a obtenção da fosfina (PH_3) propriamente dita, gas altamente tóxico e pirofórico, a partir de P_4 e vapor, partindo daí para duas principais famílias de derivados: alcoilfosfinas (PH_3 + olefinas), e os produtos da reação do PH_3 com formaldeído e um ácido inorgânico. As alcoilfosfinas, por sua vez, também podem ser derivatizadas, dando compostos usados em mineração, hidrometalurgia, ligantes para catalisadores metálicos, fluídos iônicos, e como biocidas. Dos dois, este é o segmento que mais cresce.

- as triarilfosfinas (e também as diaril, menos significativas), das quais a mais importante é o trifenilfosfito, são obtidas por reação PCl_3 com um composto magnesiano (ArMgCl), a reação de Grignard. Algumas alcoil-fosfinas também são obtidas por essa via.

Os três produtores mundiais de PH_3 e derivados são:

- Cytec
- Nissan Chemical Industries (NCI)
- Rhodia (via aquisição da Albright and Wilson)

As duas primeiras usam o processo ácido, a pressão elevada

$$2 P_4 + 12 H_2O \rightarrow 5 PH_3 + 3H_3PO_4$$

Já a Rhodia usa um processo alcalino, a baixa pressão, onde o subproduto é o hidrofosfito de sódio, bastante usado em niquelação não-galvânica.

Cytec, a maior dos três, fabrica PH_3 em seu *site* de Niagara Falls, no Canadá, onde havia uma longa tradição de produção de materiais corrosivos ou explosivos. Produz as diversas alcoilfosfinas reagindo PH_3 sob pressão com as respectivas olefinas, o que permite parar em RPH_2 ou R_2PH. Em escala menor, a química da NCI é semelhante.

Já a Rhodia opera a baixa pressão, o que leva diretamente aos R_3P e daí aos seus derivados, tais como os quaternários do tipo $R_4P^+X^-$.

Existem também correntes de PH_3 subproduto dos fornos de redução de rocha fosfórica em P_4. Nesses últimos anos essa indústria migrou em massa para a China. Esse PH_3 não é recuperado.

Cytec, desde que incorporou a antiga Mintec, tornou-se o maior produtor de auxiliares para mineração do mundo. Entre outros, lidera no campo dos derivados das fosfinas para extração em hidrometalurgia, ou como agentes de flotação.

Em particular, um de seus reagentes, o Cyanex 272, tornou-se o método quase universal para separações níquel/cobalto – inclusive no Brasil. No processo, o reagente forma seletivamente um complexo com o íon cobalto, o qual é em seguida regenerado em meio ácido. A demanda mundial deve ser da ordem de algumas centenas de T/ano.

A aplicação do Aerophine 3418 A, também da Cytec – sal de sódio de um ácido tiofosfínico do tipo $R_2P(S)S^+Na^+$ –, é como coletor e promotor de seletividade no tratamento por flotação de minérios polissulfetados (Zn/Pb/Ag). Trata-se de um coletor de alto desempenho cujo custo (cerca de 5 vezes o dos coletores convencionais, tais como os xantatos) se justifica com o aumento nas taxas de recuperação de metais preciosos que costumam estar presentes nesses minérios. O Brasil é pobre em minérios sulfetados em geral, mas há ocorrências em Paracatu, MG, que talvez venham a justificar o uso esse coletor. O mercado mundial de coletores de flotação derivados do enxofre – xantatos, ditiofosfatos etc. – é da ordem de 60 M T/ano, não incluindo a China.

Um segmento que vem se desenvolvendo muito é o do uso de derivados do PH_3 em química fina. Os sais de alcoilfosfônio são bastante usados como catalisadores com transferência de fase (mais caros do que os habituais quaternários de amônia, porém mais termoestáveis). Mais recentemente apareceram sais de fosfônio que são líquidos (iônicos) em temperatura ambiente, e que podem ser usados como meios reacionais em adição de Michael e reações de Friedel Crafts ou outras, substituindo solventes tóxicos ou perigosos com o nitrobenzeno, eter etc. Há no mercado cerca de uma dúzia desses compostos, a maioria obtida a partir da tri-hexilfosfina (por exemplo: THP quaternizada com um cloreto de tetracila, reagida em seguida com o sal de sódio de algum ácido orgânico etc. etc.).

Tanto Rhodia quanto Cytec são produtores de THPC $- P^+(CH_2OH)_4Cl^-$

- usado para dar um acabamento antichamas permanente e de alto desempenho em tecidos de algodão industriais e militares - produto de umas 5 M T/ano (a 60%) no mundo. Junto com o biocida THPS, esse produto representa uns 50% do consumo mundial de PH_3.

Além desses vários derivados, existem duas aplicações para o PH_3 enquanto tal: no controle de pragas em porões de navio e em silos de estocagem de grãos; e o grau eletrônico (99.999%, produto vendido a dólares por grama), empregado como dopante na produção de semicondutores. O controle de pragas é um campo em plena evolução, pois o produto mais utilizado – o brometo de metila – terá obrigatoriamente que ser substituído. A fosfina – como tal, ou gerada a partir de um fosfeto metálico, como o de alumínio – é um dos candidatos a tomar o lugar do MeBr. Usada como tal, a fosfina tem a vantagem de facilitar o controle ao evitar picos de concentração e *overdoses*. O AlP é fabricado sobretudo na China; também existe produção na Índia, e um produtor no Brasil (produção: cerca de 400 T/ano).

Estima-se o uso total da fosfina no mundo em cerca de 1.600 T/ano; em termos de valor, a química do PH_3 representa dois terços do faturamento total, e a do PCl_3, o restante.

Os produtores de fosfinas partindo de PCl_3 são:

- BASF (de longe o mais significativo: é a maior unidade Grignard do mundo);

- Atofina;

- Hokko, que produz algumas famílias de derivados, inclusive de compostos do tipo R_2/Ar_2 PCl – os cloretos fosfinosos.

Note-se que existe uma parceria comercial entre Rhodia, NCI e Hokko, a qual comercializa uma linha completa de derivados: via PH_3 (alta e baixa pressão), e via PCl_3.

A produção mundial de TPP é estimada em umas 5 M T/ano, sobretudo para duas aplicações. A obtenção de alcóois oxo usando o sistema catalítico ródio-fosfina, hoje responsável por grande parte da produção mundial, consome cerca de 350 g de TPP/T. Alguns produtores passaram para outras fosfinas, mas o TPP ainda é a grande fosfina para essa aplicação. Isoladamente, o maior emprego é na síntese da vitamina A do processo empregado pela BASF, em que – na etapa da conversão do intermediário C_{15} – tem lugar uma reação de Wittig. Nesse caso o consumo de TPP é estequiométrico, e a produção de vitamina A da BASF é da ordem dos milhares de toneladas anuais: daí a importância dessa aplicação.

Durante a reação a TPP se oxida dando o respectivo óxido de fosfônio, o TPPO. Os *economics* da produção de vitamina A exigem a regeneração da TPP, através da sequência

$$\phi_3 \text{ PO} + \text{fosgeno} \longrightarrow \phi\text{PCl}_2; +\text{P} \longrightarrow \phi_3\text{P} + \text{PCl}_3$$

Pelo menos em parte, a BASF até há pouco tempo mandava realizar a primeira dessas duas etapas na unidade de derivados do fosgeno da SNPE em Toulouse, até sua desativação em consequência da explosão ocorrida na planta de fertilizantes da Grande Paroisse, de onde vinha o CO para a geração de fosgeno. Note-se que a BASF também é o maior produtor de álcoois oxo do mundo, donde um enorme consumo cativo de TPP.

O quadro decompõe por tonelagem e valor o mercado mundial das fosfinas e de seus derivados, estimativa caseira que porém deve ter alguma semelhança com a realidade. ∎

Fosfinas – Mercado Mundial – 2002 – $ MM/ano		
Derivados de:		
PH$_3$		120
PH$_3$ (como tal)	10	
THPC/THPS	40	
Mineração	30	
Catálise etc.	40	
PCl$_3$		60
Total		~180

Fonte: EcoPlan Consultoria

MOLECULAR FARMING

Plantes et Industrie é uma empresa de porte médio que faz parte do grupo Pierre Fabre. Localizada em Gaillac, simpática cidadezinha perto de Albi (a terra de Toulouse-Lautrec), a P+I se dedica à extração de princípios ativos vegetais, segmento onde primam empresas das antigas potências coloniais.

Reconhecendo a necessidades de dar novos contornos à composição geográfica de suas matérias-primas, Plantes et Industrie entrou em parceria com a cooperativa agrícola Limagrain, sediada em Clermont Ferrand, para desenvolver projetos conjuntos de *molecular farming*: a Limagrain entra com sua *expertise* agronômica e a Plantes et Industrie com as etapas de extração e produção subsequente de semissintéticos.

No mesmo espírito, a Greenfield BioPlantations (fundada no Sri Lanka em 1992) se dedica ao *forest farming* de plantas medicinais. A empresa pertence a um grupo plantador de chá que fatura uns $ 10 MM/ ano. Os projetos desenvolvidos até agora incluem culturas de plantas medicinais em consórcio com o chá, que servem para elevar a renda dos pequenos agricutores; e também a cultura de algumas plantas dentro da própria floresta tropical, a ideia é tornar sustentável a atividade extrativa.

O *spiritus rector* dessa atividade é o repetido Dr. Ranil Senanayake, sobrinho do primeiro chefe de estado do Ceilão pós-independência. Inspirados nesse conceito, já existem projetos de *forest farming* no Equador e outro (ainda incipiente) nas Filipinas. ■

Gelatina Geral

O mundo tranquilo da indústria de gelatinas foi abalado recentemente por duas transações envolvendo os líderes internacionais do setor.

Primeiro, o produtor número um, DGF (Deutsche Gelatinfabrik), anunciou que estaria assumindo o controle do grupo australiano Leiner-Davis; a transação acaba de ser liberada pela FTC norte-americana e pelo Kartellamt alemão. Por imposição da FTC as unidades de Davenport (região de Chicago), originalmente de propriedade do grupo agroindustrial Hormel, bem como a de Santa Fé, na Argentina, permanecem com o grupo australiano Goodman Fielder, ex-controladores da Leiner.

Os dois grupos se complementam. A DGF atua sobretudo no Hemisfério Norte, e lidera nos segmentos de especificações mais exigentes como fotografia e cápsulas farmacêuticas. Sua base de matérias-primas é predominantemente porcina. Já Leiner tem 7 fábricas em 6 países, quase todas ao Sul do Equador, e lidera o mercado mundial de gelatinas alimentares com uma participação de 30% (e, aliás, publica uma apostila primorosa sobre esse setor). Processa sobretudo raspa de couro, segmento do qual representa bons 40% de capacidade mundial. Juntos, os dois grupos terão um terço do total global.

No começo desse ano a Degussa anunciou a venda de sua divisão de gelatinas – a antiga Rousselot francesa, vendida nos anos 80 para a Atochem e em seguida repassada à SKW, agora Evonik – pela Sobel, grupo agroquímico holandês que também opera no setor da farinha de osso através da Rendac. Juntos os dois grupos terão uma capacidade de 50-55 MT/ano de gelatina – dos quais apenas 3.000 T/ano contribuídos pela Delft Gelatin BV, controlada pelo comprador, o que causou uma certa surpresa na praça. As unidades da Evonik se situam (além da França), na Bélgica, Espanha, nos EUA, na Argentina e China.

Gelatina – Principais Produtores Mundiais –Capacidades – 1.000 T/ano		
Grupo		%
DGF	60-65	20
Sobel (+SKW)	50-55	16
Leiner	35	12
Tessenderlo	21	7
Nitta	12	4
	~180	58
~20 independentes	~125	42
	~305	100

Ao que parece, a DGF teria desenvolvido tecnologia para a extração de colágeno e gelatina dos subprodutos do desengraxe de ossos. É possível que a Sobel também esteja de olho nessa possibilidade.

Cerca de 70% em peso da gelatina produzida no mundo vai para alimen-

Gelatina – Produção Mundial – 2000 Total: 265.000 T (em %) Valor: $ 1.20 bi				
Região	*Matéria-Prima*			
	Suína	*Couro Bovino*	*Osseína*	*Total*
Europa	27	7	14	47
América do Norte	12	3	6	21
América do Sul	1	14	-	15
Ásia	2	4	10	16
Resto do mundo	-	<1	-	<1
Total	41	29	30	100

tação humana. Do restante, 19% é representado pelo consumo farmacêutico e 11% pela indústria fotográfica, onde as margens são um pouco melhores. Apenas três produtores – os dois líderes e a belga Tessenderlo – produzem para os três mercados; antigamente os produtores de filmes e papel fotográfico – Eastman, Fuji, Agfa – dispunham de produção cativa, mas hoje todos compram. Além desses três, há diversos usos para as gelatinas ditas técnicas: papel gomado, lixas, clarificante para vinho.

Quanto à matéria-prima, os usos alimentares são o domínio da pele de porco e da raspa de peles bovinas, numa proporção mundial de 60:40. Os usos mais exigentes – farma e fotografia – são satisfeitos sobretudo a partir de carcaça de boi. No caso das gelatinas para capsulas, por razões sanitárias, procura-se atualmente substituir essa gelatina de osso.

Cada uma das três matérias apresenta sua problemática particular. Em algumas regiões do mundo – na Europa mediterrânea, por exemplo, e sobretudo no Brasil –, o consumo de torresmos compete com a demanda dos produtores de gelatina. Já no caso das aparas de pele de boi, o mercado mundial está se deslocando na direção de couros de menor espessura (vestuário, estofamentos) e se afastando dos calçados, onde os materiais sintéticos penetram cada vez mais. Nem por isso ocorre uma oferta crescente de raspa. O seu uso tem aumentado vertiginosamente pelo consumo de *dog toys*, fabricados da mesma matéria-prima; só o Brasil exporta por ano, sob essa forma, o equivalente a umas 10.000 T/ano adicionais de gelatina. Quanto aos ossos bovinos, a situação ficou dramática com o aparecimento da BSE

– a "doença da vaca louca". Hoje os produtores europeus são obrigados a importar matéria-prima de países ditos do grupo GBR I, tais como o Brasil, considerados isentos da BSE; ou, curiosamente, do grupo II (por exemplo, Nigéria), menos seguro, mas onde vértebras e medula – justamente as zonas de maior risco – são previamente removidas das carcaças. O tempo da extração, a partir das pilhas de ossadas de vacas sagradas, já se foi – esses depósitos foram sendo esgotados, e a Índia hoje exporta ossos quase só da geração do ano. Também pertence ao grupo II. O resultado de tudo isso é que hoje tem osso sobrando no mundo, o que fez baixar preços e margens.

A gelatina é uma proteína obtida pela hidrólise parcial do colágeno, prin-

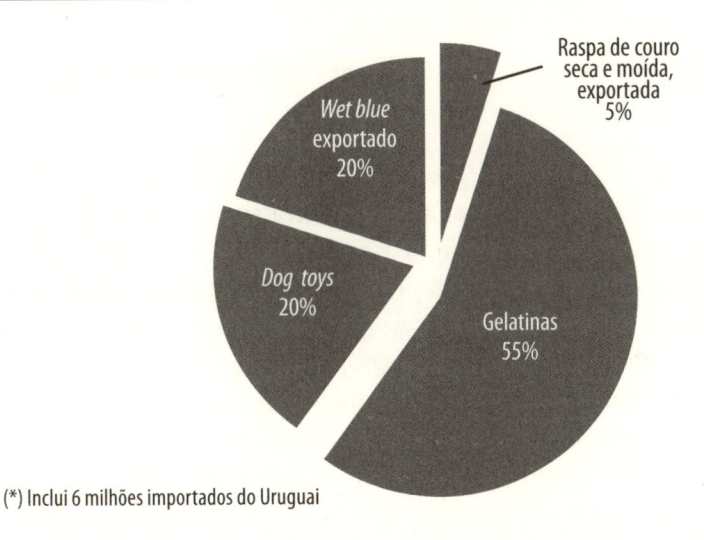

**DESTINO DOS ~ 40 MM/ANO (*)
DE COURO BOVINO NACIONAL**

Raspa de couro seca e moída, exportada 5%

Wet blue exportado 20%

Dog toys 20%

Gelatinas 55%

(*) Inclui 6 milhões importados do Uruguai

cipal proteína estrutural e conjuntiva do reino animal. Seus usos derivam da sua propriedade de formar em água um gel transparente e termorreversível, a temperaturas próximas da do corpo. Existem sucedâneos e concorrentes, como amidos e gomas, mas que não conseguem igualar os atributos da gelatina. Os polipeptídeos que constituem a gelatina são especialmente ricos em glicina e nas duas prolinas. Os produtos obtidos variam sobretudo de acordo com as propriedades mecânicas do gel (dureza Bloom) e com a viscosidade, ambas funções sobretudo do peso molecular e de sua distribuição.

Os rendimentos são da ordem de 17% a partir de pele suína, e de 12%-14% da raspa de couro. Como as peles suínas são frescas, a logística influi nos *economics* – além de um raio de uns 100 km seria preciso recorrer ao transporte refrigerado, que inviabilizaria o seu uso.

A primeira etapa do processo é o tratamento químico da matéria-prima picada. No caso das gelatinas de pele suína, o tratamento é sempre ácido. Gelatina de osso é sinônimo de tratamento com cal hidratada, que implica tempos de residência de até 3 meses.

A produção a partir de pele bovina implica etapas de extração ácida e alcalina; essas últimas se fazem com soda cáustica, que exige excelente controle

Gelatina – Preços Mundiais – Q I, 2002		
Processo	Dureza Bloom	$/kg
Ácido	240	3.95
Alcalino	220	5.55
Aplicações	150	3.80
Fotografia		6.25

do binômio tempo-temperatura para evitar a degradação da proteína extraída. De um jeito ou de outro, é um processo corrosivo e agressivo, donde o equipamento está sujeito a desgaste, muito inox, investimentos elevados e custos de manutenção idem. Para uma planta nova, os custos proporcionais ao capital, incluindo remuneração, seriam hoje da ordem de uns $ 3.00-$ 3.50/kg, comparados com custos de matéria-prima de $ 1.00-$ 1.20/kg.

Depois do tratamento tem lugar uma extração com água quente dando uma solução diluída (2%-4%). Após várias etapas de centrifugação e filtração, uma operação delicada de evaporação em evaporadores de filme descendente eleva a concentração a 30%-40%. A partir daí o produto vai para um secador de esteira, e o "macarrão" seco é finalmente moído e homogeneizado em misturadores.

As gelatinas alimentícias constituem um mercado crescente, ainda que a taxas modestas. O mercado farmacêutico, em expansão, é dividido meio a meio entre cápsulas duras (de dois componentes), usadas para produtos farmacêuticos propriamente ditos; e as cápsulas moles, inteiriças, usadas sobretudo para vitaminas e suplementos – é o segmento do mercado que cresce mais. As cápsulas duras são produzidas por alguns poucos especialistas mundiais – Capsugel (Warner Lambert), R.P. Shearer, ambas operando no Brasil e Shionogi; as cápsulas moles são produzidas *in situ* – pelo laboratório. Quanto às gelatinas fotográficas, o mercado das camadas sensíveis deverá desaparecer pouco a pouco, à medida que avança a fotografia digital; o mercado de gelatinas para papel fotográfico deverá continuar crescendo durante mais uns dez anos, e daí para diante estagnar.

O Brasil, com uma produção anual de umas 29.000 T/ano, é responsável por mais de 11% da produção mundial. A demanda interna é de 6.000-7.000 toneladas, das quais uma pequena parte é importada (gelatinas farma e fotográficas). As exportações do setor podem portanto ser estimadas em $ 110-

Gelatina no Brasil					
Produtor	*Produção 1.000 T/ano*	*Plantas*	*Matéria Prima*		*% Exportação*
			Bovina	Suína	
Leiner Davis	16				80-90
		Maringá, PR	x		
		Estância, RS	x	x	
Rebiere	6*				30
		Amparo, SP	x		
		Pres. Epitacio, SP	x		
Sargel (DGF)	3.5	Mococa, SP	x		70-80
Fleischmann-Royal (Nabisco)	2	Pedreira, SP	x		
Gelnex	1.5	Concórdia, SC		x	90-100
Total Brasil	29				75-80

gelatinas alimentares (Presidente Epitácio); Amparo produz ~2.000 T/ano de gelatinas técnicas.

120 MM/ano. Até há pouco tempo só havia uma pequena fonte de gelatina porcina no país (a fábrica da Leiner, em Estância Velha, RS); mas recentemente Hector Cubello, um dos diretores da Leiner do Brasil, antes da venda ao grupo australiano Davis, inaugurou perto de Concórdia, SC a primeira planta 100% suína no país. ■

Tintas-*Tattoo*

U m rápido giro pelo II Festival de Tatuagem organizado pelo Polaco, um dos líderes empresariais desse pequeno mundo, despertou em mim uma curiosidade quanto ao mercado de tintas-*tattoo*.

As tintas permanentes são suspensões de pigmentos em veículos orgânicos como propilenoglicol, álcool ou glicerina, e uma fase aquosa de propriedades antissépticas – recomenda-se água de hamamelis, Listerine ou vodca. Entre os pigmentos tem de tudo, desde carbono, óxido de ferro e certos azoicos bem comportados, até sais de metais pesados – esses últimos, é claro, potencialmente nocivos à saúde, porém bem mais brilhantes e por isso ainda assim preferidos pela franja mais kamikaze da alegre fauna policrômica que circulava densamente pela antiga estação da EFSJ na Mooca.

Revelou-se um mercado impossível de quantificar, mesmo com a ajuda de um monte de gente simpática. Apresentadas geralmente em pequenos frascos de 30 ml, ao nível do estúdio de tatuagem as tintas pigmentadas valem em torno de $ 350/l, o suficiente para despertar muita vocação latente de industrial, pois como planta produtiva bastam, grosso modo, um liquidificador e um pequeno funil. Existe de tudo: gente que produz, gente que só diz que produz, gente que reembala, gente que compra misturas de pigmentos prontas e só coloca em suspensão... Ainda assim, com essa fragmentação toda existem alguns líderes mundiais do setor:

- Micky Sharpz (Birmingham, RU)
- Spaulding + Rogers (EUA)
- Starbrite (EUA, atualmente enfrentando cabeludos dissabores jurídicos)
- Alkimia (Madri, Espanha)

Os empresários mais responsáveis do setor prefeririam ver uma certa moralização tecnológica, com maior fiscalização dos produtos pela ANVISA e a introdução de tintas na forma de embalagens dose-única. Dados os riscos para a saúde, são causas que merecem apoio.

E o mercado? Após muita conversa e telefonemas (até mesmo com as sedes dos líderes mundiais) que não renderam muito em matéria de pista, aqui vai uma estimativa *maison*: ao nível do usuário final, a demanda mundial de tintas-*tattoo* permanentes deve ser de uns $ 100-150 MM anuais, e a do Brasil, cerca de $ 1,5-2,0 MM. Esses números provavelmente não incluem as tintas para tatuagens provisórias – mercado sobretudo sazonal e infanto-juvenil – mas incluem as tintas, ligeiramente diferenciadas, para a dita maquiagem definitiva.

Uma das metas da pesquisa nesse setor é a extensão, para além dos atuais 10-12 dias da vida útil, das tintas provisórias. Isso abriria um mercado considerável, pois permitiria concorrer com os extratos de henna (*Lawsonia alba*) importados (sobretudo da Índia), e que apesar da vida curta ainda dominam esse segmento. ■

Ilustração: Martinez

Fluoroquímica Fina

A notícia de que a antiga Riedel de Haen, um dos astros da química fina alemã, estaria mais uma vez à venda causou um certo reboliço no mundo da fluoroquímica.

A Riedel foi inicialmente vendida pela Hoechst à Allied Signal, que acabou sendo adquirida pela Honeywell a qual, por sua vez, foi recentemente tragada pela GE. Embora o novo dono tenha uma posição sólida na química dos plásticos de engenharia, ficou claro que a antiga Riedel jamais seria um *core business* na nova configuração e assim acabou sendo colocada à venda.

A química fina do flúor é um negócio mundial da ordem de $ 350 MM/ano. O quadro faz uma segmentação por processo produtivo, dos quais existem uns quatro ou cinco.

Cerca de metade do mercado é representada por compostos aromáticos ou piridínicos contendo o grupo $-CF_3$, dos quais o mais importante, de longe, é o PCBTF, intermediário da trifluralina e do qual se devem estar fazendo umas 20.000 T/ano no mundo. Outras famílias partem do benzotricloreto e de outros aromáticos fotoclorados. Também importantes, por serem bem mais caros, são os derivados

$-CF_3$ da piridina, obtidos via fotocloração da picolina respectiva. O grosso da produção de PCBTF é para uso cativo; os grandes do mundo, agora que a Occidental – outrora fator dominante dessa química – saiu do mercado, são Dow/I.P.I.C.I., Clariant e Miteni, essa última agora filial a 100% da Mitsubishi Chemicals. Tabela – IV – 16

A passagem $-CCl_3$ $^\circledR$ $-CF_3$ se faz em HF anidro, a $20 kg/cm^2$ de pressão e temperaturas de até $120^\circ C$; tecnologia delicada e perigosa, que exige precauções tais como reatores dotados de agitação acionada magneticamente. A saída de Oxy abriu para os demais um série de mercados menos conhecidos, como o dos solventes especiais contendo o grupo $-CF_3$, surpreendentemente grande. A atividade foi vendida para a empresa norte-americana Peak Chemical, que pretende retornar ao mercado ainda este ano.

Para a produção de intermediários com -F no anel existem duas vertentes tecnológicas: partir de uma anilina e substituir o grupo $-NH_2$ por diazotação, seguida de reação com HF diluído (intermediário caro, reação barata); ou a substituição de uma molécula de cloro por flúor, num meio de fluoreto de potássio, reação conhecida como *Halex* e que custa uns $ 20/kg para realizar – mas os pontos de partida clorados custam muito menos. Importantes produtos desse grupo são o flurobenzeno, a 2,6-difluorobenzonitrila, várias fluoro e difluoroanilinas, e a p-fluoroacetofenona; o grosso vai para as ciências da vida – agro e farma. Grandes produtores são Rhodia (na Inglaterra, sobretudo via *Halex*), a antiga Riedel, Clariant, Miteni, e uma penca de indianos, japoneses e sobretudo chineses, esses últimos com preços que infernizam a vida até mesmo dos indianos.

Os intermediários alifáticos são obtidos por eletrofluoração. Os principais produtores de compostos de cadeia curta, tais como ácido trifluoracético, são Halocarbon (EUA) e Solvay. A primeira também produz o álcool TFE, por redução de TFA. O ácido trifluoroacético é usado sobretudo com produto auxiliar em sínteses onde ocorrem hidrólises delicadas, tais como cefalospoinas, peptideos e antivirais. O anidrido comparece, por exemplo, na síntese dos inibidores COX-2, cuja produção mundial, no caso do Vioxx, já deve andar na casa das 100 T/ano. Os ésteres do TFA são usados sobretudo em sínteses onde ocorrem ciclizações. Quanto ao TFE, é intermediário entre outros na fabricação de certos anestéticos importantes.

Quanto à perfluoração de ácidos orgânicos (C_8, etc.), foi durante muito tempo um monopólio da 3M para a sua linha de revestimentos têxteis "Scotchguard". Há uns 40 anos o grupo têxtil italiano Marzotto fundou uma pequena operação química a 20 km de Vicenza, nos contrafortes das montanhas Dolomitas – região de energia barata – dedicada à perfluoração. Anos mais tarde os Marzotto admitiram como sócia a Enichem, e – saltando mais algumas etapas – a empresa de umas 200 pessoas é hoje 100% da Mitsubishi Chemicals, a qual também controla outra empresa de química fina do flúor, a Asahi

Química Fina do Flúor – Mercado Mundial, $MM/ano		
Compostos contendo o grupo –CF$_3$		140
Aromáticos	115	
Piridínicos	25	
Compostos contendo –F no anel		95
Via diazotização	55	
Via Halex (KF)	40	
Alifáticos		70
TFA	25	
TFE	22	
Demais	23	
Perfluorados		40
Total		345

Glass, mais ou menos do mesmo porte. Além de ter conseguido captar 30% do mercado desses perfluorados, estimado em $ 40 MM/ano (incluindo as moléculas parcialmente substituídas, usadas como aditivos para PTFE, solventes especiais e antichamas para polímeros nobres), a Miteni também pratica a química dos $-CF_3$ e da fluoração pela via da diazotação. Recentemente adquiriu uma empresa inglesa minúscula, a F2 Chemicals, que desenvolve tecnologia de fluoração direta com F_2 elementar. Apesar do alto custo do flúor, os *economics* são promissores, pois a fluoração direta é limpa, precisa e altamente seletiva. Por enquanto é usada em sínteses de umas 20 etapas para fazer compostos caríssimos usados, por exemplo, em eletrônica, mas no futuro o alvo poderá ser produtos na faixa dos $ 50-100/kg, dos quais alguns chegam a representar mercados mundiais de 100-200 T/ano. Com essa compra, o grupo Mitsubishi tornou-se o mais diversificado do mundo no setor da fluoroquímica fina. ■

ESPECIALIDADES ENOLÓGICAS

Com as palavras *"The End of Plonk"*, escritas há alguns anos pela conhecida eno-comentarista Jancis Robinson, proclamou-se o fim da produção no mundo de vinho vagabundo – *plonk* em inglês.

Com efeito, até cerca de 1970 havia (sobretudo nos países mediterrâneos) um mercado enorme para esse tipo de beberragem, representado pelo famoso *gros rouge* que era levado, em garrafa de litro, no bornal de algodão branco em que o operário carregava o seu almoço para a fábrica, ou para a obra. No caso da França tratava-se em grande parte de vinhos tintos do Sudoeste ou do vale do Rhône, devidamente cortados com vinho argelino e em seguida transportados a granel por via férrea para serem engarrafados nos terminais de Paris, como o de Bercy. Mas esse mercado sumiu: o macacão azul cedeu seu lugar ao avental branco, e em seu lugar surgiu uma classe média vasta e homogênea, sedenta de vinho bom, de qualidade constante, redondos e frutados, porém a preços razoáveis e feitos para serem bebidos ainda jovens.

A resposta das vinícolas do mundo veio sob múltiplas formas:

• melhora da qualidade, por meio da redução intencional dos rendimentos agrícolas;

• ampliação das áreas plantadas de vinho nos países do Novo Mundo, voltado sobretudas para a exportação;

• maior uso de apelações varietais, ou de marcas, em detrimento das de origem: casta vs. *terroir;*

• escoamento através de canais de distribuição modernos, deslocando as vendas diretas – a consumidores ou restaurantes – ou através dos tradicionais varejistas especializados;

• um processo de concentração da capacidade de vinificação em grandes *wineries* (sobretudo nos países produtores do Novo Mundo). Daí, adoção de novas técnicas de vinificação e de envelhecimento (às custas, lamentam os saudosistas, de uma certa uniformização de sabores e estilos);

• necessidade de adaptação às consequências do aquecimento global: uvas e mostos com maiores teores de açúcar e menor grau de acidez.

Com isso tudo, a produção mundial vem diminuindo. Mas, paradoxalmente, a indústria de especialidades enológicas se fortaleceu, com a generalização de práticas modernas apoiadas nos avanços da química analítica, que vieram atenuar a tradicional dependência exclusiva de métodos sensoriais de avaliação.

Produtos Enológicos no Mundo: Faturamento Por Tipo de Empresa - %		
Empresas especializadas		65
Vendas diretas (ou via revendedores etc.) de produtores primários:		35
Micro-organismos	20	
Funcionais	15	
		100

A indústria de especialidades enológicas movimenta no mundo uns $ 550 MM anuais e é composta por empresas com três tipos de perfil:

- os especialistas (todos originários do Velho Mundo) que oferecem uma linha completa de produtos microbiológicos bem como funcionais;

- fabricantes de insumos microbiológicos, para quem a enologia pode não ser um grande mercado, mas que nos últimos tempos tem ampliado sua atuação comercial diretamente nas vinícolas, concorrendo desta forma com os especialistas, seus tradicionais parceiros;

- fabricantes de produtos funcionais, que comercializam tanto através dos especialistas – sobretudo quando esses ainda agregam valor ao produto na forma de modificações químicas, físicas ou apenas de reembalagem – quanto diretamente, através de revendedores;

- Recentemente foi criada a associação de classe Oenoppia, que reúne a maioria dos especialistas, bem como os principais produtores de micro-organismos.

Vinho: Produção Mundial (2008)		
Por região	%	10⁹l
Velho Mundo	61	↘
Novo Mundo	25	↗
Europa Oriental	7	↗
Diversos: China etc.	7	↗
	100	
Por tipo		
Tranquilos	90	
Brancos	38	
Tintos	48	
Rosé	4	
Espumantes	10	
Total	100	28.3

Entre os fornecedores de micro-organismos que vêm aumentando sua participação do mercado final figuram:

- leveduras: Lallemand (Canadá)
- bactérias (fermentação malolática): Chr. Hansen (Dinamarca)
- enzimas: DSM (Países Baixos), Novozymes (Dinamarca)

A comercialização de especialidades enológicas se faz através de diversos canais, cuja participação varia de país para país.

- atendimento direto a vinícolas: significativo em países de grande concentração ao nível industrial (como a Austrália), e também na Espanha, onde o número de vinifadores é relativamente pequeno (2.500-3.000) e geograficamente concentrado;

- através de enólogos-consultores independentes, que atendem a vinícolas pequenas e médias. Na França existem 200-250 desses laboratórios; na Itália há uns 100, embora a produção de vinho seja muito mais fragmentada – diz-se que "de onde se estiver na Itália enxerga-se um vinhedo" Na Austrália, e também no Chile, a concentração empresarial é fortíssima, maior até do que sugere apenas o índice de concentração industrial da vinificação;

- distribuidores de insumos para a agricultura em geral (sobretudo para os produtos funcionais);

- revendedores especializados, muito importantes nos Estados Unidos (exemplos: Vinquiry, Scott Laboratories) e em outros países do Novo Mundo;

Produtos Enológicos - Especialistas	
Empresa	*Atividades Correlatas*
Grupo Esseco (Itália)	Produção de SO_2/metabissulfito
Martin Vialatte (FR)	
Oenofrance (FR)	
Enartis (IT)	
S.T. Champagne (FR)	
Grupo Laffort (França/Espanha)	~100% enologia
Erbsloeh (Alemanha)/ La Littorale (FR)	Auxiliares para cervejaria, sucos, destilados; produção de sílica sol, ácido metatartárico
AEB (IT)/Spindal (FR)	Auxiliares para cervejaria, sucos, destilados
Agrovin (ES)	~100% enologia
Begerow (Alemanha)	Produtos para filtração
Dal'Cin (Itália)	Auxiliares para azeite de oliva; produção de bentonita

• nos EUA, e sobretudo no Canadá, existe um número enorme de praticantes do *home winemaking*, em boa parte por razões fiscais, mas também por ser um hobby simpático. Para atender a esse universo existem empresas que reembalam especialidades enológicas para distribuição em pequenas doses.

No Brasil o principal revendedor-enologista é Veneto Comercial (Caxias do Sul), que entre outros revende os produtos Laffort. A italiana AEB atua através de subsidiária própria.

Mesmo dentro de um certo quadro de estabilidade dessa indústria, percebe-se algumas tendências:

• deverá continuar aumentando a fatia do mercado final detida por fabricantes de insumos, em particular os microbiológicos;

• a concentração da atividade industrial em um número decrescente de unidades favorece o emprego de certos métodos físicos (ultrafiltração, estabilização pelo frio, microoxidação etc.), que acabam concorrendo com as especialidades;

• um dos efeitos do crescimento das novas regiões produtoras foi reduzir o grau de sazonalidade das vendas, pois nos países da Europa – assim se queixam os especialistas – 70% do faturamento anual se realiza durante os dois meses da temporada de vinificação;

• a migração da atividade vinícola para os países do Novo Mundo é favorável à aceitação de novos tipos de produtos enológicos – basta comparar a atitude conservadora – neste particular – da Comunidade Europeia, com o ambiente "vale tudo" que prevalece na Austrália;

• e mais para frente, quem sabe, teremos o emprego de castas de uva, ou de leveduras, geneticamente modificadas...

Vinho no Mundo – Concentração Industrial			
País	Produção Anual, MM hl	Vinícolas (com fabricação)	Média, Mhl/Vinícola
França	46.5	>50.000	~ 1
Itália	51.5	>50.000	~ 1
Espanha	36.8	3.000	12
EUA	24.0	2.500	10
Argentina	15.0	900	17
Austrália	14.8	1.500	11
Chile	8.7	300	29
África do Sul	10.3	600	16
Brasil	3.0	220	14

Além dos insumos de origem microbiológica, a indústria de especialidades enológicas também mobiliza um certo arsenal de produtos funcionais:

Taninos

Os taninos são empregados em diversos pontos do processo. Podem ser acrescentados ainda durante a maceração na qualidade de antioxidantes, para melhorar a estrutura do vinho e estabilizar a coloração – prática rara exceto na França em vista do custo elevado. Mais comum é o seu acréscimo durante o envelhecimento: taninos de ação lenta (das cascas de uva) que agem como promotores da interação entre vinho e tonel; ou de ação instantânea (oriundos das sementes), na hora do engarrafamento. Também se usam taninos extraídos de outros materiais: castanheira, quebracho etc., geralmente a forma de misturas com os taninos da uva, esses últimos sendo muito mais caros.

Quem extrai taninos de uva são destilarias de bagaço; um exemplo é a francesa Grap'Sud. O maior produtor de taninos do mundo, enológicos e para curtimento, é o grupo italiano Silvateam. No Brasil a Veronese parte de extrato atomizado de acácia negra, do qual a empresa gaúcha separa os carboidratos (gomas, açúcares, dextrinas) para chegar ao ácido tânico purificado.

Existe otimismo quanto ao emprego desses produtos complexos e bastante caros, à medida que se aprofundam os métodos de análise e os conhecimentos quanto aos seus efeitos exatos.

Acidificantes

Com as alterações climáticas, o pH médio do vinho das regiões produtoras mais antigas vem aumentando e com isso a necessidade de sua correção usando (em geral) ácido tartárico. Consumo estimado em 12.000 T/ano no mundo.

Taninos usados em enologia			
Família	Tipo	Matéria-prima	Produtores
Hidrolisados	gálicos	tara	Tannco (Peru; grupo Silvateam)
	elágicos	castanheira	Ledoga (Itália; grupo Silvateam)
Condensados		uva	Grap'Sud (França)
		quebracho	Indunor (Argentina, grupo Silvateam)
		acácia negra	Veronese (Brasil)

Fonte: est. EcoPlan Consultoria

Insumos para enologia – Consumo mundial, $ milhão/ano			
Micro-organismos			265
Leveduras		105	
Enzimas		90	
Bactérias		70	
Funcionais			175
Corretivos		70	
Acidulantes	45		
Taninos	25		
Conservantes		30	
$SO_2/K_2S_2O_5$	30		
DMDC, outros	(peq.)		
Estabilizantes		45	
Ácido metatartárico	15		
Goma arábica	30		
Manoproteínas etc.	(peq.)		
Clarificantes		30	
Gelatina hidrolisada	20		
Bentonita	5		
Sílica sol	3		
Outros	2		
			440

Fonte: est. EcoPlan Consultoria

Conservantes

O uso de conservantes, para combate à proliferação de micro-organismos indesejados, do SO_2 e de sua forma sólida, o metabissulfito de potássio ($K_2S_2O_5$), é um dos incontornáveis da produção de vinho, mais ainda nos brancos do que nos tintos. É praticado cada vez que o mosto, antes, durante ou depois da vinificação, tiver que entrar em contato com o ar. Por outro lado SO_2 em excesso inibe a FML, cuja importância vem crescendo, donde um certo interesse em limitar sua utilização, por exemplo através do uso de ácido ascórbico. O envelhecimento em presença de borra (*sur lies*) é outra opção.

A crescente preferência do consumidor por vinhos brancos frutados, e tintos "redondos", tem significado uma necessidade maior de proteção contra a oxidação de precursores aromáticos tais como os vários tióis: a palavra de ordem é "fazer tudo em condições redutoras".

O maior produtor de produtos para sulfitação na Europa é a italiana Esseco. Expresso em termos de SO_2, o consumo mundial deve ser da ordem de 30.000 T/ano; muito disso é usado em solução, por ser mais seguro.

Lanxess produz o dimetildicarbonato ("Vercorin"), que pode ser usado como conservante em vinhos contendo açúcar residual em teores acima de umas 5 g/l. O produto age como uma espécie de pasteurizante químico; seu emprego envolve equipamento especializado, e por ora só vem sendo usado na California.

Clarificação

Vários produtos são usados para clarificar o vinho, isto é, remover as proteínas coloidais em suspensão, responsáveis pela turbidez:

O método consiste de acrescentar alguma outra proteína que, na presença dos taninos contidos, forma coágulos que por sua vez floculam os coloides presentes, que acabam sedimentando.

O nível de intensidade dessa operação varia de safra para safra, com o perfil meteorológico da temporada de maturação das uvas. O uso de tanques de grande volume tem tido o efeito de desacelerar a velocidade de sedimentação espontânea, exigindo daí uma clarificação mais intensa.

O método clássico para o tratamento dos vinhos tintos era acrescentar claras de ovo. Hoje em dia, em que pese um certo desejo de se afastar das proteínas de origem animal, o produto mais empregado é a gelatina. Se parte de uma gelatina de baixo *bloom* (da ordem de 120), em seguida hidrolisada e comercializada em solução.

Também existem no mercado produtos mistos bentonita/gelatina.

Isso tudo para os tintos. Para os vinhos brancos emprega-se sobretudo bentonita sódica. Na Europa, onde na natureza só se encontra bentonita cálcica, é necessária uma etapa de conversão do minério; o principal produtor para o mercado de enologia é a italiana Dal'Cin. Nos EUA usa-se bentonita sódica natural.

Sílica sol, empregada sobretudo em cervejaria, também é usada na clarificação de cerca de 20% dos vinhos brancos; o principal produtor é a Erbsloeh.

Estabilização

Para evitar a precipitação de cristais de tartarato de potássio, o método clássico é acrescentar ácido metatartárico – produto da condensação a 170°C de 2 mols de ácido tartárico. Vários dos produtores de especialidades – Laffort (na Espanha), Esseco, Erbsloeh, Agrovin – produzem "meta" para uso próprio; e ainda existem 3 ou 4 independentes como a italiana Clean. A produção mundial é de umas 2.000 T/ano.

Dado que a ação do meta dura apenas um ano e pouco, é empregado em vinhos para consumo rápido. De 2006 para cá o produto vem sofrendo a crescente concorrência de manoproteínas, derivados (ligeiramente edulcorantes) de leveduras que, ao longo dos anos, agem como coloides protetores das partículas de tartarato. Outro competidor (de alto custo) é a polivinilpirrolidona, da BASF; e em alguns mercados foi aprovado o uso da CMC.

Em termos de valor – e tendo também uma ação clarificante – o produto mais importante para a função de estabilização é a goma arábica, em forma de solução. O maior produtor da goma é Colloides Naturels (CNI), de Rouen, na França, responsável por quase 50% da oferta mundial. Prefere-se o produto da região sudanesa de Kordofan. O produto é formulado e vendido em pó, ou em soluções.

A estabilização química concorre com o método físico que consiste em resfriar o vinho a próximo de 0°C.

O quadro mostra que os insumos microbiológicos representam 60% do total.

MCR

O MCR (mosto concentrado retificado) – uma *commodity* que a CE vem incentivando, no intuito de ajudar a enxugar a "lagoa de vinho" gerada na Comunidade, bem como para reduzir a adição direta ao mosto de açúcar de beterraba – a famigerada "chaptalização". O MCR encontra três aplicações em enologia:

- enriquecimento de mostos
- edulcorante de vinhos acabados (no Reino Unido, por exemplo)
- para ajudar a segunda fermentação (em garrafa) de vinhos espumantes

Também existem aplicações em refrigerantes, geleias etc. Pode-se estimar em $ 350-400 MM/ano o valor do MCR usado no mundo, só pela indústria vinícola. Etapas do processo:

- sulfitação do mosto
- clarificação
- filtração, geralmente tangencial
- desionização/descoloração (resinas de TI)
- evaporação a vácuo a ~5 vezes o Brix original

Entre os grandes produtores de MCR estão:

- França
- Grap'Sud
- UDM
- Espanha
- Mostinsa
- Itália
- Caviro
- San Gabriel
- Bono+Ditta
- Cantine Brusa

A demanda de MCR pela indústria vinícola tem diminuído, talvez vítima do aquecimento global. ■

Minérios e Coletores

O Brasil nunca foi um mercado importante para agentes de flotação, por carência no país de minerais sulfetados. Só agora, por exemplo, a CVRD se prepara para explorar sua primeira jazida de sulfetos, o projeto Sossego (cobre). Assim sendo, a grande aplicação para coletores de flotação é representada não pelos metais de base, e sim pela produção de concentrados de rocha fosfática.

É comum ouvir no meio mineral que "não há duas jazidas iguais". Isso se aplica com relação tanto ao espaço – os fluxogramas de concentração para duas jazidas do mesmo minério, porém a 20 km uma da outra, podem apresentar diferenças – quanto ao tempo, pois com o passar do mesmo o teor do minério bruto vai baixando, as impurezas aumentam e se diversificam. Tudo isso tem frequentemente profundas consequências ao nível do processo de concentração, afetando tanto o fluxograma quanto a natureza e o consumo unitário dos agentes de flotação. Em números: as minas de Araxá, por exemplo, iniciaram suas operações minerando 20%; hoje já se opera com 8% – um aumento de 2,5 vezes da matéria-prima tratada por tonelada de concentrado.

Os minérios fosfáticos das grandes regiões produtoras, como Marrocos e Flórida, são predominantemente de origem marinha, de concentração elevada e fáceis de processar. Já as jazidas de apatita do Brasil são de origem vulcânica, de teor mais baixo, e por conseguinte mais difíceis de tratar.

Os agentes de flotação usados nas células de plantas de concentração de fosfato desempenham duas funções:
- coletar o produto desejado, isto é, fosfato de cálcio a tipicamente 35-36% de P_2O_5;

- deprimir, conforme o caso, a subida de impurezas, tais como barita, cálcio, sílica e óxido de ferro. A eliminação da barita é um problema, sobretudo nas duas minas goianas.

O aumento gradativo da presença desses vários contaminantes tem tido dois efeitos:
- aumentar o consumo unitário dos depressores. Os mais comuns são dextrinas de amido de mandioca.

- abrir o mercado na função de coletores de apatita para tensoativos mais sofisticados, em substituição parcial do clássico – misturas de ácidos graxos saponificados, de cadeia e grau de saturação *tailor made* para cada mina.

Esses coletores clássicos, produzidos no Brasil por duas empresas – Miracema-Nuodex (Campinas-SP) e Hidroveg (Honório Gurgel- RJ) – são misturas dispersas em soda cáustica de ácidos graxos, que podem provir de borra de óleo de soja (o grosso), óleo de arroz e *tall oil* (ótimo coletor, porém pouco seletivo). A prática nas usinas de flotação é constituir duas pilhas de homogeneização: à medida que a primeira vai sendo consumida fazem-se os ensaios para otimizar o coquetel de coletores e depressores a ser usada no processamento da segunda.

Os tensoativos, coadjuvantes desses ácidos graxos, são geralmente sulfo-succinatos ou sulfosuccinamidas (derivados de ésteres do anidrido maleico) produzidos no país por duas empresas: Cognis (Jacareí - SP) e Clariant (Suzano - SP). Ambas também produzem redutores de espuma, baseados nesse caso em etoxilados (~2 mols de OE) de álcoois graxos.

A produção atual de concentrados fosfáticos do Brasil é quase 5,5 M T/ano, uns 45% das atuais necessidades totais. As reservas conhecidas são suficientes para mais 100-150 anos, mesmo levando em conta os projetos novos e as expansões em curso dos existentes. O mercado atual de produtos auxiliares para concentração de fosfatos pode ser estimado em $ 16,5 MM/ano, dos quais:

- $ 6.5 MM/ano de ácidos graxos (7.500 t/ano);
- $ 7.5 MM/ano de tensoativos (2.500 t/ano);
- $ 2.5 MM/ano de amidos (4.000 t/ano).

Os projetos em curso deverão elevar esse mercado para $25 MM/ano.

O quadro anexo resume as características das cinco unidades que produzem rocha fosfática no Brasil:

Além dos ácidos graxos, a Anglo American usa um depressor de barita e um coletor de apatita mais nobre (um sulfoccinato). Dado que a unidade de ácido fosfórico da empresa fica em Cubatão-SP, é negócio gastar mais com a concentração (até ~38% P_2O_5) e recuperar o custo adicional na logística.

Usam depressor de barita. A empresa estuda projeto para uma nova mina em Serra Negra, MG. Os ácidos graxos são comprados como tais e as dispersões em soda cáustica produzidas na própria planta.

Não existe problema de depressão da barita, mas o minério contém outras impurezas (cálcio, ferro) cuja presença no concentrado prejudicaria a produção de ácido fosfórico.

Única unidade a prescindir completamente das convencionais células de flotação mecânica. A alma do processo é uma coluna de flotação contínua de 25-30 m de altura. Entre outras vantagens, consegue-se baratear o custo do coquetel e ainda reduzir o consumo unitário.

Localizada numa região pobre que depende da mina e das suas várias unidades *downstream*. Essas últimas incluem não só a produção de ácido fosfórico como dos derivados do calcáreo de excelente qualidade, obtidos como subproduto: cimento, fosfato bicálcico, calcáreo moído. Jazida *sui generis*, carbonatítica, produz hoje um bruto de apenas 5% de P_2O_5, porém isento de barita. Melhor taxa de recuperação do país (sem o que a operação toda talvez fosse antieconômica). O agente de flotação é um sarcosinato, importado da ex-Perstorp e desenvolvido especialmente para a Bunge. Custa umas seis vezes o preço de um coletor convencional, mas o uso específico é baixo.

O processo é uma tecnologia pioneira, desenvolvida na época pelo falecido Prof. Paulo Abib, e cujas características fundamentais se espalharam para o resto das unidades de rocha fosfática do país. O fluxograma apresenta uma primeira etapa de flotação em células mecânicas e uma segunda, de purificação, em coluna. ∎

Novos Antibióticos, Novos Intermediários

Os carbapenems, família de antibióticos lactâmicos 100% sintéticos, já existem no mercado há uns 15-20 anos, mas até agora não cumpriram suas promessas iniciais – e por diversos motivos:

• com os orçamentos das várias Previdências Sociais em compressão, é difícil criar espaço para um novo grupo de antibióticos;

• com mais forte razão, quando se trata de produtos caros, mesmo comparados com as cefalosporinas, cujos preços andaram degringolando desde que sua principal fonte desses fármacos passou a ser a China;

• os carbapenems pioneiros foram introduzidos sobretudo no Japão (o produto líder é o meropenem, da Sumitomo).

Os carbapenems introduzidos até agora são todos injetáveis; mas ultimamente se fala bastante em moléculas novas, para uso oral, o que poderia dar novo ânimo à classe como um todo. Uma empresa que está trabalhando com novos carbapenems é a Ribbon, da Itália, produtora tradicional de "pens e cefs". Comparados com penicilinas, cefalosporinas ou floxacinas, os carbapenems apresentam algumas vantagens de atividade, especificidade e estabilidade.

O intermediário-chave para a produção dos carbapenems é a 4-acetoxiazetidinona (4-AOSA), composto hoje de uns $ 350/kg

e produzido por três empresas japonesas:

• Takasago, usando uma síntese de 6 etapas a partir do acetoacetato de metila, considerada a melhor.

• Nisso (Nippon Soda) e Kaneka, que usam outros pontos de partida para contornar as patentes da Takasago.

Atualmente trata-se de um intemediário de 130-140 T/ano, correspondentes a $ 45-50 MM/ano; e, ao que parece, com renovadas perspectivas de crescimento.

Outra classe de antibióticos que anda despertando interesse é uma família de cetolídeos, moléculas semissintéticas derivadas da eritromicina. As cadeias laterais são derivadas da 3-acetilpiridina. O primeiro membro da família lançado comercialmente é a telitromicina da Aventis.

A dosagem do produto é da ordem de 800 mg/dia.

Estima-se a demanda potencial do intermediário em 100-150 T/ano; como no caso da 4-AOSA, seu preço é da ordem de $ 350/kg. ∎

Enfrentando Golias

O grosso do óxido de ferro produzido no mundo é, sem querer, a ferrugem. Mas produzido em condições de controle das etapas químicas e físicas do processo, fazem-se pigmentos de propriedades reproduzíveis, nas cores amarelo, vermelho e preto (além de outras obtidas por mistura dessas três), dos quais o mundo produz umas 900-950 MT/ano. Isso além de 550-600 MT/ano a partir de fontes minerais encontradas sobretudo em alguns países mediterrâneos.

As três cores fundamentais diferem quanto à composição e estrutura cristalina:

• amarelos: α-FeO(OH) (conhecido como "goethita", em homenagem ao grande literato alemão que nas horas vagas era um apaixonado mineralogista);

• vermelhos: α-Fe$_2$O$_3$ (hematita);

• pretos: Fe$_3$O$_4$ (magnetita; na realidade, mistura de FeO e Fe$_2$O$_3$).

Existem diversas estratégias químicas para se chegar aos pigmentos de óxido de ferro sintéticos:

• partir de um sal de Fe existente. Candidatos seriam, por exemplo, o FeSO$_4$.7H$_2$O subproduto da produção de pigmento TiO$_2$, o que teria que se dar não longe da fonte, pois o rendimento em peso é da ordem de 30%; ou o cloreto de ferro obtido como subproduto da decapagem do aço com HCl, o que acarretaria problemas de corrosão. Em compensação, em ambos os casos trata-se de ferro a custo nulo, ou até negativo, e essas duas matérias-primas são de fato utilizadas; mas não no Brasil;

• fazer o ferro "trabalhar" ao mesmo tempo que ele se oxida. Trata-se do conhecido processo Laux, ainda praticado em grande escala na Alemanha pela Bayer: a redução, pela reação de Béchamp, de nitrobenzeno em anilina usando limalha de ferro, o que dá sulfato de ferro como coproduto. A reação é conhecida há mais de 150 anos; a sacada foi acrescentar cloreto de alumínio ou de ferro à mistura, dando respectivamente pigmentos amarelos ou vermelhos;

• partir de uma sucata de aço de propriedades controladas. É a estratégia adotada pelos dois produtores no Brasil, usando a rota conhecida como Penniman-Zoph, cuja reação global pode ser escrita:

$$4\,Fe + 3O_2 + 2H_2O \rightarrow 4\,FeO(OH).$$

A fonte de ferro é uma sucata de aço selecionada (por exemplo, de estamparia). A forma física dessa sucata a torna menos atraente para a indústria de aço elétrico, cujo voraz apetite por matéria-prima ultimamente tem feito disparar seu preço tanto no Brasil (a cerca de $ 190/T na Grande São Paulo) quanto até mesmo na China. Na prática, o processo P/Z consiste de três etapas:

• oxidação da sucata em sulfato ferroso, por meio de ácido sulfúrico;

• conversão oxidante do sulfato ferroso assim obtido em FeO(OH), na presença de soda cáustica. O produto da reação é um gel, usado como semente na etapa seguinte;

• reação desse gel com o restante do sulfato ferroso, (cerca de metade do total), a quente e em condições oxidantes.

As matérias-primas são sucata, ácido sulfúrico e soda. A reação leva umas 90 horas, e portanto tem lugar em gigantes dornas de madeira.

O processo P/Z dá os pigmentos amarelos. A partir desses, é possível fazer os dois outros:

• vermelhos, por calcinação a cerca de $600°C$ de FeO(OH), dando Fe_2O_3.

O pigmento vermelho também pode ser obtido diretamente a partir de $FeSO_4$, estendendo o processo além do estágio amarelo. Esse processo, praticado no Brasil pela Bayer, proporciona economias de energia e resulta num pigmento menos duro, donde menores custos de moagem mais adiante.

• pretos, por precipitação de Fe_3O_4 a partir da reação de $FeSO_4$ com soda cáustica (pH da ordem de 14), na presença de Fe_2O_3. Não há alimentação de sucata, sendo curto portanto o tempo de reação.

Na China há uns 30 produtores, entre multinacionais e locais. A maioria desses últimos parte da reação entre sucata e uma mistura de ácidos sulfúrico e nítrico. A vantagem dessa variante da rota P/Z é resultar em partículas menores e com uma distribuição de tamanhos mais estreita. A contrapartida é o que fazer com os ácidos residuais – problema que naquele país tende a ser levado mais a sério no futuro do que tem sido até agora.

Qualquer que seja a sequência de processos químicos, eles seguem as cruciais etapas físicas:

• secagem (por atomização, ou em secador de correia);

• moagem;

• micronização.

Essas etapas são responsáveis pela missão de conferir ao pigmento suas propriedades finais: tintométricas, granulométricas (densidade aparente, diâmetro médio, distribuição, superfície específica, forma das partículas), viscosidade das dispersões etc.

Existem dois produtores no Brasil. Com umas 25.000 T/ano de capacidade (expressas com base em pigmento amarelo). De longe o maior dos dois é a Bayer, em sua planta de Porto Feliz, SP.

Inicialmente, a Atlantis (Reckitt+Coleman, hoje parte da Benckiser alemã) resolveu vender sua fábrica em Mauá de pigmentos de marca "Xadrez" – atividade que considerava *non-core* – para o seu concorrente, o grupo Globo, fundado por Ernesto Blumenthal. A Globo tinha uma demanda interna para os pigmentos, pois tinha-se verticalizado em fabricante de tintas. O grupo todo acabou sendo vendido, ficando as tintas para a Sherwin Williams e os pigmentos para a Bayer, que em 1990 decidiu transformar a unidade Porto Feliz numa planta de escala mundial, e fechar a de Guarulhos.

O novo produtor no mercado é a Oxinor (Óxidos do Nordeste S/A, PE), do grupo Megaó controlado pela família Essinger. As origens do grupo estão na produção de calcáreo, baseada numa jazida de excelente qualidade que permite ao produto concorrer até em mercados distantes como Salvador, BA. Daí partiu-se para a verticalização: cal virgem, cal hidratada, tintas à base de cal – e pigmentos de óxido de ferro. Mas em lugar de produzir os pigmentos apenas para uso cativo ou regional, a Oxinor partiu para o confronto com a rival não só no sul do país como nos demais mercados latino-americanos (a Bayer do Brasil exporta algo como 50% de sua produção). Para enfrentar a liderança tecnológica e as economias de escala do líder mundial, a Oxinor conta com a proximidade da plataforma portuária de Suape e com melhores preços de sucata do que os da GSP. A estrutura salarial do Nordeste permite empregar um contingente de 12 pessoas (de um total de 60) em P+D.

O mercado brasileiro de pigmentos de óxido de ferro é da ordem de 15.000 T/ano, segmentado por aplicação no quadro 1.

Quadro 1 – Pigmentos de Óxido de Ferro - Mercado por Aplicação - %		
	Brasil	*Mundo*
Construção	45	40
Tintas	40	24
Plásticos, borracha	7	7
Diversos	8	21
	100	100

Os números fazem sentido: o Brasil é um país super-representado como produtor de tintas (i.e., produz mais do que deixaria supor sua participação na economia mundial). Quanto à construção, os dois produtores se mostram otimistas, entre outras razões, graças aos esforços da ABCP (Associação Brasileira de Cimento Portland), que promove o emprego de pigmentos em aplicações como argamassas, premoldados (blocos etc.), elementos para pavimentação, e demarcação viária. Além de melhorar a imagem do cimento como material, essa atividade de marketing amplia o mercado de pigmentos (1% de cimento pigmentado adicional equivale a um acréscimo de 50% da demanda interna total ...).

No segmento de polímeros umas das grandes aplicações é em solas de sapato. Em plásticos, geralmente na forma de concentrados, os pigmentos precisam apresentar boa estabilidade térmica nas temperaturas de extrusão; mundialmente, esses pigmentos são especialidade da Bayer. Existe uma diversidade de outros usos em cosméticos, salsicharia, *pet food*, explosivos, catalisadores etc., algumas das quais usam pigmentos transparentes (por exemplo, vernizes para madeira), e também pigmentos grau alimentício (especialidade da Elementis) – as quais são todas importadas. A orientação de pigmentos pretos (Fe_3O_4) dá o material usado para revestimento de substratos usados para fazer fitas magnéticas, produtos que já tiveram sua importância. O grande produtor ainda é o Japão.

O quadro 2 segmenta o atual mercado brasileiro por cor, com a ressalva de que as proporções podem variar com as mudanças da moda.

Dos três tons básicos, os vermelhos são cerca de 10% mais caros do que os dois outros. Marrons e laranjas custam 10%-20% a mais, e grande parte

Quadro 2 – Pigmentos Óxido de Ferro - Demanda por Cor	
Cor	*% da Demanda*
Amarelo	45
Vermelho	35
Preto	10
Marrom/Laranja	10

dessas misturas são feitas por formuladores como Hermes Color, Transcor etc. Contando esses *blenders* e os fabricantes de dispersões, como Clariant e Sintequímica (ao todo, são uns 10-12), além de toda a indústria de concentrados plásticos, essas fases intermediárias devem representar 10%-12% do mercado total. O mercado mais exigente é provavelmente o de tintas, onde a Bayer leva vantagem entre multinacionais graças a contratos globais de suprimento, e a gamas especiais de pigmentos tais como LO (*low oil*) e LOM (os mesmos, micronizados). Mas a Oxinor começa a penetrar o mercado dos independentes, e tem investido em pesquisa tanto das condições químicas quanto das de moagem, para obter os respectivos contratipos.

Internacionalmente, a Bayer Chemicals representa mais de 50% da demanda mundial não incluindo os produtores chineses, (v. quadro 3). Yipin e Cathay Pigments, chineses, tornaram-se multinacionais ao adquirirem produtores norte-americanos.

Entre os menores, destacam-se pela qualidade o espanhol Nubiola, produtor também de pigmentos azul ultramarino, e a Toda, especialista japonesa em pigmentos magnéticos.

Quadro 3 - Pigmentos de Óxido de Ferro - Produtores Mundiais – 1.000 T/ano - 2003		
Produtor	*Produção*	*Plantas*
Bayer Chemicals	320	plantas: Austrália, Alemanha, EUA, Espanha, Inglaterra, China, Brasil
Elementis (ex-Harcross)	100	China, Inglaterra, EUA
Rockwood (ex-Laporte)	80	China, Alemanha, Itália, EUA, Inglaterra
China (excl. multinacionais, incl. Yipin e Cathay Pigments)	370	
Outros	80	incl. Toda (Japão), Nubiola (Espanha) etc.
Total	950	

Mais perto de casa, a Oxinor enfrenta a concorrência sobretudo da Nubiola colombiana (5M T/ano), da mexicana Pyosa (conhecida no ramo como De Matteo – 10M T/ano, mas visando sobretudo o mercado norte-americano), e a argentina Sudamericana (2.5M T/ano; planta antiga renascida da falência na forma de cooperativa de ex-funcionários). O que ainda deixa bastante espaço de manobra na América Latina para o Davi recém-chegado. ■

Freudenberg Fisga a Chem-Trend

Freudenberg, maior produtor mundial de *non-wovens*, acaba de adquirir a Chem-Trend (Howell, MI), dos EUA, líder internacional do segmento de agentes desmoldantes.

A Chem-Trend se encontrava sob controle da Cinven, grupo de *venture capital* que a havia adquirido da petroleira BP, que por sua vez havia comprado a Burmah Castrol da qual a Chem-Trend era então subsidiária. Em seu novo lar, a Chem-Trend fará parte da recém-constituída Freudenberg Chemical Specialties, que nasce com uma envergadura de uns $ 450 MM/ano. Desse total, $ 125 MM/ano ficam por conta da nova aquisição; o resto corresponde sobretudo às atividades de lubrificação industrial da Klüber, outra afiliada do grupo. Antes de tudo isso a Chem-Trend já havia comprado uma pequena concorrente alemã.

A Chem-Trend existe no Brasil (Campinas-SP) desde 1986, faturando atualmente uns $ 10 MM/ano dos quais 15% de exportações. A Klüber Lubrificantes Especiais Ltda. & Cia. (Alphaville, São Paulo) também atuava, em pequena escala, no mercado de desmoldantes para injeção de metais, atividades essas que agora serão combinadas com as da Chem-Trend.

Os desmoldantes são majoritariamente à base de silicones, formulados ou não com ceras e tensoativos, e apresentados em solução ou em emulsão. Segundo a Acmos, provavelmente o segundo maior produtor nacional (e mundial), os sistemas aquosos vão acabar dominando todos os segmentos de uso.

As principais aplicações dos desmoldantes são:

- poliuretanas moldadas, principalmente para solados. Produtos relativamente caros, pois também exercem função de acabamento;

- fundição de metais sob pressão, sobretudo alumínio e zamak. Também são usados em fundição de ferrosos (*shell molding*, macharia);

- termorrígidos: laminados fenólicos/melamínicos, certas peças de poliéster insaturado (pás para geradores eólicos etc.);

- artefatos de borracha (mangueiras para aviação etc.);

- vidro (garrafas, lâmpadas) e outros materiais silicosos moldados;

- pneumáticos: era o domínio das tradicionais "emulsões micadas" – contendo mica em suspensão, e borrifadas a cada ciclo da prensa –, que foram em grande parte substituídas por desmoldantes ditos "semipermanentes", cuja atuação dura um turno de 8 horas ou mais. Esses produtos, que antes de diluídos custam cerca de $ 10/kg, contêm fluoropolímeros em sua formulação.

O mercado brasileiro de desmoldantes pode ser estimado em $ 15 MM/ano, não incluindo o subsegmento dos produtos vendidos na forma de aerossóis (outros $ 2 MM/ano). O mercado mundial é de uns $ 750 MM. Desse total os *players* globais representam uns 50%, ficando o resto para pequenas empresas de atuação local.

Além da Chem-Trend os principais especialistas globais são Acmos (Bremen, AL), Acheson (EUA), Gorapur-Degussa, Marbo (IT) e Concentroil (ES). As primeiras três também produzem no Brasil; a Acmos do Brasil é a *joint venture* a 50:50 com os controladores da Ultra Lub, envasadora de produtos funcionais na forma de aerossóis que lidera esse segmento do mercado de desmoldantes.

A Chem-Trend parece liderar nos segmentos de fundição (seguida pela Acheson) e de pneumáticos, onde um dos fatores críticos parece ser as propriedades da mica empregada. Acmos predomina na moldagem de poliuretanas e no futuro também pretende disputar o mercado dos semi-permanentes para a indústria de pneumáticos. ∎

Polipeptídeos na Vila Clementino

No segundo andar de um prédio inconspícuo da Vila Clementino funciona o Laboratório de Biofísica da Escola Paulista de Medicina. Uma das principais atividades do laboratório é a síntese de polipeptídeos, sobretudo para fins de pesquisa tanto terapêutica como na área diagnóstica. Mas como se trata de um setor da química fina onde o grama é rei, e até o micrograma é filho de Deus, o que tem ali é na verdade uma minúscula atividade industrial.

A síntese de um polipeptídeo se faz reagindo, na sequência correta, os diversos aminoácidos cujos resíduos compõem sua cadeia. Para evitar que o aminoácido da vez atraque pelo lado errado, bloqueia-se sua função $-NH_2$ (e também, se for o caso, algum grupo funcional reativo lateral), realiza-se a reação da função ácido com a função amina do resíduo precedente, e em seguida se desbloqueia o grupo $-NH_2$ para que ele possa participar da reação seguinte. No final, quando a sequência de etapas tiver sido completada, desprotege-se as cadeias laterais e em seguida purifica-se numa coluna cromatográfica o poliptídeo (ainda impuro) obtido.

De início, todas essas reações se realizavam convencionalmente, em solução. Mas a duração total de cada acoplamento – algo como 2 dias – tornava impraticável a síntese de quantidades minúsculas de polipeptídeos em grande número, necessárias (por exemplo) para um processo de *screening*. Foi então que se introduziu a técnica, desenvolvida pelo norte-americano Merrifield, da síntese dita em fase sólida, a qual hoje permite executar em paralelo, de forma inteiramente automatizada, até 100 sínteses distintas de uma vez, reduzindo-se o ciclo completo de cada acoplamento para 1 ½ horas.

A técnica de fase sólida foi trazida para cá por volta de 1970 pelo Dr. Antônio Paiva. O processo consiste em usar uma resina da família das estirênicas, mas com grupos reativos (geralmente $-NH_2$) em sua estrutura. O primeiro ácido aminado, devidamente protegido, reage com esse grupo; seguem-se desproteção, lavagem, reação com o aminoácido (protegido) seguinte e assim por diante, até completar a cadeia. Aí só falta destacar o polipeptídeo da resina, por clivagem ácida. Qualquer que tenha sido o método de síntese empregado, o produto ainda impuro é em seguida liofilizado, e purificado numa coluna de HPLC.

Inicialmente importavam-se os ácidos aminados, já devidamente protegidos com a função carbobenzoxi, método batizado de -Z em honra ao Prof. Zervas, seu inventor. Com as dificuldades de importação surgidas no final da década de 1970, o grupo da EPM foi obrigado a se integrar para trás e sintetizar seus próprios ácidos protegidos, a partir dos respectivos ácidos aminados – sempre disponíveis no país, apesar de importados, por serem indispensáveis na preparação de soluções para alimentação intravenosa – e fosgeno. Esse último é até hoje gerado ali mesmo, a partir de cloro e CO, condensado a -60°C e usado imediatamente. As desproteções eram feitas com HBr, também gerado no local, a partir de bromo, hidrogênio e calor; tudo isso numa aparelhagem caseira construída por um vidreiro aposentado da Rhodia.

A onda tecnológica seguinte foi a da proteção dos aminoácidos com a função t-butiloxi, ou -Boc. A vantagem oferecida era a maior facilidade de desproteção (podia-se usar um ácido fraco, por exemplo o trifluoroacético, no lugar de HBr ou HF); mas o método não pegou na EPM, pois os ácidos protegidos eram pouco estáveis – era um método que só serviria para um regime do tipo *just-in-time*, e não para os distantes trópicos.

Em seguida, há uns 10 anos, foi introduzido o método de proteção Fmoc, onde o "F" é de fluoreno, um aromático policíclico. Como seria de esperar, os ácidos assim protegidos ainda estão caros – de 40% a 4 vezes mais do que os da série -Boc. A principal vantagem é que a desproteção pode ser feita por meio de uma base fraca, por exemplo piperidina; a clivagem também se faz com TFA. Apesar de caro, -Fmoc é o método do momento; na Europa usa-se muito a combinação de -Boc para as proteções permanentes (e desproteção com HF ou ácido trifluorometil-sulfônico), e -Fmoc para as proteções temporárias (desproteção com uma base, geralmente piperidina).

A PPG, nos EUA, acaba de anunciar que pretende lançar um novo método de proteção baseado na série UNCA, (*urethane-protected N--carboxyanhydrides*), e que talvez venha a colocar tudo em movimento de novo. Segundo a empresa, a nova técnica se presta sobretudo para a produção em escala comercial (da ordem de 100 kg anuais de ácidos protegidos utilizados).

A clivagem rende um peptídeo bruto, tanto mais impuro quanto maior for o número de resíduos aminoácidos da molécula. Os rendimentos da purificação por HPLC são de apenas 20% até 50% sobre o material clivado, mas com o auxílio de um espectrofotometro de massa (que custa uns $ 350 mil) pode-se eventualmente determinar uma estratégia química para recuperar, em outras sínteses, algumas das cadeias obtidas como subproduto.

O sintetizador automático da EPM dispõe de 8 frascos, cada um contendo 50 mg de uma resina com 0.2 milimols, por grama, de função -NH_2. Cada ciclo completo rende 20-25 mg de peptídeo bruto, o que – conforme o grau de pureza desejado – corresponde a 5-10 mg de produto purificado. Existem modelos com até 100 frascos, bem como outros com frascos maiores para a produção de quantidades comerciais. O ciclo completo, inclusive as etapas de purificação, é da ordem de uma semana. Tomando por base uma cadeia média de 10 resíduos aminoácidos, a capacidade produtiva do aparelho propriamente dito seria algo como 25.000 mg/ano.

O principal produto feito em escala comercial pelo laboratório é a oxitocina, usada para a indução de parto em medicina veterinária e humana. O rendimento médio por etapa é de 87%-88%, ou 30% globais para a cadeia de 9 resíduos desse composto. Usam-se com reatores balões de vidro de 6 e 12 litros, o que permite estimar a capacidade instalada (base 100%) em cerca de 1 kg/ano, ou seja, uns 3% do mercado mundial.

Os preços internacionais dos polipeptídeos variam com a produção anual e com o número de resíduos, mas pode-se tomar como valor indicativo $ 100/g-resíduo para uma molécula relativamente curta, até $ 300/g-resíduo para um peptídeo de 30 resíduos, o caso da calcitonina por exemplo.

Comercialmente, como tudo mais nesse mundo, até os preços dos polipeptídeos já sofreram os desgastes da globalização. Um produto de complexidade média (p.ex. somatostatina, molécula de 14 resíduos cujo mercado mundial chega a 50 kg/ano) se vende a $ 200 por grama e por resíduo, fazendo as contas, um produto de $ 150 MM/ano. Mas há 10-15 anos ainda se falava em $ 400/g e por resíduo para uma molécula de 10 resíduos. Hoje a atividade mais rentável do grupo é a produção de peptídeos para pesquisas – imunológicas etc. – até para exportação. Tudo isso com uma equipe de apenas 7 pessoas, liderada pela Profa. Maria Aparecida Juliano, gente competente e inserida no *mainstream* internacional do ramo. Num país em que a própria palavra "pesquisa" hoje evoca muito mais a noção de "prévia eleitoral" do que a de "atividade científica", só dá para esperar que a fábrica de bancada da Vila Clementino sobreviva e prospere. ∎

Química de Caubói

Da Califórnia chega a notícia de que existe em Sacramento uma empresa de química fina que, em matéria de macheza, não perde nem para a de Sadam Hussein. Trata-se da Aerojet Custom Chemicals, parte de um grupo de empresas de umas 2.000 pessoas, voltado sobretudo para a química bélica: combustíveis para foguetes, explosivos etc.

Com a experiência adquirida na manipulação de uma variedade de substâncias que são tudo menos biscoito, a Aerojet se acha entre os líderes mundiais em matéria de "química para leão" em geral.

Existem, bem entendido, tradicionais especialistas europeus e japoneses da utilização, em química fina, de compostos altamente instáveis como o nitreto de sódio (NaN_3), que também já foi usado como fonte de gás nitrogênio em *air bags*. Mas, para esses caubóis da síntese orgânica, a química do NaN_3 não passa de café pequeno. Um de seus maiores triunfos foi desenvolver a química de diazometano (CH_2N_2), produto altamente tóxico e instável, mas com o qual, uma vez domesticado, se podem fazer coisas das mais inusitadas.

O maior atrativo do DAM é que ele "reage limpo" e com elevados rendimentos. Entre as reações para as quais está sendo usado pode-se citar: formação de epóxidos substituidos (por exemplo, com grupos -R ou -OR); ampliação de anéis (por exemplo, conversão de uma ciclopentanona substituida em cicloexanona idem); transformação de um RCOCl ou ArCOCl em cetona (maneira elegante e econômica de produzir certas acetofenonas, por exemplo). A aplicação mais conhecida do DAM, até agora, tem sido a de acrescentar um grupo -CH_2 a certos aminoácidos, passando por um epóxido, dando um outro aminoácido, "não natural". Esses ácidos aminados "extendidos" estão sendo usados na síntese de inibidores de protease anti-HIV, tais como saquinavir (Roche) e outros. Existem umas 4 ou 5 rotas para se chegar a esses ácidos aumentados, mas a do DAM proporciona rendimentos muito superiores aos do concorrente mais próximo.

A experiência industrial da Aerojet já atinge geradores de DAM de até umas 4-5 T/ano, o que pode parecer pouco, mas se o grupo -CH_2 for acrescentado a um composto de peso molecular, digamos de 150 ou 200, isso corresponde a uns 20-25 T/ano de um produto que pode estar valendo "$/g". O método tradicional de geração de DAM é a partir de p-CH_3fSO_2Cl, metilamina e nitrito de sódio; a última reação se faz em éter, usando um catalisador de transferência de fase. Também se pode partir de nitrito e monometilureia, intermediário amplamente disponível (ponto de partida para a produção de cafeina e demais purinas).

As reações se fazem em solventes voláteis, tais como éter, a fim de não exceder o limite explosivo do DAM na fase vapor. Os efluentes do reator são absorvidos em ácido acético, convertido instantaneamente pelos traços de DAM em acetato de metila. O produto tem sido utilizado em reatores de até 3.000 l.

Mas a Aerojet não fica por aí. A mais recente proeza da turma foi conseguir gerar e reagir bromonitrometano - $BrCH_2NO_2$; só a fórmula já mete medo. O produto – pasmem – é obtido por bromação direta de nitrometano. Seu principal uso é na síntese de um daqueles novos antibacterianos 100% sintéticos, do tipo beta-lactama. ■

Carvalho no vinho

O envelhecimento do vinho em barricas de carvalho já era praticado no Império Romano.

Nesse processo, a madeira cumpre duas funções:

• graças à permeabilidade da parede do tonel – função, por sua vez, da técnica empregada na confecção das aduelas –, admitir um volume de ar adequado para a transformação de taninos voláteis (e de sabor adstringente e agressivo) em taninos poliméricos (mais brandos), com efeitos favoráveis sobre algumas das principais propriedades do vinho: corpo, cor, "redondez";

• permitir a extração, pelo vinho, de aromas contidos na madeira, cuja natureza e concentração é fortemente influenciada pela seleção da árvore, a maneira de secar as pranchas, e sobretudo o perfil tempo-temperatura da operação de tostagem do interior do barril.

Alguns países da Europa Oriental – Hungria, Eslovênia, a região do Cáucaso, Lituânia – possuem florestas de carvalho que, apesar de sua qualidade menos uniforme, vêm sendo crescentemente exploradas para uso em tonelaria.

Mas o grosso da matéria-prima ainda vem de duas procedências:

• as florestas estatais de *q.robur* (mais tânico) e de *q.petrea* (mais aromático) da França, sobretudo das regiões centrais do Allier e da

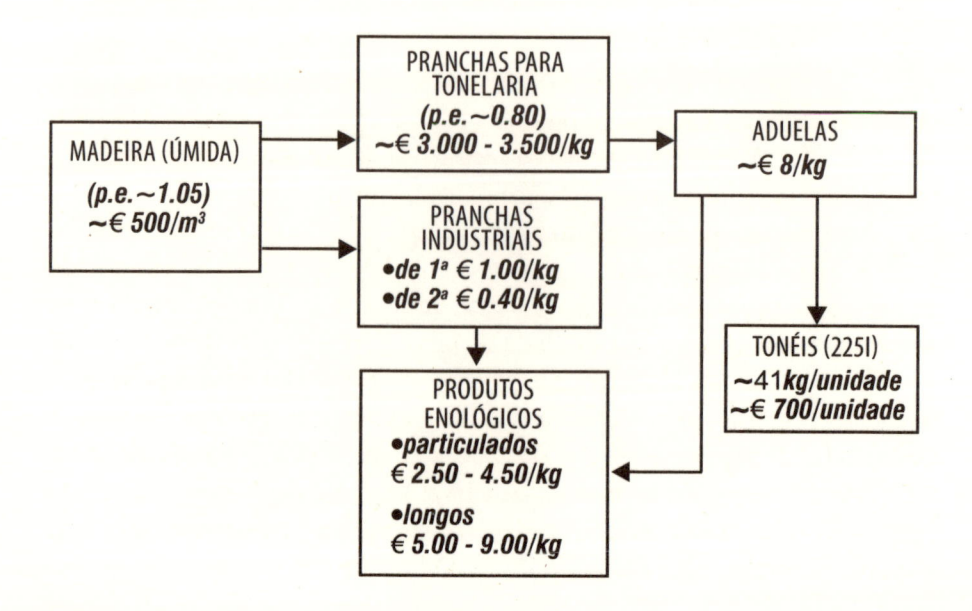

Nièvre, mas também dos Vosges, e do Limousin

- os EUA, das florestas de *q.alba* (carvalho branco), principalmente dos estados de Missouri e Minnesotta.

O carvalho francês apresenta ótima granulometria, e aromas – baunilha, caramelo, frutas – mais discretos. A madeira norte-americana contém altas concentrações de "uisquelactona", responsável pelo sabor de coco tão característico do *bourbon* – daí o apelido. Originalmente a tonelaria norte-americana visava sobretudo esse mercado – bem maior em quantidade anual de peças (o produto é envelhecido durante muitos anos), porém de valor unitário bem menor: secagem em estufa, serras em lugar de rachadeiras, carbonização interna em forno e não tostagem a chama, menor número de operações. Mas com o surgimento da indústria vinícola, as principais tonelarias dos EUA foram adotando a tecnologia característica da tonelaria francesa – em particular a secagem das pranchas ao ar, onde passam dois anos ou mais sujeitas aos repetidos ciclos encharcamento-evaporação que acabam lixiviando boa parte da tal lactona (e dos demais aromas e precursores), resultando numa certa aproximação entre as madeiras das duas principais origens. Note-se ainda que o carvalho norte-americano, em pé, é uns 20%-25% mais barato.

uisquelactona

Contabilizando tudo – amortização dos cerca de $ 800 que custa um tonel de 225 L francês 0 km, o valor da revenda do tonel servido, as possibilidades de reforma –, chega-se a um custo de consenso do envelhecimento em tonel (novo) de uns $ 2.00/garrafa. Não é de surpreender que alguém tivesse tido a ideia de inverter o procedimento – em lugar de colocar o vinho na madeira, obter o mesmo efeito jogando cavacos de madeira no vinho. Só em termos de superfície exposta à extração, o ganho de eficiência seria por um fator de 4; e o custo dos cavacos por unidade de peso, outras 5 vezes menor.

Mas com esse método ficava faltando a outra função do tonel: a permeabilidade ao oxigênio do ar. A partir dos trabalhos pioneiros (com os vinhos ásperos e adstringentes da região do Madiran) de Patrick Ducournau – hoje CEO do maior produtor francês de carvalho enológico – desenvolveu-se então a técnica de oxigenação controlada do vinho – o *microbullage* - sem o qual o "carvalho alternativo" não teria vingado

Na produção de vinho a madeira enológica participa em duas fases:

- na vinificação, onde seu papel é liberar os taninos elágicos (desejáveis) presentes no carvalho – em contraposição aos taninos amargos e adstringentes que vêm das sementes, cascas e hastes da uva. Como não se deseja, nessa fase, extrair os aromas da madeira, empregam-se produtos não-tostados. Os taninos da madeira são polifenóis condensados de alto peso molecular que agem na estabilização da cor e conferem sucrosidade, provavelmente pela formação de ligações covalentes com algumas das moléculas proteicas (mas a natureza do fenômeno não é totalmente conhecida)

ácido elágico

- no envelhecimento, responsável pela extração dos aromas: baunilha, cítricos, caramelo. Usa-se uma grande variedade de produtos, de relação superfície/peso menor do que a dos cavacos da fermentação; e, sobretudo, tostados de acordo com os resultados que se deseja obter.

Bem mais de 50% da madeira enológica consumida é usada no envelhecimento, mas o emprego em fermentação anda crescendo mais depressa.

Ainda assim, persistem algumas limitações:

- o *microbullage* precisa ser mantido dentro de uma faixa estreita de 1 a 3 ml/l por mês, acima do qual há perigo sério de oxidação, e portanto deterioração do vinho. Por ser uma operação tão delicada e de risco, no EUA desenvolveu-se toda uma atividade da terceirização especializada dessa etapa;

- a maior atividade dos cavacos (nos EUA permite-se até mesmo o uso de serragem de carvalho) torna sua ação mais difícil de controlar. Os fabricantes foram obrigados a realizar um esforço de pesquisa baseado não apenas em painéis sensoriais como também em métodos de análise avançados, como EM e cromatografia, que permitem dosar taninos, pigmentos, aromas e seus respectivos precursores. Criaram-se produtos de várias apresentações quanto à origem da madeira, programa de tostagem e formato – hoje existem cavacos, produtos em pó, pequenos cubos, "feijões", dominós, sem falar dos artefatos de madeira plana empregados na reforma de tonéis usados. Os produtores mais conhecidos chegam a ter mais de 70 apresentações em seus catálogos, e foi criada na França uma entidade de classe específica, o SPBO (Syndicat des Producteurs de Bois Oenologique).

A tonelaria francesa passou por um processo de integração: a figura tradicional do *merraindier,* produtor de pranchas independente que arcava com o grosso das necessidades financeiras da cadeia produtiva, ainda comum há uns 20 anos, tornou-se rara. Hoje a produção de alternativos é predominantemente intencional: a época da simples valorização de refugos pertence ao passado. Nos EUA, a produção de alternativos nasceu da indústria de material de reforma do enorme parque de tonéis para *bourbon.* A tonelaria australiana importa sua matéria-prima, mas tem como proteção a distância e os consequentes custos logísticos.

Madeira Enológica: Principais Produtos Mundiais	
	Comentários
França	
Boisé France	Cotado em bolsa, Grupo toneleiro Séguin Taraud
Arôbois	Grupo toneleiro François Frères
Nadalié	Pioneiro do setor na França
Pronektar	Grupo toneleiro Radoux
Oenochêne	Independente, vende através de produtores de especialidades enológicas
Estados Unidos	
Oak Solutions	Marca "Evoak" do grupo toneleiro World Cooperage, primeiro do mundo
Stavin	Produtos para reforma de tonéis e enologia; também criaram o sistema de micro-oxidação "OxBox"
Innerstave	Pioneiros da reforma de barricas
Oak Chips Inc	Pioneiro da produção de cavacos nos EUA
Austrália	
Moxon	#1 do país
A.P.John	

Os adeptos típicos do carvalho enológico são:

- as vinícolas do Novo Mundo: EUA, Austrália, Argentina/Chile (25% da produção mundial)

- os tintos de menos de $ 20/garrafa

- os engarrafadores de vinhos de marcas, para distribuição super/hiper – em contraste com os canais tradicionais: particulares, restaurantes, enotecas

- vinhos varietais

- vinhos de *assemblage* (a partir de múltiplas origens)

- vinhos cofermentados.

O atual consenso é que a madeira enológica representa um mercado mundial de $ 80 MM/ano sem contar com os produtos "longos" – aduelas, ripas, artefatos tais como "correntes", "rosários" etc. – empregados em reforma de tonéis. A comparar com o mercado mundial de uns $ 500-550 MM/ano representado pelos 700-800 mil tonéis novos comprados anualmente pelas vinícolas.

Além da crescente penetração na produção de vinho, começa-se a enxergar possibilidades para os alternativos em bebidas destiladas. Por exemplo, Boisé France pertence ao grupo financeiro que inclui o conhaque Rémy Martin, o que constitui uma parceria de P&D nata. E, porque não, pode haver um futuro para outros destilados envelhecidos com algumas das madeiras brasileiras já utilizadas para envelhecer os 10 MM de l/ano de cachaças de qualidade produzidas no país – quem sabe, um dia desses surge uma *aquavit* de umburana, ou uma vodca de jequitibá-rosa... ∎

Melanina Sintética

Aqui no Brasil a ideia de sintetizar melanina – produto do qual quase todos nós, a começar, diz ele, com o próprio Presidente FHC, somos mais ou menos amplamente dotados em nossas epidermes – pode parecer mais um daqueles esquemas de vender geladeira a esquimó. Mas para a pequena empresa britânica Zylepsis trata-se de um assunto da maior seriedade.

A obtenção de melaninas a partir de produtos naturais – cabelo, pele ou pelo, tinta de lula, folhas de fumo geneticamente modificado – é um assunto que vem sendo estudado pelo menos desde a década de 1930. Acontece que esses métodos todos dão pigmentos insolúveis em água, e por conseguinte de pouca utilidade na formulação de cosméticos.

A Zylepsis desenvolveu uma forma solúvel, feita por oxidação enzimática, a partir de um precursor fenólico contido em sementes de girassol, e espera colocar o produto (à razão de .1-.3%, e a $ 2.000-3.000/kg) em substratos tais como protetores solares e bronzeadores artificiais. A melanina funcionaria como absorvedor de radiações UV, antioxidante e na absorção de radicais livres. O produto será distribuído pela Alemã Dragoco, sob o nome de MelaneZe. A unidade industrial da Zylepsis foi construída na França, numa região produtora de girassol. ∎

GASTRONOMIA MOLECULAR

Cúspide do encontro entre a ciência da química e a arte do bem comer, a Gastronomia Molecular – o estudo formal dos processos e fenômenos culinários – não poderia deixar de estar florescendo na França.

O alto pontífice dessa nova área do saber é o professor Hervé This, personalidade mediática e com um jeitão de *tout Paris*. Fui conhecê-lo em seu laboratório, oculto nas profundezas grisalhas de um prédio anexo do Collége de France, cercado de buretas, frascos e pipetas (fora um ou outro aparelho analítico mais século XXI), trajando camisa de fraque e borboleta branca, um colete preto recoberto de exuberantes bordados, e por cima desse conjunto bizarro, um guarda pó branco. Era terça-feira de Carnaval, e de lá o alegre professor devia estar de saída para algum baile.

O pai da moderna gastronomia molecular foi o físico oxfordiano Nicholas Kurti, falecido em 1998 aos 90 anos (parece que comer bem prolonga a vida; Eugène Chevreul, que dedicou a vida aos compostos alimentares graxos, faleceu em 1889 aos 103). Hervé This tornou-se seu sucessor.

A gastronomia molecular se preocupa com diversos aspectos da boa cozinha: elucidação dos mecanismos de truques culinários para em seguida estendê-los a outras aplicações; criação de novos pratos e ingredientes; desenvolvimento de novos conceitos para o projeto de utensílios de cozinha e aparelhos eletrodomésticos.

Assim, gastrônomos moleculares já andaram estudando o efeito sobre a consistência da pele de um leitão assado de cortar-lhe a cabeça à saída do forno; ou o efeito da temperatura de uma batata cozida destinada a virar salada sobre sua taxa de absorção do vinagrete; ou ainda, a questão antiga do efeito da temperatura inicial da água sobre as propriedades organoléticas de um caldo de carne.

Deixar Hervé This falar é expor-se a uma saborosa saraivada de ideias e de "causos". Por que não facultar o acesso do público cozinhante aos princípios ativos de certos ingredientes? O cozinheiro que não tiver acesso a certos cogumelos selvagens, por exemplo, poderia muito bem acrescentar ao seu prato alguns miligramas de i-octeno-3-al, e reproduzir assim o aroma desejado. A vinificação é um processo arquiestudado, mas pouca gente se dedica à questão, da maior importância em cozinha, de sua relação justamente com as propriedades culinárias do vinho. "Você gosta de creme Chantilly, não é mesmo, quem é que não gosta?" Pois por que não procurar conferir a mesma textura a outros ingredientes. Já conseguimos ótimos resultados com chocolate, e com diversos queijos – "reblochon, roquefort, crottin de chavignol". E Hervé This continua, abordando questões tais como a trajetória térmica dos suflês e sua influência sobre a relação entre altura de velocidade de desmoronamento; bases teóricas da cozinha usando micro-ondas; a do comportamento reológico a baixas temperaturas de substâncias altamente não-newtonianas como a maionese; a evolução da composição de uma solução – caldo de carne, por exemplo – ao longo de sua evaporação. E por aí vai. Entusiasma-se com novos conceitos em matéria de *design*, por exemplo de batedeiras e de outros aparelhos utilizados na cozinha em operações de agitação ou de homogeneização. "Você já imaginou misturar uma fase aquosa e outra oleosa, e usar a mistura para extrair os sabores de um cogumelo selvagem? Depois é só separar as fases num funil de decantação, e a partir de um só ingrediente você terá criado dois outros, cada qual com o seu sabor e cada um totalmente original .... "

Existem amantes e praticantes da gastronomia molecular no mundo inteiro. De vez em quando – a última vez foi em 1997 – se reúnem em Erice, na Sicília, para uma semana de conferências intensivas sobre métodos de aquecimento, mecanismos de reações altamente complexas, ou fenômenos de transferência de calor e de massa em sistemas complicados do tipo dos encontrados na cozinha. Os workshops de Erice estão restritos a umas 60 pessoas, e participam personalidades tais como o professor Peter Barham (Universidade de Bristol, autor de um livro recente de física culinária, Elizabeth Thomas (conhecida pedagoga e autora), donos de diversos restaurantes estrelados (e não só de Paris), ou A.Blake, da Firmenich, esse talvez de olho no uso generalizado de substâncias hoje restritas aos laboratórios da indústria. Deve ser uma semana das mais estimulantes – se você é um químico chegado à gastronomia procure, quem sabe, participar da próxima! ∎

Retomando a Cachaça

Por baixo, estima-se a produção brasileira anual de cachaça em cerca de 1.3 bilhão de litros, um pouco mais de 8 litros per capita. Ninguém conhece o número exato; o total é a soma de dois universos:

- 900 milhões de l/ano destilados em coluna e engarrafados pelas grandes marcas: "51" (cerca de 250 milhões de litros anuais), Velho Barreiro e Tatuzinho no Sul, Pitu em Pernambuco, e Ypioca no Ceará são os principais nomes desse setor formal.

- 400 milhões de l/ano, estimativa conta de bêbado, pois ninguém sabe ao certo, produzidos por uns 25.000 alambiques de cobre (parafraseando o Leporello, no *Don Giovanni* de Mozart, só em Minas são mais de 8.000 – um estudo em curso pela SEBRAE deverá determinar o verdadeiro número). A vasta maioria desses alambiques tem produção minúscula, estritamente local, e desconhecida do fisco, mas incluídas nesse total também estão cerca de 10 MM L/ano de cachaças de alambique ditas "artesanais" – produtos de boa qualidade, em muitos casos envelhecidos em tonéis de carvalho, bem embalados e com um posicionamento mercadológico que em matéria de preço as coloca em competição com as demais aguardentes nobres ou exóticas desse mundo: uísque, gin, tequila e tantas outras.

Semelhante volume corresponde a 2-3% do *intake* calórico total da população brasileira (chegou a ser da ordem de 4% lá por 1965). Dado que os consumidores são predominantemente adultos (isso num país mais para "jovem") e do sexo masculino, é fácil concluir que mesmo hoje, para parte dessa população consumidora, a cachaça representa uns 25% das calorias ingeridas - um Pro-Álcool humano. E olha que essa conta supõe uma dieta média por brasileiro de 2.500 cal/dia, índice que para o total da população deve ser otimista.

Até o fim da guerra, cachaça era sinônimo de destilação em alambique. Lá por 1950 começaram a surgir as colunas, que ofereciam enormes economias de escala; atualmente uma cachaça de coluna, a granel, custa menos de R$ 0,50/l, contra R$ 2,50/l para uma de alambique.

Na região Sul, os grandes engarrafadores em geral não são integrados – compram aguardente de usinas de álcool qualificadas, capazes de atender às normas estabelecidas para cachaça pelo M.A.. Existe um ou outro produtor que só faz aguardente, como Pignatta (Sertãozinho); mas a grande maioria é capaz de produzir em qualquer proporção aguardente, álcool hidratado ou álcool anidro, usando um conjunto de 2 ou 3 colunas. O principal fornecedor da região é a COPACESP (sede em Barrinha, SP), que age como regulador do mercado e responde por uns 100-150 milhões de l/ano de aguardente produzido por seus cooperados. No interior do Rio de Janeiro a Fazenda Soledade ("Nega Fulô") compra cachaça de coluna destilada por um especialista regional, a qual é em seguida redestilada em alambique e envelhecida. No Norte a Ypioca representa uma exceção, pois produz os 50 milhões de l/ano que engarrafa, em cinco destilarias próprias.

O conflito técnico e sensorial entre destilação contínua em coluna e destilação por bateladas em alambique é assunto velho aqui e no resto do mundo. Afinal, o primeiro tratado que se conhece sobre fermentação e destilação data do século X. A coluna, com suas cerca de 15 bandejas de fracionamento, produz uma corrente de composição mais constante; por esse método é portanto mais fácil atingir as normas do Ministério da Agricultura, que especificam limites máximos para 8 a 10 compostos (aldeídos, álcoois superiores, ésteres, ácido acético etc., em níveis que vão 30 a 300 mg/100 ml). Mas a cachaça de alambique, justamente por conter teores mais elevados dos precursores das moléculas que dão sabor ao produto final, pode ser convertida por envelhecimento numa bebida de sabor talvez mais complexo e "redondo". Como diz um destilador de alambique: "é isso mesmo: potencialmente melhor de sabor, inicialmente pior para o fígado".

O envelhecimento em tonéis de madeira é o período em que, a partir dos cerca de 200 compostos identificados no produto recém-destilado, formam-se novos aromas, de cadeia geralmente mais longa e menos nocivos; isso além dos aromas extraídos da própria madeira. Catalisadas, no caso das cachaças de alambique, pelos cerca de 50 ppm de cobre presentes na cachaça de alambique, ocorrem vários tipos de reação: hidrólise da lignina presente na madeira do tonel; reações dos compostos orgânicos do destilado entre eles, ou entre esses e os extraídos da madeira; e outros.

Embora a cachaça de alambique possa apresentar maior complexidade em sua composição, alguns produtores de aguardente de coluna também andam investindo em produtos envelhecidos. Assim surgiram marcas como Pitu Gold, ou Ypioca 150. Outros, talvez acreditando menos no envelhecimento em madeira da aguardente de coluna, desenvolveram produtos envelhecidos artificialmente, mediante a adição de 2-3 ml/l de um produto à base de essência de carvalho, importado da Itália. São as cachaças ditas "compostas", das quais Terra Brazilis é um exemplo. O mercado interno dessas aguardentes de coluna assim valorizadas já chega a uns 20 milhões de l/ano.

Não é à toa que nesses últimos tempos tenha renascido um grande interesse pelas cachaças de qualidade. Os mais entusiastas não vêm motivo para que esses produtos não possam enfrentar, de potência para potência, um *single malt whisky* ou qualquer outro aguardente mais soçaite. Há alguns anos uma delegação de destiladores brasileiros foi à Escócia estudar a indústria do uísque, e concluiu que a qualidade das grandes marcas de *blended* teria pouco a ver com a origem do malte de centeio, a água do rio Spey, ou os odores da turfa usada como combustível, e sim com o fato de que ao uísque de coluna – o *grain whisky* – se acrescenta, na proporção de 1:5, uísque de alambique envelhecido – o *single malt whisky*.

Reforçando esse novo entusiasmo foi criado um programa de incentivo sobretudo mercadológico, o PBDAC. Coordenado pela Associação Brasileira de Bebidas, o programa é regido por um conselho onde estão representados os Ministérios da Agricultura, Ciência e Tecnologia e o MDIC, além do setor privado. O alvo é valorizar a imagem interna da cachaça, bem como, talvez aproveitando a onda da popularidade mundial de tudo que é latino-americano, conquistar espaço internacional. Também se formaram associações de âmbito regional. A AMPAQ, de Minas Gerais tem 250 associados – maioria de pequenos produtores, fazendo apenas 5.000-15.000 l/ano; só uns 30 excedem os 100 mil litros anuais necessários para começar a pensar em distribuição nacional. Outros programas similares estão surgindo no Rio (APACERJ), na Bahia e em Goiás.

Esse interesse pela cachaça de qualidade vem estimulando no país pesquisas ao longo de toda a cadeia produtiva:

• vários grupos, entre os quais o da Profa. Márcia Mutton (Universidade de Jaboticabal), se dedicam a pesquisar a etapa fermentativa. Um dos principais alvos é o controle ao nível da fermentação da formação de compostos indesejáveis tais como acidez livre, carbamato de etila, compostos contendo enxofre, ou substâncias tais como taninos, polidextranas e amino ácidos, responsáveis pela formação de flocos na cachaça.

• no Instituto de Química da USP (São Carlos), o grupo do Prof. Douglas Franco se dedica a estudar o mecanismo da gênese desses e outros compostos indesejáveis, e métodos analíticos para sua quantificação.

• o Prof. Fernando Novaes, ex-ESALQ, vem realizando trabalhos na área da redução do nível de carbamato de etila, considerado cancerígeno e limitado nos EUA a 125 ppb no produto final. Uma das possíveis estratégias seria a bidestilação; alguns ponderam que uma segunda passagem pela coluna poderia descaracterizar o produto do ponto de vista organoléptico, mas existem vários exemplos – *malt whisky*, gin, conhaque – de destilados de qualidade pelo mundo que são obrigatoriamente bidestilados. Esse talvez seja o caminho a seguir se a cachaça vier a ter mais presença no mercado mundial.

• o envelhecimento é feito normalmente em tonéis ou barricas de carvalho, pré-usados nas indústrias de aguardente da Europa ou dos EUA. Isso constitui poderoso incentivo para a pesquisa do uso de madeiras brasileiras. Na Universidade Federal do Ceará, o Prof. Renato Casimiro investiga o uso de madeiras locais tais como imburana, sabiá e bálsamo; e há alguns anos foi feito um estudo semelhante em Minas Gerais por Silvia Codo, utilizando canela, jatobá e sassafrás. Mas ainda há muito por fazer; entre outras coisas, o país carece de tanoeiros qualificados.

• a produção de equipamento de cobre sempre foi coisa de latoeiros ciganos itinerantes, mas isto está mudando. Em Minas Gerais já existem 5 ou 6 oficinas fixas, pequenas porém organizadas, que juntas produzindo uns 250-300 alambiques por ano; a mais conhecida é a de Júlio Rodrigues, gerenciada por Dna. Deusa, sua filha. Para assessorar tanto projetistas de equipamento quanto produtores, foi criada em Belo Horizonte uma pequena empresa especializada, a LABM.

Um alambique com 2.000 l de panela pode produzir cerca de 50.000 l de cachaça por safra de 3 meses, conforme o número médio de cargas diárias, e requer um investimento de uns R$ 30.000. Mas a grande maioria dos alambiques em operação ainda consiste de "cebolões" que fazem uns 50 l/dia, aos pingos – daí "marvada pinga".

Aliás, na França rural até há pouco tempo ainda havia camponeses – os ditos *bouilleurs de cru* – que exerciam o direito de destilar no alambique comunal do vilarejo, os cerca de 20 litros de aguardente de que, segundo o Ministério da Fazenda, necessitariam ao longo do inverno para seu uso estritamente pessoal (sai mais barato do que colocar aquecimento central). O produto desses destiladores lá também era conhecido como *la goutte*.

O CTAA, órgão da Embrapa localizado em Pedra de Guaratiba, RJ, realizou há uns 10 anos um estudo amplo sobre características sensoriais de umas 50 aguardentes mineiras. A pesquisa concluiu pela inexistência de diferenciação regional – de efeito *terroir* –, mas para chegar a esse resultado foi primeiro preciso definir uns 10 ou 15 atributos sensoriais, e treinar uma equipe de avaliadores, competência essa que talvez venha a ser colocada a serviço de outras regiões produtoras. Na Escola de Engenharia de Alimentos da UNICAMP também existe um grupo dedicado à análise sensorial.

No recente SIAL, a grande feira bianual da indústria alimentícia realizada em Paris, estavam presentes tanto os grandes engarrafadores quanto diversos produtores de cachaça de alambique, todos procurando incrementar as exportações. O Brasil exporta hoje míseros 7 MM L/ano, mas dada a crescente popularidade pelo mundo a fora de batidas e caipirinhas, a meta de 30-50 MM L parece perfeitamente realista. Aliás, como mostra Luis Felipe de Alencastro no seu recente livro "O Trato dos Viventes", já no século XVII a cachaça enviada para Angola constituía importante contrapartida para a importação de escravos. Os grandes têm que enfrentar a sobretaxa que a CE impõe à cachaça para proteger os *colons* produtores de rum das Antilhas; e todos vão ter que concorrer com outras aguardentes feitas em tudo quanto é parte do mundo, e a partir de tudo quanto é substrato. Saúde para todos!

(O Posto de Escuta agradece ao presidente da APACERJ, João Luiz de Faria, que nos abriu as portas para o mundo da cachaça. João Luiz é destilador, em Miguel Pereira, RJ, da "Magnífica" – e que de fato o é.). ■

PCC vs. GCC

O Brasil carece de calcários de boa qualidade e bem localizados para a produção de GCC (*ground calcium carbonate*). Por esse motivo o mercado nacional de PCC (o produto precipitado, e bastante mais caro), é quase igual ao de toda a Comunidade Europeia.

Em tonelagem a principal utilização é na indústria de papel, quer na massa, quer nas tintas de revestimento para papel *couché*. Com a adoção pela indústria de papel da operação em meio alcalino, esse setor cresceu rapidamente, sendo representado hoje por meia dúzia de plantas, próximas ou anexas, de capacidade unitária típica de 30-60 mil t/ano.

No mercado de abrasivos para dentifrícios o PCC acabou derrotando seus rivais (sílica, fosfato de cálcio) e agora domina o segmento.

PCC: Plantas Anexas (Papel e Celulose)	
Produtor de Papel	*Unidade de PCC*
Ripasa (VCP/Suzano)	Imerys
Piraí (Mauduit)	Imerys
Champion	Huber
VCP (2 unidades)	Specialty Minerals
Bahia Sul	Specialty Minerals

Na indústria de tintas observa-se uma conversão gradativa para o uso de *slurries*. Os grandes (Sherwin-Williams, Basf, ICI, AKZO) já aderiram, assim como diversos produtores menores, existindo inclusive fábricas de construção recente que nem passaram pela etapa pó. As vantagens dos *slurries*, que hoje representam 35% do consumo do setor, são óbvias; mas as desvantagens, menos. A vida útil de um *slurry* com respeito à sua estabilidade (decantação, atividade do biocida) é da ordem de apenas uma semana, exigindo uma logística próxima do *just-in-time* e, – já que só há duas fontes de suprimento, sujeitas a perturbações – o gerenciamento da produção. Com o produto em pó consegue-se melhores valores para o poder de cobertura. E, argumenta ainda a facção pró-pó: já que de todo jeito é preciso dispersar o TiO (o pigmento branco chave), por que não empregar também a forma pó no caso do PCC?

PCC: Produtores/Capacidades* (1.000 t/ano)	
Imerys	*100-120*
Tansan	60
Quimvale	24
Lagos	24
	210-230

Pó+slurry; excl.. plantas anexas

Existem quatro produtores de PCC no Brasil:

• Imerys, que adquiriu da Praxair a antiga Quimbarra, com plantas em Arcos-MG e Barra do Piraí-RJ. Até há pouco tempo, seu principal trunfo era ser o único fornecedor homologado pela Colgate, que representa 70% do mercado brasileiro de PCC para dentifrícios.

• Tansan (Química Cataguases), com plantas em Salto-SP e Pedra do Indaiá-MG. Principal fornecedor para os demais segmentos.

• Quimvale, planta em Barra do Piraí.

• Lagos Química, planta recém-inaugurada em Arcos-MG. A empresa, fundada por um grupo de veteranos da Quimbarra, ainda no tempo da família Tostes, opera desde meados de 2004 uma planta, moderna e automatizada, cuja capacidade será duplicada em 2005 para umas 50 M T/ano de produtos com granulometria de primeiro mundo

• (ϕ< 0.7μ). Os mercados visados serão principalmente o de tintas – a empresa se considera membro do partido do pó – e o dos dentifrícios.

A demanda interna de GCCs ultrafinos (<3μ) e de alvura acima de 93, concorrentes diretos do PCC, é estimada em umas 80 - 85 M T/ano.

PCC: Consumo Brasileiro (M T)		
Uso	*Pó*	*Slurry*
Papel/Celulose		200
Dentifrício	60	
Tintas	40	20
Compostos Termoplásticos	15	
Sabonetes	10	
Alimentício/Farma	12	
Diversos	8	
Total	145	220

Enfrenta obstáculos logísticos, já que praticamente as únicas jazidas de calcita apropriadas se encontram na região de Cachoeiro do Itapemirim--ES. Esses produtos dominam o uso em compostos poliméricos, e também têm aplicações em tintas. Os produtores são:

- Micronita: pioneiro do setor, com capacidade de umas 40 mil t/ano;

- Provale: produz mais de 1 milhão t/ano de calcários moídos para agricultura, siderurgia, cimento branco. Entrou recentemente no mercado de ultrafinos, com uma capacidade de 12 M T/ano;

- Mocal/Itaplana: cerca de 20 mil t/ano;

- Vixcarb: capacidade 13 mil t/ano.

No Ceará, a Carbomil pode produzir 65 M T/ano de GCC para compostos plásticos ($\phi<5\mu$) em Limeiro do Norte e mais 12 M T/ano de produto mais fino (abaixo de 3μ) numa outra unidade em Fortaleza, que fornece à indústria de tintas do Nordeste. A matéria-prima é um calcário cretáceo, portanto isento de sílica e menos abrasivo do que as calcitas do Espírito Santo. Estas últimas se defendem descendo na granulometria, e também graças à vantagem oferecida pela distância, da ordem de $ 45-50/T.

Embora a transição para a produção de papel em meio alcalino já esteja adiantada, o mercado brasileiro de PCC/GCC continua avançando, tanto como extensor de pigmentos mais caros como modificador de propriedades em compostos poliméricos, em particular os poliolefínicos.

Apesar da disparidade de preços – o GCC do ES custa $ 120/T posto Grande São Paulo, contra $ 300/T para PCC em pó (e $ 225/T em forma de *slurry*) –, os produtores de ambos apostam no crescimento: uns pelo fator preço, os outros pelos aspectos de propriedades e desempenho.∎

Boi é bom cliente

O rebanho brasileiro de bovinos, com suas cerca de 200 MM de cabeças, representa quase 14% do plantel mundial. Desse total 90% ainda é alimentado a pasto, o que faz desse rebanho criado solto o maior, do tipo, no mundo. Vai daí que a indústria brasileira de suplementos minerais, cujo alvo específico é exatamente essa população animal criada a pasto, também seja a maior do mundo – bem maior do que as congêneres dos EEUU ou da Austrália, por exemplo.

Trata-se de uma atividade de umas 2,1-2,2 MM T/ano, com valor de US$ 1.5 bilhões anuais, representada por:

- dois gigantes (Tortuga, Matsuda), somando 40-45% do total

- um pelotão de 10 empresas médias, representando em conjunto outros 15%

- cerca de 400 empresas de atuação localizada, que disputam os 40-45% restantes, com produção média de umas 2000 T/ano.

Esse alto grau de fragmentação se deve à forma de comercialização. As vendas costumam ser feitas direto ao criador. Considera-se que esse tipo de atendimento já se justifica para rebanhos a partir de apenas 100 cabeças. Estima-se em 600000 o número de criadores no país, dos quais 100 000 são atendidos diretamente e o restante por distribuidoras – a consagrada "relação 80:20". Espera-se do fabricante uma competente assessoria técnica, relacionamento personalizado, e flexibilidade de prazos: as receitas financeiras do fabricante típico chegam a contribuir com 15-20% do EBITDA.

As funções desempenhadas por esses suplementos vêm se diversificando. A principal é aportar a diferença entre as necessidades totais de fósforo dos animais – cerca de 3g P/cabeça-dia, em média – e a parcela que vem do próprio capim e, no caso de animais confinados, das rações. O veículo para esse fósforo é o fosfato bicálcico (DCP) a cerca de 19% de P, e os suplementos até hoje respondem por quase 60% das necessidades totais (calculadas) de 1.0 MM T/ano. Mas o teor médio de DCP dos suplementos vem diminuindo – era mais de 50% em peso até há uns 20 anos, mas hoje anda por volta de 28%. Isso significa que vem aumentando a tonelagem de componentes energéticos e proteicos fornecida ao gado confinado e semi--confinado – leiteiro e, crescentemente, de corte – através dos suplementos minerais. A participação da industria de suplementos como veículo de energéticos e protéicos para bovinos já está próxima de 10% do total – o restante vem das rações – e cresce.

A suplementação mineral do rebanho de bovinos do país é um cliente da sua indústria química de $ 870 MM/ano:

Brasil - InsumosQuímicos, MT e $ MM / ano		
	M T/ ano	$ M M / ano
DCP	625	550
Sal	850	185
Oligoelementos	38-40	135
		870

Fonte: EcoPlan (est.)

O consumo brasileiro de DCP é da ordem de 1,0 MM de T/ano; os ~ 35% não incorporados aos suplementos minerais são veiculados pela industria de rações (aves, suinos, *pet foods*, etc.)

Brasil: Produtores de Fosfato Bicálcico			
Produtor	Localização	Capacidade MT/ano	Comentários
Tortuga	São Vicente, SP	120	adquirida da PCS; ácido fosfórico importado da OCP (Marocos)
	Mairinque, SP	280	também principl unidade de formulação do grupo
Vale	Cajati, SP	600	por aquisição da Bunge
Copebrás	Catalão, GO	100	grupo Anglo American, ácido fosfórico próprio
	Cubatão, SP	40	

Cada um dos três produtores tem seu ponto forte: Tortuga, sua integração para baixo; Vale, as economias de escala; e Anglo American, a logística favorável conferida pela localização no Centro-Oeste. Cerca de 6% da demanda é satisfeita por importações (sobretudo pela Mosaic).

Quanto aos oligoelementos, três deles – Cu, Zn, Mn – representam mais de 90% em peso. Uma repartição típica por valor seria:

Oligoelementos: Mercado brasileiro, por elemento em 2010	
	$ MM/ano (bovinos)
Cobre	42,0
Zinco	40,5
Cobalto	17,5
Manganês	9,5
Iodo ($CalO_3$)	16,0
Selênio ($SeNa_2$)	9,5
	135,0

Fonte: EcoPlan (est.)

No meio de tantas tendências históricas, pode-se pelo menos detectar aquelas que deverão ter mais impacto sobre a indústria de suplementos:

logística: a progressiva migração, em direção ao Norte, do centro de gravidade da pecuária brasileira deve favorecer a descentralização, em unidades menores e dispersas, da industria de formulação

Intensificação: observa-se uma tendência à diminuição de área de pastagens, porém acompanhada de maiores índices de lotação, e de crescentes rendimentos per capita em termos de carne e leite. Esse processo resulta em maior concentração da atividade pecuária.

Fatores macro:

- Preços relativos: carne bovina vs. outras proteínas animais

- Evolução do consumo per capita

- Concorrência pela terra/lavoura/pastagem

- Evolução de produtividade por animal, e do índice BFP (relação insumos totais/produtos totais e carne/leite

- Elevação do nível tecnológico através de piqueteamento, intensificação do manejo, capacitação da mão-de-obra, cochos no pasto, melhoria de práticas durante o período das secas, etc. Também tende a favorecer a concentração na pecuária e, por tabela, a da indústria de suplementos

- Qualidade dos pastos, integração pasto/lavoura: resultariam em redução da porcentagem do fósforo total contribuída pelos suplementos

- Crescimento da atividade de confinamento: idem.

Mas enquanto a resultante dessas várias forças não fica inteiramente clara, a indústria cresce: de 20%, em tonelagem, apenas em 2011. ∎

ÁCIDOS NEO

A Momentive, empresa controlada pela holding Apollo Management e que reúne ativos que foram da Hexion (a antiga Borden) e da Resolution Performance Products (a qual incorporava certos ativos originalmente da Shell Chemical), anuncia dois novos investimentos, ambos na Ásia, no setor dos derivados de ácido neodecanoico, do qual é a maior produtora mundial.

O primeiro dos dois na cidade portuária de Onsam (Coreia do Sul) vai produzir o éster glicidílico do ácido neodecanoico (reação com epicloridrina).

O segundo, em *Shaanxi,* na China, é uma parceria com o grupo chinês Sanwei para a produção do éster vinílico do ácido neodecanoico, obtido por sua reação com acetileno. Em *Shaanxi*, que fica na vasta bacia carbonífera da China setentrional, a Sanwei opera uma unidade de acetileno de 25.000 t/ano (a partir de carbureto), que alimenta uma planta de 1,4-butanodiol pelo processo Reppe.

Os ácidos neo (ou de Koch) são produzidos por carbonilação catalítica de olefinas ramificadas em ácido sulfúrico, a temperaturas moderadas, porém a pressões próximas dos 100 kg/cm^2.

$$(R1\ R2)C=CH_2 + CO + H_2O \longrightarrow (R1R2CH_3)C\text{-}COOH$$
$$R1=R2=CH_3 \longrightarrow \text{ácido piválico}$$
$$\text{(isobuteno)}$$
$$Se\ R1+R2=R7 \longrightarrow \text{ácido neodecanoico}$$
$$\text{(noneno)}$$

As condições altamente corrosivas do meio reacional em boa parte explicam por que até hoje só tenham surgido dois produtores ocidentais de ácidos neo:

• Momentive (Pernis, PB), o maior dos dois, converte o grosso de sua produção em derivados;

• Exxon Mobil (Baton Rouge, LA), bem menor, mas atende o mercado não cativo.

Na China, província de Hebei, há dois fabricantes de ácido piválico que transformam o grosso de sua produção em cloreto de pivaloíla (e parte deste em cloreto de cloropivaloíla):

• H. Fude, filial do grupo siderúrgico Hanwan (capacidade: 10.000 t/ano)

• H. Huaxu, com duas unidades de 10.000 t/ano cada – uma por carboxilação de isobutanol.

Atualizando um dado divulgado pela Shell em 1990, em condições ocidentais, uma unidade de 25.000 t/ano para ácidos de cadeia longa, feita para durar, custaria hoje cerca de US$ 80 milhões; já na China, bem menos, pois parece que por lá não se raciocina em termos de "custos fixos vs. variáveis" da mesma maneira que por aqui... Os ácidos neo de cadeia longa custam em torno de US$ 3.00 /kg.

Ácidos Neo : Produtores mundiais – 1.000 t/ano					
		Ácido Piválico		Ácido Neodecanoico	
		Uso Cativo	Mercado	Uso Cativo	Mercado
	Exxon Mobil	–	10	–	20
	Momentive	–	–	65	10
Chineses	Hebei Fude				
	Hebei Huaxu	10	5	–	–
		10	15	65	30

Fonte: EcoPlan Consultoria

Ácidos neo 1

A natureza altamente ramificada desses ácidos é responsável pelas características desejáveis dos seus derivados: estabilidade à hidrólise (e química em geral), aderência a substratos metálicos e inorgânicos, resistência UV.

O neodecanoato de vinila é o principal derivado, usado como comonômero do acetato de vinila em polímeros para adesivos, tintas etc. Em seguida vem o da glicidila, modificador polivalente para resinas acrílicas, poliéster, epóxi etc., quer como tal, quer modificado por abertura do grupo epóxi com aminas, ácidos ou alcoóis – as possibilidades são múltiplas. A família dos descendentes é usada para formular revestimentos de alto teor de sólidos e baixo VOC ou, a teores de sólidos comparáveis, melhor aderência ao substrato, e viscosidade reduzida. Entre as aplicações: tintas automotivas ED, revestimento de bobinas, tintas navais e de manutenção, revestimentos industriais em geral. As principais tendências atuais na formulação de revestimentos, a começar com a migração para sistemas aquosos ou, pelo menos, com teores de sólidos cada vez mais elevados, tem sido e continuarão favoráveis aos monômeros derivados dos ácidos neo.

Esses dois derivados são produzidos pela Momentive.

Os demais usos do ácido neodecanoico representam umas 30.000 t/ano no mundo. Quase tudo isso vai para fazer carboxilatos metálicos:

Melhoradores de aderência entre borracha natural e arame metálico, nos pneus radiais. Mercado mundial de umas 60 mil t/ano de carboxilatos de cobalto, dos quais o neodecanoato é de longe o mais significativo – uns 60% do total, levando em conta a produção para uso próprio da Michelin, baseada em um ácido de origem vegetal. Para elevar o teor de Co, boa parte do ácido neodecanoico teoricamente necessário costuma ser substituída por ácido propiônico.

Secadores de tintas. Mercado mundial de umas 160 mil t/ano, hoje dominado pelo ácido 2-etilhexoico (EHA), uma vez que a oferta dos tradicionais ácidos naftênicos se torna de quantidade e características (cada vez mais) inconstantes. Mas o EHA anda sob suspeita de ser nocivo à saúde (classificação CMR-3), e com o tempo deve ocorrer uma certa substituição pelo neodecanoico, sobretudo na Europa, das 40-45 mil t/ano de EHA usadas no mundo para esse fim.

Catalisadores. Certos tricarboxilatos como os neodecanoatos de Nd e de Fe estão em rápida expansão.

De maneira geral, os carboxilatos de metais divalentes são obtidos dos respectivos óxidos, mas para se obter os trivalentes parte-se do metal – o processo DMR, *Direct Metal Reaction*. O oxidante é ar enriquecido.

No Brasil, os dois principais produtores de carboxilatos metálicos são: Neoquim e Miracema Nuodex. No plano internacional os quatro grandes são: Umicore (belga), OMG (finlandesa), Shepherd (empresa privada norte--americana) e Rockwood (incorpora a antiga Chemetall). E existem ainda produtores significativos em países como Espanha (Gomensoro), Grécia, Turquia, Ucrânia...

Dissolvido num solvente alifático, o ácido neodecanoico já foi bastante usado no passado (no Brasil, pela Votorantim Metais) na metalurgia úmida do níquel. Também funciona em algumas separações por solvente na purificação de terras raras.

O ácido piválico (PA) representa 20% da produção total de ácidos neo; e mais de 80% é primeiro convertido em cloreto de pivaloíla (CP). O grosso do PA e de seus derivados é produzido na China.

A principal utilização do CP é como intermediário auxiliar na proteção (com subsequente desproteção) do grupo $-NH_2$ presente na estrutura dos ácidos 6-APA e 7-ACA, para a produção de penicilinas e cefalosporinas semissintéticas. Existem outros métodos, mas ainda há mais de 20.000 t/ano desses antibacterianos sendo produzidas por essa via – a começar com boa parte da amoxicilina. O CP também entra na síntese de outras 20 moléculas farma. No setor agro, os dois principais princípios ativos são: oxadiazona e terbuthiuron, ambas moléculas antigas. Cerca de 3.000 t/ano de CP são convertidas em CPC, intermediário na síntese do herbicida clomazona, e de outras isoxazolonas consideradas promissoras. O CP também vai para fazer o peróxido de pivaloíla (ingrediente do coquetel de peróxidos usado como iniciador da polimerização na produção de PEBD, umas 3.000 t/ano). E existe na China uma produção de pinacolona a partir de PA, por reação com anidrido acético, rota que no Ocidente seria pouco viável.

A Momentive tem sido discreta quanto à fonte do ácido neodecanoico que irá alimentar suas novas unidades asiáticas: expansão em Pernis, nova unidade ou uma combinação dos dois? Segundo um simpático porta-voz da empresa, "essa fica para algum futuro *Posto de Escuta*". ∎

Edições Loyola

impressão acabamento
rua 1822 nº 341
04216-000 são paulo sp
T 55 11 3385 8500
F 55 11 2063 4275
www.loyola.com.br